全国电力行业"十四五"规划教材

U0748379

现代电厂化学与监督技术

主　编　王淑勤　张敬红

副主编　付　东　郭天祥　段聪文

参　编　刘路游　付　懿　刘丽凤　陈司晗

主　审　杜保安　赵　毅

中国电力出版社

CHINA ELECTRIC POWER PRESS

内 容 提 要

本书涵盖了煤化学、电力用油、化学水处理、热力设备的腐蚀与防护以及各种处理设备的设计、运行维护和在线监督与控制，还介绍了燃气锅炉、燃油锅炉、核电站的生产过程，并对其水处理特点进行了对比分析，突出了超临界、超超临界压力锅炉的化学技术及化学监督。本书是一本通用性强，涉及面广，具有系统的理论知识和最新的电厂化学处理技术的教材。

本书主要用作电力类高等院校环境工程、应用化学、能源化工、水质科学与技术、给水排水等相关专业的教学用书和科研参考书，也可用作电厂化学运行人员的培训教材和技术改造人员的参考书。

图书在版编目（CIP）数据

现代电厂化学与监督技术/王淑勤，张敬红主编. —北京：中国电力出版社，2023.8
全国电力行业"十四五"规划教材
ISBN 978-7-5198-4283-3

Ⅰ.①现… Ⅱ.①王… ②张… Ⅲ.①电厂化学－技术监督－高等学校－教材 Ⅳ.①TM621.8

中国版本图书馆 CIP 数据核字（2022）第 086798 号

出版发行：中国电力出版社
地　　址：北京市东城区北京站西街 19 号（邮政编码 100005）
网　　址：http：//www.cepp.sgcc.com.cn
责任编辑：李　莉
责任校对：黄　蓓　郝军燕
装帧设计：赵丽媛
责任印制：吴　迪

印　　刷：廊坊市文峰档案印务有限公司
版　　次：2023 年 8 月第一版
印　　次：2023 年 8 月北京第一次印刷
开　　本：787 毫米×1092 毫米　16 开本
印　　张：14.25
字　　数：350 千字
定　　价：45.00 元

前　言

发电机组的参数越高，热能利用率就越高，其发电的经济性也就越好。因此现代锅炉向超临界、超超临界参数发展是必然趋势。我国 2006 年两台 1000MW 的超超临界参数机组并网发电，商业运行数据表明，机组热效率高，二氧化硫排放优于发达国家的排放控制标准。但是机组参数越高，对水处理技术和化学监督的要求也越严格。因此研究超临界参数发电机组的化学及监督技术问题，提高机组的运行与安全水平，是十分迫切且极具现实意义的工作。

本书共十章，第一章介绍电厂燃料与监督，内容涵盖煤化学，燃煤、燃气、燃油锅炉和核电站的生产过程以及水处理的特点，第二章介绍电力用油与监督，包括油品性质、油的运行维护和在线监督与控制，第三章介绍电厂锅炉补给水处理与监督，对比分析不同电厂水处理流程的特点，不仅介绍化学基本知识还强化了各种处理设备的关系和技术组成，配备大量图表、实物照片，第四章介绍膜技术及其在水的除盐中的应用，第五章介绍凝结水的除盐处理，增加了新电厂常采用的新型膜处理技术流程、除盐设备运行参数变化规律、还包括仿真运行案例，第六章介绍汽包锅炉的炉内防垢处理与监督，第七章介绍冷却水化学处理，突出了新型防垢药剂、措施及水处理工艺，第八章介绍直流锅炉水处理，第九章介绍电厂空冷机组的水处理，突出了超临界、超超临界压力锅炉的化学技术及化学监督，第十章介绍了热力设备和水汽系统的腐蚀与防护，不仅介绍腐蚀的化学基本知识还强化了各种防腐处理设备的特点，新型防腐措施。本书收集、分析和整理了大量的文献和电厂实际运行数据，根据编者多年的教学经验组织编写，每一章之后附有习题便于学生强化和理解重点内容。

本书分工为：付东编写第一章，段聪文编写第二、十章，王淑勤编写第三、五、八、九章，郭天祥编写第四章，张敬红编写第六、七章，王淑勤任主编并负责统稿。刘路游、付懿、刘丽凤、陈司晗、付豪、马双忱等在资料收集、数据整理中做了大量工作。全书由河北大学杜保安教授主审，部分章节内容是河北省教改项目的研究成果，在此表示感谢！

限于作者水平，书中难免存在疏漏与不足之处，恳请读者批评指正。

编者

2023 年 5 月

目　　录

第一章 电厂燃料与监督

第一节 概　述

一、燃煤电厂的生产过程

发电厂是把各种动力能源的能量转变成电能的工厂。根据所利用的能源形式可分为火力发电厂、水力发电厂、原子能发电厂、地热发电厂、风力发电厂等。

火力发电厂简称火电厂，是利用煤、石油、天然气等燃料的化学能产生出电能的工厂。按其功用可分为两类，即凝汽式电厂和热电厂。凝汽式电厂仅向用户供应电能，而热电厂除供给用户电量外，还向用户供应蒸汽和热水，即所谓的"热电联合生产"。图 1-1 所示为凝汽式燃煤电厂的生产过程示意。

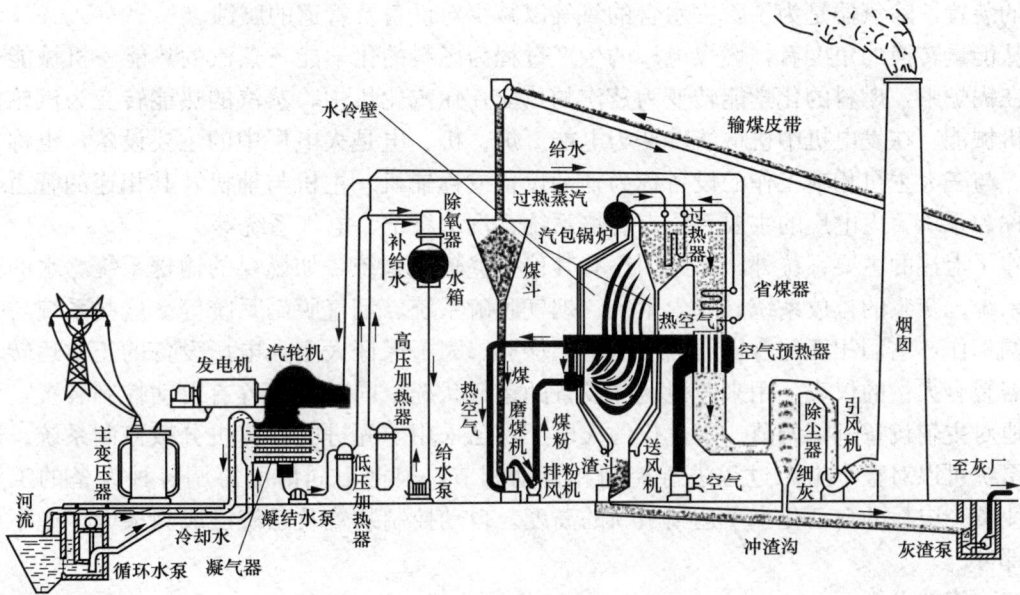

图 1-1　凝汽式燃煤电厂的生产过程示意

用输煤皮带将燃煤从煤场运至煤斗中，煤斗中的原煤要先送至磨煤机内磨成煤粉。磨碎的煤粉由热空气携带经排粉风机送入锅炉的炉膛内燃烧。煤粉燃烧后形成的热烟气沿锅炉的水平烟道和尾部烟道流动，放出热量，最后进入除尘器，将燃烧后的煤灰分离出来。洁净的烟气在引风机的作用下通过烟囱排入大气。助燃用的空气由送风机送入装设在尾部烟道上的空气预热器内，利用热烟气加热空气。从空气预热器排出的热空气分为两股：一股去磨煤机干燥和输送煤粉，另一股直接送入炉膛助燃。燃煤燃尽的灰渣落入炉膛下面的渣斗内，与从除尘器分离出的细灰一起用水冲至灰渣泵房内，再由灰渣泵送至灰场。

在除氧器水箱内的水经过给水泵升压后通过高压加热器送入省煤器。在省煤器内，水受到热烟气的加热，然后进入锅炉顶部的汽包内。在锅炉炉膛四周密布着水管，称为水冷壁。水冷壁水管的上下两端均通过联箱与汽包连通，汽包内的水经由水冷壁不断循环，吸收煤燃烧过程中放出的热量。部分水在冷壁中被加热沸腾后汽化成水蒸气，这些饱和蒸汽由汽包上部流出进入过热器中。饱和蒸汽在过热器中继续吸热，成为过热蒸汽。过热蒸汽有很高的压力和温度，因此有很大的热能。具有热能的过热蒸汽经管道引入汽轮机后，便将热势能转变成动能。高速流动的蒸汽推动汽轮机转子转动，形成机械能。汽轮机的转子与发电机的转子通过联轴器联在一起。当汽轮机转子转动时便带动发电机转子转动。在发电机转子的另一端带着一个小发电机，称为励磁机。励磁机发出的直流电送至发电机的转子线圈中，使转子成为电磁铁，周围产生磁场。当发电机转子旋转时，磁场也是旋转的，发电机定子内的导线就会切割磁力线感应产生电流。这样，发电机便把汽轮机的机械能转变为电能。电流经变压器将电压升压后，将电能由输电线送至电用户。

释放了热能的蒸汽从汽轮机下部的排汽口排出，称为乏汽。乏汽在凝汽器内被循环水泵送入凝汽器的冷却水冷却，重新凝结成水，称为凝结水。凝结水由凝结水泵送入低压加热器并最终回到除氧器内，完成一个循环。在循环过程中难免有汽水的泄漏，即汽水损失，要适量地向循环系统内补水，以保证循环的正常进行。高、低压加热器是为提高循环的热效率所采用的装置，除氧器是为了除去水含的氧气以减少对设备及管道的腐蚀。

从能量转换的角度看，燃煤电厂的生产过程为燃料的化学能→蒸汽的热能→机械能→电能。在锅炉中，燃料的化学能转变为蒸汽的热能；在汽轮机中，蒸汽的热能转变为汽轮机转子的机械能；在发电机中机械能转变为电能。炉、机、电是火电厂中的主要设备，也称三大主机。与三大主机相辅工作的设备称为辅助设备或称辅机。主机与辅机及其相连的管道、线路等称为系统。火电厂的主要系统有燃烧系统、汽水系统、电气系统等。

除了上述的主要系统外，火电厂还有其他一些辅助系统，如燃煤的输送系统、水的化学处理系统、灰浆的排放系统、除尘系统、烟气脱硫系统、烟气脱硝系统等。这些系统与主系统协调工作，它们相互配合完成电能的生产任务。为了保证大型火电厂设备的正常运转，火电厂需装有大量的仪表，用来监视这些设备的运行状况，同时还设置有自动控制装置，以便及时地对主辅设备进行调节。现代化的火电厂，已采用了先进的计算机分散控制系统。这些控制系统可以对整个生产过程进行控制和自动调节，根据不同情况协调各种设备的工作状况，使整个电厂的自动化水平达到了新的高度。自动控制装置及系统已成为火电厂中不可缺少的部分。

二、煤的分类

煤是由远古死亡植物残骸没入水中经过生物化学作用，然后被地层覆盖并经过地质化学作用形成的有机生物岩。根据肉眼和显微镜观察，煤的原始物料是植物。人们在煤的勘探、开采、加工、使用过程中，通过分析、研究，逐步了解煤的种类、基本特征及其不均一性和多样性。煤的外在特征、理化性质和工艺性质有很大差别。煤的种类一般按其含碳量的多少，即成煤地质年代的长短或煤化程度的深浅，可以把煤分为三大类：腐植煤、残植煤及腐泥煤。腐植煤是因为植物的木质纤维组织在成煤过程中曾变成称为腐殖酸的中间产物而得名。腐植煤根据煤化程度的不同，可以分为泥炭、褐煤、烟煤和无烟煤四大类。泥炭和褐煤的煤化程度低，一般称为年轻煤，无烟煤则可称为年老煤。四大类腐植煤的主要特征和物质参数可参见表 1-1。腐植煤是自然界分布最广、蕴储量最大的煤。成煤过程中主要作用因素和化学变化见表 1-2。

表 1-1 四大类腐植煤的主要特征和物质参数

种类	泥炭	褐煤	烟煤	无烟煤
颜色	棕褐色	褐至黑褐色	黑色	灰黑色
光泽	无	大多无光泽	有一定光泽	有金属光泽
外观	有原始植物残体，土状	无原始植物残体，无明显条带	有亮暗相间的条带	无明显条带
燃烧现象	易着火，有烟	易着火，有烟	多烟	难着火，无烟
水分	多	较多	少	较小
硬度	很低	低	较高	高
化学组成	含有植物残骸、糖类、腐殖酸	不含植物残骸、糖类、含腐殖酸	腐殖质	

表 1-2 成煤过程中主要作用因素和化学变化

作用因素	化学变化		
成煤过程	植物 泥炭 褐煤 烟煤 无烟煤		
阶段划分	泥炭化阶段	煤化阶段	
条件	沼泽、细菌，数千年到数万年	地下埋深≤4500m，数百万年	地下埋深>4500m，数千万年以上
主要作用因素	生化作用	物化作用	化学作用
化学表达式	$C_{17}H_{24}O_{10} \xrightarrow{-3H_2O, -CO_2} C_{16}H_{18}O_5$	$\xrightarrow{-2H_2O} C_{16}H_{14}O_3 \xrightarrow{-CO_2} C_{15}H_{14}O$	$\xrightarrow{-2CH_4, -H_2O} C_{13}H_4$

1. 我国煤的分类

我国煤的分类方法是采用表征煤化程度的干燥无灰基挥发分 V_{daf} 作为分类指标，并将煤分为褐煤、烟煤和无烟煤。一般 $V_{daf} \leqslant 10\%$ 的煤为无烟煤，$V_{daf} \geqslant 37\%$ 的煤为褐煤，$10\% < V_{daf} < 37\%$ 的煤为烟煤。

无烟煤可再根据干燥无灰基 V_{daf} 和 H_{daf} 分为三类，划分方法见表 1-3。

表 1-3 无烟煤的分类

类别	符号	分类指标	
		$V_{daf}/\%$	$H_{daf}/\%$
无烟煤 1 号	WY_1	0～3.5	0～2.0
无烟煤 2 号	WY_2	3.5～6.5	2.0～3.0
无烟煤 3 号	WY_3	6.5～10.0	3.0

烟煤除用干燥无灰基划分外，还可用工艺性能的指标参数作为划分指标，见表 1-4。

表 1-4 烟 煤 分 类

类别	符号	分类指标				
		$V_{daf}/\%$	黏结指数 G	胶质层最大厚度 Y/mm	奥亚膨胀体 $b/\%$	透光率 $P_M/\%$
贫煤	PM	10.0～20.0	≤5	—	—	—
贫瘦煤	PS	10.0～20.0	5～20	—	—	—
瘦煤	SM	10.0～20.0	20～65	—	—	—

类别	符号	分类指标				
		$V_{daf}/\%$	黏结指数 G	胶质层最大厚度 Y/mm	奥亚膨胀体 $b/\%$	透光率 $P_M/\%$
焦煤 JM	JM	$10.0\sim20.0$	$50\sim65$	—	—	—
		$20.0\sim28.0$	>65	25.0	$(\leqslant150)$	—
肥煤	FM	$10.0\sim37.0$	(>85)	25.0	—	—
1/3 焦煤	1/3JM	$28.0\sim37.0$	65	25.0	$(\leqslant220)$	—
气肥煤	QF	>37.0	(>85)	25.0	$(\leqslant220)$	—
气煤 QM	QM	$28.0\sim37.0$	$50\sim65$			
		>37.0	>35	25.0	$(\leqslant220)$	—
1/2 中黏煤	1/2ZM	$20.0\sim37.0$	$30\sim50$			
弱黏煤	RN	$20.0\sim37.0$	$5\sim30$			
不黏煤	BN	$20.0\sim37.0$	$\leqslant5$			
长焰煤	CY	>37.0	$\leqslant35$			>50

褐煤除用挥发分分类外，还用透光率 P_M 和含最高内在水分的无灰高位发热量 Q'_{gr} 作为区分褐煤和烟煤的指标，见表 1-5。

表 1-5　　　　　　　　　　　　　　　褐 煤 的 分 类

类别	符号	分类指标	
		透光率 $P_M/\%$	$Q'_{gr}/(kJ/kg)$
褐煤 1 号	HM_1	$0\sim30$	
褐煤 2 号	HM_2	$>30\sim50$	$\leqslant24000$

2. 燃煤发电厂用煤质量标准

燃煤发电厂用煤质量标准是根据对锅炉设计、运行等方面有较大影响的煤质特性制定，主要分类指标包括无灰干燥基 V_{daf}、干燥基 A_d、收到基水分 M_{ar}、灰的软化温度 ST。

燃煤发电厂用煤质量标准表可用于电厂建设中根据煤的来源确定煤所在处的级区，作为设计部门选择电厂设备和系统的依据。当某厂用煤标号为 V4A1S2ST1 时，表示中高挥发分煤烟 V4，$V_{daf}=27\%\sim40\%$；$Q_{net}>15.5MJ/kg$，常灰分 A1，$A_d\leqslant24\%$；常水分 M_1，$M_1\leqslant8\%$；中高硫分 S2，$S_{td}=1\%\sim3\%$；ST>1350℃，不易结渣煤 ST1。具体方法和要求查 GB/T 211（212、213、214、219、2565）。

3. 燃煤发电厂用煤的分类及燃烧特性

（1）无烟煤。无烟煤是煤化程度最高的煤，它有明亮的黑色光泽，硬度高不易研磨。它的含碳量很高，杂质少而发热量较高，为 $21000\sim25000kJ/kg$。但由于挥发分含量较低，难以点燃，燃烧特性差。为保证着火和稳燃，在锅炉设计中常需要采取一些特殊措施，对低灰熔点的无烟煤还需同时解决着火稳定性和结渣之间的矛盾。无烟煤的着火需要较高温度，燃烧时火焰较短，燃尽也较困难。其优点是在储存时不易自燃。

（2）贫煤。它的挥发分含量稍高于无烟煤，其着火、燃尽特性优于无烟煤，但仍属于燃烧特性较差的煤种。

（3）烟煤。烟煤具有中等的煤化程度，它的挥发分含量较高，水分和灰分也较少，发热量也较高，见表 1-6。烟煤燃点低，容易着火和燃尽。但某些含灰量较高的劣质烟煤则燃烧特性较差。对挥发分超过 25％的烟煤，储存时应防止其自燃，制粉系统应考虑防爆措施。对劣质烟煤还应考虑受热面积灰、结渣和磨损问题。

表 1-6　　　　　　　　　　　　　　部分煤种的挥发分特性

煤种	挥发分开始逸出的温度/℃	挥发分的发热量/(10^3 kJ/kg)
无烟煤	约 400	69.00
贫煤	320～390	54.36～56.45
烟煤	210～260	39.31～48.09
长焰煤	约 170	约 35.54
褐煤	130～170	约 25.72

（4）褐煤。褐煤外观呈褐色，少数为黑褐色甚至黑色，挥发分含量较高，有利于着火。但其灰分和水分较高，发热量较低，一般小于 16750kJ/kg。含水分较高的年轻褐煤，燃烧性能较差，而且灰熔点也较低。褐煤的化学反应性强，在空气中存放极易风化成碎块，容易发生自燃。

三、煤的理化性质

1. 煤的物理性质

煤的物理性质主要包括颜色、光泽、硬度、可磨性、煤粉细度和煤灰熔融性等，主要受煤的成因、煤化程度以及水分、灰分和风化程度的影响。研究煤的物理性质可以帮助我们了解煤的种类，设计选用磨煤机以及保证锅炉燃烧的安全可靠等。

（1）煤的颜色。煤的颜色是指新采出的块煤表面的天然色彩。煤在不同的光学条件下呈现不同的颜色，在阳光照射下，煤表面反射光线所显示的颜色称为表色。通常腐植煤的表色随煤化程度的不同而变化。从褐煤、烟煤到无烟煤，其颜色也从棕褐、褐黑而变为深黑，最后变为灰黑而带有钢灰色，而在烟煤阶段，其颜色也随挥发分的不同而变化。此外，煤种类的水分常能使煤的颜色加深，而矿物质却能使煤的颜色变浅。用钢针刻画煤的表面或用镜煤条带在素烧瓷板上刻画出条痕色（也称粉色），煤的条痕色虽略浅于其表面，但其颜色较为固定，比表色更易区分煤的不同产地和不同煤化程度。

（2）煤的光泽。煤的光泽是指在正常光线下煤的新鲜断面对光的反射能力。煤化程度越低，煤的矿物质含量越高，煤的光泽越暗。煤经风化或氧化后，光泽变暗。

（3）煤的硬度。煤能抵抗外来机械作用的能力为煤的硬度。煤的硬度与煤化程度有关，以焦炭硬度最小，无烟煤硬度最大，煤经氧化、风化后硬度降低。

（4）煤的可磨性系数。可磨性反映煤在研磨成粉时，其粒度发生改变的一种物理性质。煤被磨成一定细度的煤粉的难易程度称为煤的可磨性系数。目前采用哈氏法测定的可磨性系数，按式（1-1）计算，即

$$K_{km}^{Ha} = 13 + 6.93D_{74} \tag{1-1}$$

式中　D_{74}——通过孔径为 74μm 筛子的煤粉量。

可磨性指数高的煤，磨细容易，消耗能量少。在燃煤发电厂中，煤粉炉被广泛使用，煤的可磨性指数作为一项重要的指标，它不仅可以用来计算磨煤时的能量消耗，而且也是煤种选择和磨煤机设计的不可缺少的数据。

（5）煤粉细度。为了提高煤的燃尽度，燃煤发电厂广泛采用粉煤的燃烧方式。因而，要求锅炉在运行中必须控制煤粉的细度和水分。所谓煤粉细度，就是煤粉颗粒的大小。煤粉颗粒的大小对磨煤过程中能量的消耗、燃烧过程中不完全燃烧的热损失都具有很大的影响。在磨煤过程中煤粉磨得越细，磨制单位质量的煤所消耗的能量越大，反之则可降低磨煤时消耗的能量，但煤粉在燃烧过程中难以燃尽。因此，确定一个能量消耗和燃烧损失都较小的煤粉细度，即经济细度，是一项重要工作。在锅炉运行中，每班要取两次煤粉样，进行细度测定，以监督磨煤设备的磨制工况。对于中间储仓式制粉系统，一般在旋风分离器和储粉仓之间的下粉管上采样。

煤粉细度的测定常用过筛的方法，即让煤粉通过一定网目的标准筛，留在筛子上的煤粉重量占煤粉质量的百分数，以 R 来表示。

$$R = \frac{a}{a+b} \times 100\% \tag{1-2}$$

式中　a——筛子上剩余煤粉的质量，g；

　　　b——通过筛子的煤粉质量，g。

R 值越大，表示煤粉越粗。通常用来测定煤粉细度的标准筛有两种，孔径为 $90\mu m$ 和 $200\mu m$，分别用符号 R_{90} 和 R_{200} 来表示。按习惯，电厂中是用筛号来表示标准筛，而不用孔径表示。越细的标准筛筛号越大。$90\mu m$ 的筛子为 70 号，表示为 R_{70}，$200\mu m$ 的筛子为 R_{30}。

煤的经济细度取决于煤的种类、磨煤机的形式、燃烧设备及其工况，对某个具体设备，要由运行过程中试验求得。对烟煤来说，经济细度可由下列经验公式计算，即

$$R_{70} = 6 + 0.7 A_g \tag{1-3}$$

式中　A_g——煤的干燥基灰分百分含量。

烟煤的挥发分高，易于燃烧，煤粉细度可以粗一些，一般 $R_{70} = 40\% \sim 60\%$。

锅炉在运行中，要及时掌握锅炉燃烧工况，特别要监督煤粉的燃尽度。燃煤电厂在烟道中安装仪表，连续监督煤粉的燃烧工况。运行中每班都要采取灰样进行可燃物含量的测定。灰样有两种，一种是烟气的细灰，另一种是由炉底灰斗处排出的粗灰，即灰渣。飞灰在高温段省煤器入口处采集，灰渣在接近灰斗出口处采集。灰渣可燃物含量的测定方法和灰分的测定方法相同，即测定未燃尽的可燃物在灰样中的质量百分数。

（6）煤灰的熔融性。煤粉在锅炉中燃烧时，生成大量灰渣，因炉膛的温度很高，灰渣可能熔化而在锅炉受热面上结渣。影响锅炉的传热，破坏水循环，结渣还可能堵塞部分烟道，妨碍通风，增加引风机的负荷；结渣严重的情况下，可能使锅炉被迫停止运行。此外，熔化的灰渣对锅炉的耐火衬砖具有很大的侵蚀性，这是锅炉更换衬砖的主要原因。煤灰熔融温度的高低，是电厂运行中的重要性能。

煤灰的熔融温度，习惯上称为煤的灰熔点，这种叫法显然不科学。因为煤灰不是一个纯净物，没有固定的熔点。煤灰的化学成分比较复杂，其含量可按下列顺序排列：SiO_2、Al_2O_3、Fe_2O_3、CaO、MgO 等。这些氧化物在纯净状态时，熔点都很高。但在高温下，各种氧化物在熔化过程中形成共熔体，使熔点温度较低。煤灰成分不同，有不同的熔融温度。

煤灰受热时由固态逐渐向液态过渡，称为煤灰的熔融性。目前世界各国表示熔融性的方法不尽相同，但都有严格规定的试验条件。我国采用的方法是国际上应用较为广泛的角锥法。将煤灰用糊精在灰锥模中制成一定尺寸的正三角形锥体，将灰锥置于弱还原性介质中，

拨动升温开关，以一定速度升温，灰锥开始熔化时，机械强度随之减弱，产生一定的变形。规定用变形、软化、流动三种形态变化的温度来表示煤灰的熔融性，如图1-2所示。

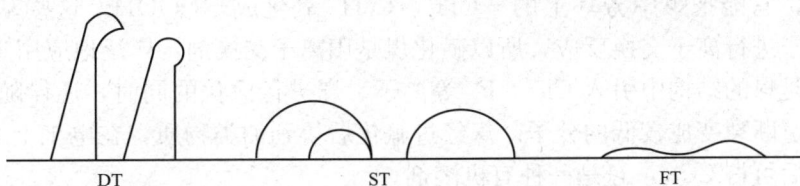

图1-2　灰锥的变形和表示熔融性的三个特征温度
DT—变形温度，灰锥顶端开始变圆或弯曲时的温度；ST—软化温度，锥顶变至锥底或变成球形或高度
等于或小于底长时对应的温度；FT—流动温度，锥体熔化成液体或厚度在1.5mm以下时对应的温度

变形温度（煤的产地不同，变形不同，有的煤弯尖，有的煤圆尖）以DT表示；软化温度（锥尖触及托板，锥体变成球形或高度≤底长的半球形时的温度）以ST表示；流动温度也称熔化温度（灰锥完全熔化或展开成高度≤1.5mm的薄层时的温度）以FT表示。工业上用ST作为煤灰的熔融性温度。我国煤灰熔融性温度普遍较高，一般为1200～1500℃。

DT、ST和FT间的温度间隔是有实际意义的。如果这个温度间隔很大，意味着煤灰的固相和熔融状态的液相共存的温度区间较宽，这样的灰渣称为长渣，反之，称为短渣。一般规定 t_1 和 t_2 温度差为200～400℃时，即为长渣，温度差为100～200℃时，则为短渣。长渣难以凝结，冷却时，可以在一段较长时间保持黏性，因而在锅炉中结渣的机会多。短渣冷却时很快凝结，故不易在锅炉中结渣。

2. 煤的化学性质

煤的化学性质是研究煤质和煤的利用的重要内容。不同种类的煤，化学性质不同，它们的用途也不同。

（1）煤的氧化和风化。煤在空气中缓慢地和 O_2 化合的反应就称为煤的氧化，氧化后的煤会失去光泽，块度、硬度均变小。煤在空气中长期堆放，煤氧化过程的热不能很快消失，煤堆温度越来越高，当达到其燃点时，煤堆会自燃。离地表近的煤层受空气和水的影响也会氧化，这种在煤层中氧化的煤称为风化煤。在未氧化前，煤中的黄铁矿和白铁矿均以 FeS_2 的化学组分存在，但氧化后，FeS_2 变 $FeSO_4$ 和 $Fe_2(SO4)_3$，最后成为红褐色的 $Fe(OH)_3$，并有 $FeSO_4$ 结晶、$CaSO_4$、$CaCO_3$、页岩和黏土等矿物附着在煤的表面，成白锈色。煤氧化后，表面的—OH、—COOH基团增加，煤的亲水性增加，但可浮性降低。因此，粉煤浮选时的回收率降低，且浮选精煤的脱水性变坏。由于亲水基团的增加，煤中的结晶水增加。氧化过程中由于放出热量，所以煤氧化后，发热量一般都降低，煤烟存放一年后，发热量将降低1%～5%，褐煤堆放一年后，会降低20%左右。若保存得法，发热量降低也少。S含量一般稍有降低，但大部分是 FeS_2 氧化成 $FeSO_4$，C、H含量减少，由于亲水基团的增加，主要是呈—COOH、—OH形态的氧增加。

（2）煤的燃点。测定出煤的燃点（也称着火点），以便确定煤是否容易自燃，同时还要判定它是否容易着火以及选择合适的着火温度。燃点还与煤化程度有关，一般煤的燃点随煤化程度增加而升高。如褐煤的燃点多在250～450℃，烟煤的燃点多在400～500℃，无烟煤燃点多在700～800℃。

（3）煤的磺化、卤化和氢化。煤与 H_2SO_4（浓）或发烟硫酸能起磺化反应，生成磺化煤。煤的磺化过程是—SO_3H 基团引入煤的结构中去，而且在加热的条件下，H_2SO_4（浓）也是个氧化剂，它能把煤中芳环上的—CH_3、C_2H_5 氧化成—$COOH$。这些基团中的 H^+，都能与金属离子进行离子交换反应，所以磺化煤是阳离子交换剂，广泛地应用于水的软化。

煤的卤化是煤的结构中引入 Cl^-、F^- 等离子。煤进行卤化的同时，还伴随有氧化作用，使煤分子的键链断裂变成较低的分子。煤经过氟化后得到油类物质，在电工上可作为绝缘用油。煤经氯化后可得 CCl_4，它是一种有机溶剂。

煤的氢化是煤在 $300\sim500℃$ 下，用 200 个大气压的氢气，使煤液化的过程。其实质是降低煤的 C/H 的比值的过程，当煤的 C/H 比达到和石油的 C/H 比相当时，煤也就变成了人造石油了。煤的加氢除了可以得到液体燃料外，还可得到化工产品。此外，还可用煤的加氢来改变煤的黏结性，以至原来不能单独炼焦的煤达到可以炼焦的标准，同时还能使煤减灰、脱硫。如经适度氢化处理的煤称为溶剂精炼煤，它是一种低灰、低硫的清洁燃料。

（4）煤的热分解。将煤隔绝空气加热，随温度的升高煤发生一系列的分解反应。现把热分解产物表示如下：

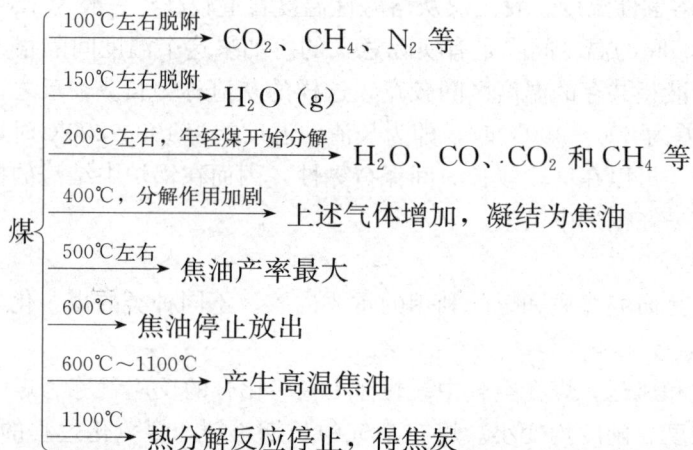

煤
- 100℃左右脱附 → CO_2、CH_4、N_2 等
- 150℃左右脱附 → H_2O（g）
- 200℃左右，年轻煤开始分解 → H_2O、CO、CO_2 和 CH_4 等
- 400℃，分解作用加剧 → 上述气体增加，凝结为焦油
- 500℃左右 → 焦油产率最大
- 600℃ → 焦油停止放出
- 600℃～1100℃ → 产生高温焦油
- 1100℃ → 热分解反应停止，得焦炭

（5）煤的反应性。煤的反应性是指在一定温度下和 O_2、H_2O(g) 及 CO_2 的反应能力。反应活性大的煤，在燃烧、气化时反应速度快。煤的反应活性随煤化程度的加深而降低。例如褐煤的反应活性比烟煤的反应活性强。

煤的反应活性的化学反应表示如下：

$$C+O_2 \xrightarrow{\Delta} CO_2$$
$$C+H_2O \xrightarrow{\Delta} H_2+CO$$
$$C+CO_2 \xrightarrow{\Delta} 2CO$$

通常，测定煤的反应活性的原理是利用脱去挥发分后的煤来还原 CO_2，所以称为煤焦炭对 CO_2 的反应能力。根据生成 CO 含量占 CO_2 总量的百分率来衡量其还原能力。这个百分率称为煤对 CO_2 的还原率，以 $a\%$ 表示。

四、火电厂动力煤的采样和制样

1. 电厂采样的分类

（1）入场煤采样。一般多在运输工具上采样，也有在输煤传送带上采样。监督入场煤质量，是进行商务结算的依据。一般采取工业分析，进行发热量、全硫等的测定，有时也测定灰的熔融性。

（2）入炉煤采样。它是为指导锅炉安全经济运行采取的煤样，也用于计算煤耗。一般进行工业分析和发热量测定，有时也需测定硫和灰熔融性等项目。

（3）热效率试验用煤。在做锅炉热效率试验时，为了计算锅炉机组相关的运行参数和分析研究需要而采集的煤样。通常进行工业分析、元素分析，有时还对可磨性或灰熔融性等项目进行测定。

（4）制粉系统煤样。为了监控制粉系统运行的安全性和确保制备合格的经济煤粉而采集的唯一经过加工的煤样。一般化验项目有水分和煤粉细度。

此外，还需采取煤的燃烧产物——飞灰样，用于监控锅炉燃烧的情况，分析项目有水分和含碳量。

2. 采样的基本原则

（1）采样单元。一般发电用煤，可按品种以 1000t 为一采样单元，煤量超过 1000t 或不足 1000t 时也可以实际运量为一采样单元。

（2）采样精密度。原煤、筛选煤和除精煤外的其他洗煤（包括中煤、泥煤）的采样精密度见表 1-7。

表 1-7   采 样 精 密 度

原煤和筛选煤		精煤	其他洗煤（包括中煤、泥煤）
$A_d \leqslant 20\%$	$A_d > 20\%$		
$\pm 1/10 \times A_d$ 但不小于 $\pm 1\%$（绝对值）	$\pm 2\%$（绝对值）	$\pm 1\%$	$\pm 1.5\%$（绝对值）

（3）子样数目。

1）1000t 煤应采最少子样数目按表 1-8 规定采取。

2）煤量超过 1000t 的子样数目可表示为

$$N = n \left(\frac{m}{100} \right)^{\frac{1}{2}} \tag{1-4}$$

式中 N——实际应采子样个数，个；

n——表 1-8 中规定的子样数目，个；

m——实际发运煤量，t。

表 1-8   1000t 最少子样数目

品种		$A_d/\%$	煤流	火车	汽车	船舶	煤堆
原煤、筛选煤		>20	60	60	60	60	60
		$\leqslant 20$	30	60	60	60	60
精煤			15	20	20	20	20
其他洗煤（包括中煤）和粒度大于 100mm 块煤			20	20	20	20	20

3）煤量小于 1000t 时，子样数目根据表 1-8 中规定按比例递减，但最少不能少于表 1-9 规定的数目。

表 1-9　　　　　　　　　　　　　　　　**煤量少于 1000t 的最少子样数**

品种	A_d/%	煤流	火车	汽车	船舶	煤堆
原煤、筛选煤	>20	表 1-8 规定数目的 1/3	18	18	表 1-8 规定数目的 1/2	表 1-8 规定数目的 1/2
	≤20		18	18		
精煤			6	20		
其他洗煤（包括中煤）和粒度大于 100mm 块煤			6	20		

（4）子样质量。每个子样最少质量根据批煤最大粒度按表 1-10 确定。

表 1-10　　　　　　　　　　　　　**煤样粒度与子样最小质量的关系**

煤最大粒度/mm	<25	25～50	50～100	>100
最少子样质量/kg	1	2	4	5

3. 入场煤和入炉煤采样

（1）煤堆上采取煤样。煤堆上一般不易采到有代表性的煤样，特别是庞大煤堆上的采样。因此，应严格按照以下操作进行：首先要估算被采煤堆的大致煤量，而后依据估算的煤量按式（1-4）计算应采的最少子样数目。

1）子样点布置：依据煤堆形状将子样点分布在煤堆的顶部（距顶面 0.5m），底部（距地面 0.5m）和中部（顶、底部的中央）；

2）按照大致估算的顶部、底部和中部的周长比例分配子样数；

3）按已确定的子样数依据"均匀布点"的原则，按等距离或等弧度布置子样点；

4）采样时，先除去 0.2m 的表层煤后，用尖锹（长 300mm×宽 250mm）采取，通常煤堆的坡度大，当除去表层煤时，上方的大块或矸石容易滚落下来，如遇到这种情况，则应彻底清除掉；

5）采到的子样要立即放入严密而又不污染的容器中。采样结束后，迅速将煤样送往化验室。

（2）入炉煤样采取。入炉煤采样一般在输送皮带煤流中采取，鉴于火电厂的带式输送机皮带运行速度快，煤流厚度大，所以一般不主张采用人工采样，以避免人身事故。应安装机械采样机，按时间基或质量基配置子样。时间间隔和质量间隔的确定如下：

1）时间间隔（T）计算。

$$T \leqslant 6Q/(q_m \cdot n) \tag{1-5}$$

式中　　Q——采样单元煤量，t；

　　　　q_m——煤流量，t/h；

　　　　n——子样数目。

2）质量间隔（M）计算。

$$M \leqslant Q/n \tag{1-6}$$

（3）单独采取全水分煤样。因需要可单独采取全水分煤样。根据情况不同可在煤流上采取或在运输工具上采取，也可在煤储场采取。

若在煤流中采样，不论煤的品种，每 1000t 煤都至少采取 10 个子样；当批煤量超过 1000t 时，可按式（1-4）计算出应采的子样数，其中 n 取 10；当批量不足 1000t 时，其应采子样数不得少于 6 个。

4. 制粉系统中的煤粉样采取

制粉系统中煤粉样的采取，视采样位置的不同而有所区别。对中间储仓式制粉系统可在细粉分离器下粉管或给粉机落粉管中采样。在细粉分离器下粉管中采样时，可采用煤粉活动采样管。该采样管是由开有槽形的两根金属管叠套而成。外管 $\phi40/34$；内管 $\phi35.5/30$，槽口长度比下（落）粉管略小。采样时，使采样管的内外管槽形开口处于相互遮盖的位置，插入下粉管中后，将槽形口朝上，转动采样管外管使槽形口接受煤粉，取完煤粉后，恢复内外管槽形口相互遮盖的位置，取出采样管，将煤粉收集于磨口的玻璃容器中。每班采样至少两次。

对给粉机落粉管中的连续采样，可采用煤粉自由沉降采样器。该采样器由一根头部开有 $\phi1.5\sim\phi2.5$ 圆孔的直管和煤粉样收集罐组成。采样时，将该管插入垂直的落粉管的中心处，并保持整套采样装置处于密封状态。每班采样量至少为 1kg。

对直吹式制粉系统可在一次煤粉管中按等截面积连续采样，采样时，可使用抽气式活动等速采样器。该采样器是由等速采样管、两级旋风捕集器、过滤器及微压计等组成的。采样时，将等速采样管插入煤粉输送管中，借取抽气源和微压计调整采样管内的输粉管道的粉速，使二者相等，抽出的煤粉样经旋风捕集器到集样器内。每班采样量至少为 1kg。

5. 制样的基本要求

制样是指对系统采集到的有代表性的煤样，按标准方法通过破碎和缩分，以减小粒度和减少数量的过程，使制备出的煤样仍保持原煤样的代表性。

要制备仍保持原煤样代表性的煤样，应符合下列基本要求：

（1）对标称最大粒度超过 25mm 以上的煤样，无论其数量多少，都要全部先破碎到 25mm 以下才允许缩分（在线机械采制样对此无要求）。

（2）破碎机破碎煤样时不应受任何污染，包括研磨件铁粉的污染。

（3）在缩分煤样时，须严格按照粒度对煤样最小质量的要求保留煤样量。

（4）缩分中要尽量多采用二分器或其他类型的机械缩分器。缩分器是要先经权威质检部门确认无系统偏差的。

（5）煤样制备方案的设计要合理，使其最终能获得足够小的制样方差和较少的留样量。

（6）煤样制备的总方差要达 $0.05P_L^2$ 的要求，且无系统偏差（P_L 为采制化总精密度，对入厂煤为 $\pm2\%$；对入炉煤为 $\pm1\%$）。

（7）需要检验与煤样制备精密度有关的设备和制备程序，要及时进行试验加以确认。

6. 煤样制备过程

（1）煤样粒度大于 25mm 时，无论其煤量多少，都需先经过破碎使其全部通过 25mm 方孔筛，掺和均匀后，用堆锥四分法缩分出不少于 60kg 煤样。

（2）将缩分出的不少于 60kg 的煤样继续破碎，使之全部通过 13mm 方孔筛，掺和均匀后，用相应的二分器缩分出不少于 15kg 的煤样，若需进行全水分测定，则可从留样中用九点法取出部分煤样。

（3）将缩分出的不少于 15kg 的煤样再继续破碎，使之全部通过 6mm 方孔筛，掺和均匀后，用相应的二分器缩分出不少于 7.5kg 的煤样。若需测定全水分，则可从留样中用九点采样法取出部分煤样。

（4）将缩分出的不少于 7.5kg 的煤样继续破碎，使之全部通过 3mm 方孔筛，掺和均匀后，用相应的二分器缩分出不少于 3.75kg 的煤样，若需减灰用煤样和存查煤样，则可从弃煤样中用二分器缩分出部分煤样。

（5）将缩分出的不少于 3.75kg 煤样继续破碎，使之全部通过 1mm 方孔筛，掺和均匀后，用相应的二分器缩分出不少于 0.1kg 的煤样。同时，从弃煤中用二分器缩分出不少于 0.5kg 的煤样作为存查样品。

（6）将缩分出的煤样在 50℃左右烘干 2～4h，取出，待与空气湿度达到平衡后，全部磨细到粒度小于 0.20mm，掺和均匀，装瓶，做分析试验用。

制备粒度小于 3mm 的煤样，缩分至 3.75kg 后，如使它全部通过了 3mm 的圆孔筛，则可用二分器直接缩分出不少于 100g 和不少于 500g，分别用于制备分析用煤样和作为存查煤样。

五、煤的组成和基准

1. 煤的组成

据现代研究表明：煤中有机物的基本结构单元，主要是带有侧链和官能团的缩合芳香环体系，随着变质过程的加深，基本结构单元中六碳环的数目不断增加，而侧链和官能团则不断减少。由于成煤条件各异，变质元素复杂，组成煤基本结构单元的六碳环数目，侧链、官能团的多少和性质以及各基本结构单元间的空间排列都不可能一致，因此也就出现组成和性质各异的多种煤。对于煤的分子可视为一种不确定的非均一、分子量很高的缩聚物，而不是聚合物，其结构模型如图 1-3 所示。

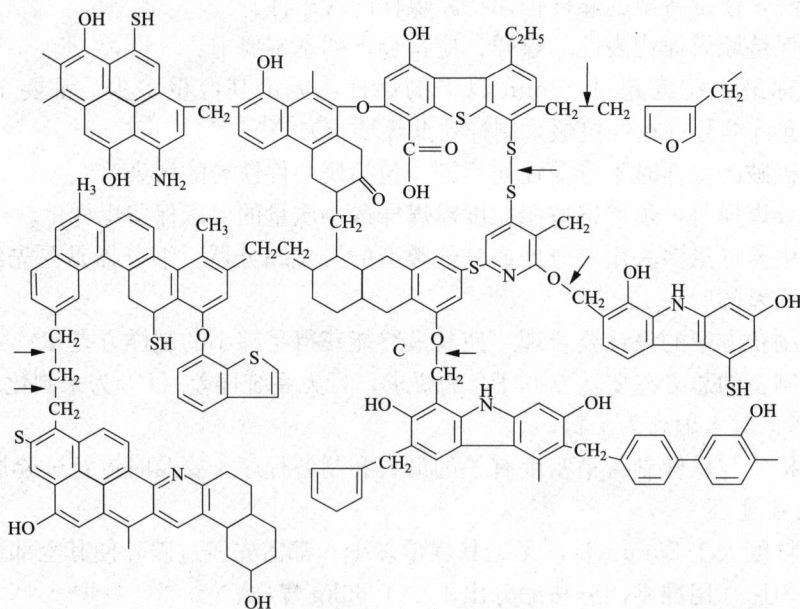

图 1-3　煤的结构模型

煤中无机物的组成也很复杂，所含元素多达数十种，常以硫酸盐、碳酸盐（主要是钙、镁、铁等盐）、硅酸盐（铝、钙、镁、钠、钾）、黄铁矿（硫）等矿物质的形态存在。此外还有一些伴生的稀有元素，如锗（Ge）、硼（B）、铍（Be）、钴（Co）、钼（Mo）等。

煤仅作为能源使用时，就没有必要对其化学结构做详尽的了解，只从热能利用（即燃料的燃烧）方面去分析和研究煤的组成，就基本上能够满足电力生产的要求。

2. 煤成分的计算基准

由于煤中灰分和水分的含量容易受到外界条件的影响而发生变化，单位质量的煤中其他可燃物质的百分数将随之而变化，即使是同一种煤的质量百分数也会因上述原因发生变化。因此，根据煤存在的条件或根据需要而规定的"成分组合"成为基准，常用下列四种基准：

（1）收到基（原应用基）。以收到状态的煤为基准计算煤中全部成分的组合称为收到基，其中包括全部水分，收到基以下标 ar 表示。

$$C_{ar}+H_{ar}+O_{ar}+N_{ar}+S_{ar}+A_{ar}+M_{ar}=100\%$$

（2）空气干燥基（原分析基）。煤样在实验室规定的温度下自然干燥失去外部水分后，其余的成分组合便是空气干燥基并以下脚标 ad 表示。

$$C_{ad}+H_{ad}+O_{ad}+N_{ad}+S_{ad}+A_{ad}+M_{ad}=100\%$$

（3）干燥基。以假想无水状态煤为基准，以下脚标 d 表示。由于已不受水分的影响，灰分含量百分数比较稳定，可用于比较两种煤的含灰量。

$$C_d+H_d+O_d+N_d+S_d+A_d=100\%$$

（4）干燥无灰基（原可燃基）。以假想无水、无灰状态的煤为基准，以下脚标 daf 表示。由于不受水分、灰分的影响，常用于比较两种煤的碳、氢、氧、氮、硫成分的多少。

$$C_{daf}+H_{daf}+O_{daf}+N_{daf}+S_{daf}=100\%$$

四种基准同样也可以用于煤的工业分析，元素分析成分和工业分析成分的关系如图 1-4 所示。

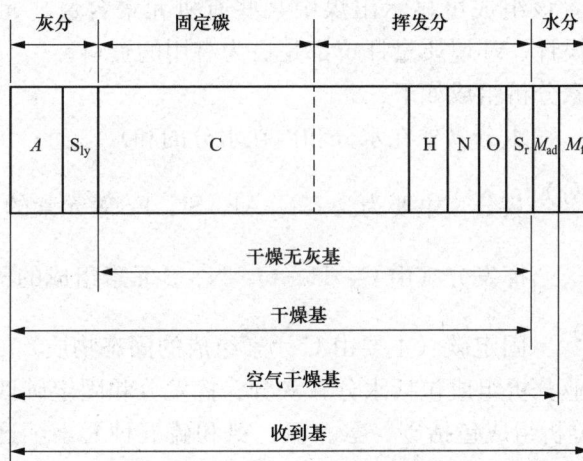

图 1-4　煤的基准划分

M_f—外部水分；M_{ad}—内部水分；

S_r—可燃硫或称全硫；S_{ly}—硫酸盐硫已归入灰分

对同一种煤，各基准间可进行换算，其换算系数 K 见表 1-11，换算公式为

$$x=Kx_0 \tag{1-7}$$

表 1-11 中换算系数 K 不仅可以用于基准间百分数的换算，也可以用于各基准间的发热量之间的换算。但是，不能用于水分之间的换算。水分之间换算可表示为

表 1-11 不同基准的换算系数 K

基准	收到基	空气干燥基	干燥基	干燥无灰基
收到基	1	$\dfrac{100-M_{ad}}{100-M_{ar}}$	$\dfrac{100}{100-M_{ar}}$	$\dfrac{100}{100-M_{ar}-A_{ar}}$
空气干燥基	$\dfrac{100-M_{ar}}{100-M_{ad}}$	1	$\dfrac{100}{100-M_{ad}}$	$\dfrac{100}{100-M_{ad}-A_{ad}}$
干燥基	$\dfrac{100-M_{ar}}{100}$	$\dfrac{100-M_{ad}}{100}$	1	$\dfrac{100}{100-A_{d}}$
干燥无灰基	$\dfrac{100-M_{ar}-A_{ar}}{100}$	$\dfrac{100-M_{ad}-A_{ad}}{100}$	$\dfrac{100-A_{d}}{100}$	1

$$M_{ar} = M_f + M_{ad}\frac{100-M_f}{100} \tag{1-8}$$

式中　M_f——外部水分,%。

六、煤质分析

在工业上常将煤的组成划分为工业分析组成和元素分析组成两种;了解这两种组成就可以为煤的燃烧提供基本数据。工业分析组成是用工业分析法测出的煤的不可燃成分和可燃成分,前者为水分和灰分;后者为挥发分和固定碳。这种分析方法带有规范性,所测得的组成与煤固有的组成浑然不同,但它给煤的工业利用带来很大方便。工业分析法简单易行,它采用了常规质量分析法,以质量百分比计算各组成,可得到可靠的煤质百分组成。这有利于统一煤质量、煤种划分、煤质评估、用途选择、商品计价等。元素分析组成是用元素分析法测出煤中的化学元素组成,该组成可显示出煤中某些有机元素含量。元素分析结果对煤质研究、工业利用、燃烧炉设计、环境质量评价都是极为有用的资料。

工业分析组成和元素分析组成如下:

$$煤\begin{cases} \text{无机物（不可燃成分）} \begin{cases} \text{水分（外在水分和内在水分的和）} \\ \text{灰分（主要为含 Ca、Al、Si、Fe 等元素的无机矿物质）} \end{cases} \\ \text{有机物（可燃成分）} \begin{cases} \text{挥发分（由 C、H、O、N、S 元素组成的气态物质）} \\ \text{固定碳（主要由 C 元素组成的固态物质）} \end{cases} \end{cases}$$

由上可以看出:工业分析组成包括水分、灰分、挥发分和固定碳四种成分,这四种成分的总量为100%。元素分析组成包括碳、氢、氧、氮和硫五种元素,这五种元素加上水分和灰分,其总量为100%。

1. 煤的工业分析

在一定的试验条件下的煤样,通过分析得出水分、灰分、固定碳和挥发分这四种成分的质量百分数称为工业分析。

将自然干燥后的煤粉样取 1g 左右放入预先加热至 (145 ± 5)℃的干燥箱中干燥 1h 后,试样质量减轻的量占原质量的百分数即为空气干燥基水分。

将失去水分的煤样在隔绝空气的条件下放入 920℃电炉中加热 7min 后,放入干燥器内冷却至室温后称重,可得出空气干燥基挥发分,即

$$V_{ad} = \frac{G - G_1}{G} \times 100 - M_{ad} \tag{1-9}$$

式中 G——原煤样质量，g；

G_1——加热以后剩余质量，g；

M_{ad}——空气干燥基水分，%。

挥发分是煤加热过程中有机质分解而析出的气体物质。它主要是由各种碳氢化合物、氢、一氧化碳、硫化氢等可燃气体组成，还有少量的氧、二氧化碳、氮等不可燃气体。随着碳化程度的不同，挥发分的析出温度不相同，挥发分的成分及含量也不相同。由于挥发分燃点低，容易着火燃烧，对锅炉的运行工作影响较大，是煤的重要特征，其含量的多少常作为煤分类的重要依据。

煤在失去水分和挥发分后剩余部分即为焦炭，它包括固定碳和灰分。将煤粉样放在高温炉中，按规定方法升温至（815±5）℃，并加热 1h，冷却至室温后称重，剩余质量占原煤样质量的质量百分数即为空气干燥基灰分的含量。将原煤粉样中的水分、灰分、挥发分扣除后即为空气干燥基固定碳的质量百分数。

2. 工业分析与电力生产的关系

（1）水分。水分较多的煤因水分占去了原可燃质的一部分，发热量会相应低些，在燃烧中水分多时需吸收热量，经过长时间才能蒸发完，因此着火慢，比较难于燃烧。此外，烟气体积大也增大了通风设备的规模及能耗。在燃用水分过高的煤时，有时在锅炉中很难燃烧，必须在燃烧前预先加以干燥才行。

（2）灰分。煤的灰分高表明它的可燃质少，因此发热量就低。灰分的熔融性一般用专门的仪器来测定。低灰熔点煤难以燃烧，在煤粉炉中燃烧后形成飞灰，处于溶化状态容易黏在受热面及炉墙上发生结渣现象。水冷壁结渣，其吸热量减小，炉温因而会升高，使结渣更加严重，导致锅炉不能正常运行。燃烧低灰熔点煤时，灰渣也会在炉排及炉墙、炉拱上结渣，使锅炉不能正常运行。

对于低灰熔点煤，可采用液态排渣煤粉炉。炉膛一部分水冷壁上涂敷耐火材料，减少其吸热量，因而燃烧温度特别高，保持灰分在液化状态，落在炉墙上的灰顺墙下流，由下部出口排到下面的除渣设备中。这种煤粉炉燃烧效率高，燃烧温度可达 1700℃左右，但烟气中氮氧化物含量会随之升高，加重大气污染，因而较少采用。近年来，流化床技术发展很快，其燃烧温度只有 850～900℃，该类锅炉可燃用低熔点煤而无结渣。

（3）挥发分。挥发分通常以干燥无灰基挥发分（V_{daf}）表示。它是判别煤是否易于燃烧的重要指标。它的含量高表示煤容易着火，燃烧稳定、完全。无烟煤（V_{daf} 小于 8%）是难以燃烧的煤，燃烧室中温度较高时，才可保证燃烧稳定。贫煤（V_{daf} 一般在 8%～20%）是较难燃烧的煤种，但优于无烟煤。V_{daf} 大于 20% 的烟煤和褐煤较容易燃烧，具有易着火、易燃尽的特点。煤粉炉燃烧烟煤和褐煤时，即使其细度较大也可燃烧完全。

煤中挥发分及其热量对着火和燃烧都有较大的影响，锅炉燃烧器的形式和一、二次风的选择、炉膛形状及大小燃烧带的敷设、制粉系统的选型和防爆设施的设计等都与挥发分有密切关系，所以在选购煤时应尽可能根据原设计煤种的挥发分购置。若不能做到，可以通过调整一次风的风量、风温，改变煤粉细度，调整火焰中心位置，改变一、二次风比等措施改善燃烧运行工况，但这种调节措施是有限度的，只有挥发分相差不大时才适用。火电厂还可以根据运行经验，利用煤的挥发分和发热量具有加和性的特点，按比例掺配不同煤种使挥发分和发热量维持在一定范围内以保证稳定燃烧。

（4）焦结性。煤受热析出挥发分时，余下固定碳及灰。有的煤在此过程中黏成一块，称为焦炭。这种特性称为焦结性。炼焦煤的焦结性最大，适于冶炼。对于煤粉炉来说，结焦性对燃烧影响不大，但对层燃炉来说，则影响很大。焦结性很强的煤在炉排上会在受热中结成饼块，使煤层通风不均，结成饼块处难于燃尽。有时不得不以人力将饼块捣碎。另外，在炉排上燃烧焦结性过小的煤，易受热而松散，因而会未燃尽而落到炉排下面损失掉。往复炉排的燃烧过程中经常推动煤层，可使黏结成饼块的煤层散开，因此它可以燃用焦结性较强的煤，但容量有限。

3. 燃煤元素分析

（1）煤的元素分析组成。煤的元素分析包括碳、氢、氮、硫、氧五种元素，任何固体或液体都含有这些元素。我国现行煤炭分类中各主要类别煤的元素组成大致范围列于表 1-12 中。

表 1-12 各类别煤的元素组成

类别	$C_{daf}/\%$	$H_{daf}/\%$	$N_{daf}/\%$	$O_{daf}/\%$
褐煤	60～76.5	4.5～6.6	1～2.5	＞15～20
长焰煤	77～81	4.5～6.0	0.7～2.2	10～15
气煤	79～85	5.4～6.8	1～2.2	8～12
肥煤	82～89	4.8～6.0	1～2.0	4～9
焦煤	86.5～91	4.5～5.5	1～2.0	3.5～6.3
瘦煤	88～92.5	4.3～5.0	0.9～2.0	3～5
贫煤	88～92.7	4.0～4.7	0.7～1.8	2～5
无烟煤	89～98	0.8～4.0	0.3～1.5	1～4
石煤*	93～97	0.5～3.0	0.5～1.0	1～4
泥煤*	55～62	5.3～6.5	1.3～0.5	27～34

* 非我国现行煤炭分类中的类别。

（2）煤的元素分析与工业分析之间的关系。工业分析包括水分、灰分、挥发分和固定碳四项。元素分析包括碳、氢、氮、硫、氧五项。如果它们都以质量的百分含量计算，则可写成下式：

$$M_{ad} + A_{ad} + V_{ad} + (FC)_{ad} = 100\%$$
$$M_{ad} + A_{ad} + C_{ad} + H_{ad} + O_{ad} + N_{ad} + S_{ad} = 100\%$$

经简单整理后，可以得出

$$V_{ad} + (FC)_{ad} = C_{ad} + H_{ad} + O_{ad} + N_{ad} + S_{ad}$$

此式表明：

1）工业分析中的可燃成分恰好等于碳、氢、氮、硫和氧五个元素含量的总和。

2）从简单的工业分析中的 V_{ad} 和 $(FC)_{ad}$，大致可以看出构成煤中有机质的主要成分的含量大小，因而，可估计煤炭的质量好坏。

3）从元素的平衡看，全碳 C_t 应等于固定碳 $(FC)_{ad}$ 和挥发分中碳 C_v 之和，即

$$C_t = (FC)_{ad} + C_v$$

4. 元素分析与电力生产的关系

（1）碳和氢。煤中有机质的各种组成元素中，以碳、氢、氧三种元素为主，氮和硫较少。

各元素含量范围：碳为 $60\% \sim 98\%$，氢为 $0.8\% \sim 6.6\%$，氧为 $1\% \sim 30\%$，氮为 $0.3\% \sim 3\%$，有机硫 $0.1\% \sim 0.5\%$。煤炭燃烧时产生的热量主要来源于碳和氢与氧发生的剧烈氧化反应释放出的热量。这些反应需要消耗大量的氧气，同时也产生大量的烟气；较低含量的氮、硫元素的燃烧需要的氧气量较少，产生的烟气量也少。根据煤的元素组成及燃烧反应式，可以计算理论氧气量、理论空气量和理论烟气量，从而推断实际空气量和耗氧量。

（2）硫和氮。煤中的硫在燃烧中会生成二氧化硫（SO_2）和一部分三氧化硫（SO_3）。三氧化硫会与烟气中的水蒸气形成硫酸蒸汽。硫酸蒸汽可导致烟气的露点提高，在温度较低的受热面上凝结而腐蚀受热面。硫的氧化物随烟气排入大气后，因形成酸雨而破坏生态系统和影响人类健康。

氮在燃烧时生成氮氧化物，它是酸雨和光化学烟雾的前驱体，我国早期采取了加装低氮燃烧器等方式控制氮氧化物的排放，目前部分电厂加装了脱氮装置。

5. 煤的发热量

（1）煤的发热量。煤的发热量是指单位质量的煤在完全燃烧时放出的全部热量。在实际应用中煤的发热量有高位发热量和低位发热量之分，发热量的单位为 kJ/kg。当发热量中包括煤燃烧后产生的水蒸气凝结放出的凝结潜热时，称为高位发热量，用 Q_{gr} 表示。当发热量中不包括水蒸气凝结放出的凝结潜热时，称为低位发热量，用 Q_{net} 表示。我国在锅炉的有关计算中采用低位发热量。高位发热量与低位发热量之间的关系为

$$Q_{ar,net} = Q_{ar,gr} - 206H_{ar} - 23M_{ar} \tag{1-10}$$

（2）发热量的测量。由氧弹式量热仪先测得弹筒发热量 $Q_{ad,b}$，再由式（1-11）换算为高位发热量：

$$Q_{ad,gr} = Q_{ad,b} - (95S_{ad,b} + \alpha Q_{ad,b}) \tag{1-11}$$

式中 $Q_{ad,gr}$——空气干燥基高位发热量，kJ/kg；

$\qquad Q_{ad,b}$——空气干燥基弹筒发热量，kJ/kg；

$\qquad S_{ad,b}$——弹筒洗液中测得的含硫量，%；

$\qquad \alpha$——硝酸生成热的比例系数。

发热量表达方式及其燃烧产物见表 1-13。

表 1-13 发热量表达方式及其燃烧产物

发热量	符号	燃烧产物种类及其状态			
		C	H	S	N
弹筒	Q_b	$CO_2(g)$	$H_2O(l)$	$H_2SO_4(aq)$	$HNO_3(aq)$
高位	Q_{gr}	$CO_2(g)$	$H_2O(l)$	$SO_2(g)$	$N_2(g)$
低位	Q_{net}	$CO_2(g)$	$H_2O(g)$	$SO_2(g)$	$N_2(g)$

（3）标准煤。采用统一的标准煤指标，便于对不同煤种的机组或电厂进行标准煤耗分析。按照规定，收到基发热量为 29270kJ/kg 的煤为标准煤。

七、煤燃烧特点及影响因素和机理

1. 煤的燃烧过程

煤的燃烧过程需要经历干燥、挥发分析出及着火燃烧和焦炭着火燃烧等分过程，并且其中的挥发分的燃烧与焦炭的燃烧从时间看有一定的重叠。当煤受热时，煤表面上的水分将首

先蒸发出来，使煤被干燥。当温度继续升高，将发生煤的热分解反应，使煤中所含易分解的碳氢化合物和少量不能燃烧的化合物如 CO_2 等以气态析出。这些析出物常称为挥发分。挥发分析出的速率随时间呈指数规律递减，在较短时间内即可析出 $80\%\sim90\%$ 挥发分，但要经过较长时间才能全部析出，挥发分析出后余下即焦炭，它是由固定碳和一些矿物杂质所组成。挥发分比焦炭易于着火，故当温度足够高，又有空气时，挥发分将首先着火。当挥发分着火燃烧后，它一方面加热焦炭，但另一方面又与焦炭争夺燃烧所需要的氧。焦炭在大部分燃烧以后，才着火燃烧，但与挥发分差不多同时燃尽。

　　焦炭中所含矿物杂质燃烧后形成的灰分，在燃烧过程中形成阻碍氧气扩散到焦炭表面的灰壳，对燃尽时间有一定的影响。对大多数煤种，焦炭所占发热量比例要超过 50%。由于焦炭在煤的质量中所占的份额最大，着火最迟，所需燃尽时间长，燃烧发热量又占煤发热量的主要部分，因此焦炭的燃烧在煤的燃烧中起着决定性的作用。

　　2. 煤粒燃烧的影响因素

　　（1）挥发分对煤粒燃烧的影响。当煤粒加热到一定温度时将进入热分解阶段，析出挥发分，相应于挥发分开始析出的温度称热分解温度，对褐煤热分解温度为 $130\sim170℃$，烟煤为 $210\sim260℃$，无烟煤为 $380\sim410℃$。实验表明：挥发分的燃烧和焦炭的燃烧是同时进行的。挥发分的析出时间几乎要延续到煤粒为止，即挥发分与焦炭几乎同时燃尽。挥发分的析出对煤粒的燃烧有双重作用，既有有利的一面，又有不利的一面。

　　有利方面：挥发分与空气形成的可燃混合气着火温度远低于焦炭，因此着火燃烧先于焦炭，并在煤粒周围形成火焰，提高了煤粒的温度，为焦炭的着火燃烧准备了比较有利的条件，而加热的焦炭也为挥发分的析出创造了有利的条件。由于挥发分的析出形成了许多孔隙，增加了参加化学反应的表面积，这有利于提高煤粒燃烧速度。

　　不利方面：由于挥发分的燃烧，消耗由周围空气向煤表面扩散的氧，故扩散到煤表面的氧显著减少，使煤粒燃烧速率下降。在煤粒燃烧初期，由于挥发分析出量多所需消耗氧量大，对燃烧起了较大的抑制作用。随着挥发分逐渐燃尽，这种抑制作用才逐渐降低。

　　（2）裹灰对煤粒燃烧的影响。灰分按其来源可分为由内在灰质生成的灰分与外在灰质生成的灰分。内在灰质是在煤的形成过程中已存在于煤的矿物杂质，它比较均匀地分布在煤可燃质中，在洗煤时不能将它清除。内在灰质含量占煤质量成分的 $1\%\sim2\%$，外在灰质是在煤的开采和运输过程中混杂进来的矿物杂质，其含量变动较大，一般可通过洗煤等措施将其清除。

　　3. 煤粉着火

　　（1）煤粉的着火。煤粉与一次风的混合物以射流形式喷进炉膛升温着火，射流与周围的高温烟气的卷吸混合使煤粉气流受到十分强烈的对流传热，此外，由物体中电子振动或激动对外发射辐射能而引起的火焰辐射也增强了。煤粉气流被高温烟气和火焰包围着，辐射传热的角系数比平面火焰面增大。因此，通常煤粉与一次风气流在流速达 $15\sim30m/s$ 时，仍能稳定着火。辐射传热可供着火所需热量的 $10\%\sim30\%$，着火所需热量最主要来源是对流。当煤粉与一次风气流通过辐射与对流传热获得了足够的着火热，再经过一段孕育时间，它就着火了。煤粉理想的着火位置是在离喷燃器 0.5m 左右的地点。如果着火点太靠后，一方面会错过混合比较强烈而有利于挥发分迅速燃烧的良机，煤粉就可能在炉膛内来不及燃尽；另一方面，煤粉着火推迟，会使火炬中心（炉膛内最高温度点）上移而使炉膛的上部和出口结渣。

当然，煤粉气流的着火点也不宜太近，否则可能使喷燃器过热而损坏，也会使喷燃器附近严重结渣。

（2）影响煤粉着火的主要因素。燃烧工况主要指锅炉的配风方式、一次风的风率和风速、煤粉细度及各燃烧器间煤粉分配的均匀性等，燃烧工况不同将引起着火点和火焰中心位置的变化以及火焰长度和火焰在炉膛中的充满度的变化，火焰的辐射特性也将受到影响。

1）煤粉细度。煤粉越细，着火点可提前，因其比表面积大，吸收对流和辐射的能力增强，着火温度也有所降低。煤粉细，燃尽度高；但煤粉磨得细，磨煤耗电量增加，降低磨煤机的效率。煤粉的最佳细度称为煤粉的经济细度。煤粉经济细度的确定见图1-5。

2）一次风风速、风量和风温。一次风的作用是将煤粉输送到炉膛内，并供给煤粉着火所需要的空气量。为使煤粉迅速着火，最好用热风，而且风量不宜太大，否则会降低煤粉浓度，影响着火。一次风量一般等于挥发分燃烧理论的空气量。挥发分多的煤一次风量应大些。煤粉经济细度 R_{90} 与 V_{daf} 的关系见图1-6，一次风速的推荐值见表1-14。

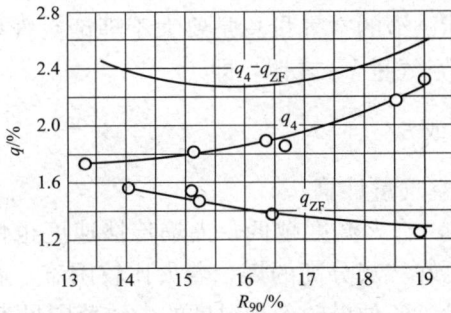

图1-5　煤粉经济细度的确定

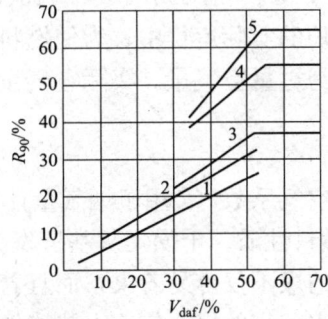

q_4—灰渣未完全燃烧损失；q_{ZF}—磨煤机能耗折算的热损失

图1-6　煤粉经济细度 R_{90} 与 V_{daf} 的关系

表1-14　　　　　　　　　　　　一次风速的推荐值　　　　　　　　　　　　（m/s）

煤种	无烟煤	贫煤	烟煤		劣质烟煤		褐煤
			$20\% \leqslant V_{daf} \leqslant 30\%$	$V_{daf} > 30\%$	$V_{daf} \leqslant 30\%$	$V_{daf} > 30\%$	
乏气送粉	—	20~25	25~30	25~35	—	25	20~45
热风送粉	15~20	20~25	25~40	25~45	20~25	25~30	40~45

一次风量通常用一次风量占总风量的比值表示，称为一次风速。一次风速不但决定着着火燃烧的稳定性，而且还影响着一次风气流的刚度。一次风速过高，会推迟着火，引起燃烧不稳定。当一次风速大于火焰传播速度时，就会吹灭火焰或者引起"脱火"。即使能着火，也会引起其他问题。例如使煤粉气流直冲对面的炉墙，引起结渣。一次风速过低，对稳定燃烧和防止结渣也是不利的。

一次风温对煤粉气流的着火、燃烧速度影响较大。提高一次风温，可降低着火点，使着火位置提前，还能在低负荷运行时稳定燃烧。有的试验发现，当煤粉气流的初温从20℃提高到300℃时，着火热可降低60%左右。因此，提高热风温度是提高煤粉着火速度和着火稳定性的必要措施之一。我国电厂在燃用无烟煤时，为了使煤粉气流的初温尽可能接近300℃，热空气温度提高到350~420℃。

3）二次风量和风速。二次风量、风速、风温和投入位置对着火稳定性和燃尽过程起着重要作用。对于大容量锅炉尤其要注意二次风穿透火焰的能力。二次风是在煤粉气流着火后混入的。由于高温火焰的黏度很大，二次风必须以很高的速度才能穿透火焰，以增强空气与焦炭粒子表面的接触和混合，故通常二次风速比一次风速提高一倍以上。推荐的二次风速见表 1-15。实际运行中，二次风速应根据具体情况决定，不必一定要符合推荐值。

表 1-15　　　　　　　　　　　四角布置燃烧器配风风速的推荐值　　　　　　　　　　　（m/s）

煤种	无烟煤	贫煤	烟煤	褐煤
一次风出口速度	20～25	20～30	25～35	25～40
二次风出口速度	40～55	45～55	40～60	40～60
三次风出口速度	50～60	55～60	35～45	35～45

4）燃烧所用空气量。由质量表示的理论空气量 L_0 为

$$L_0 = 1.293V_0 = 0.115(C_{ar} + 0.375S_{ar}) + 0.342H_{ar} - 0.0413O_{ar}/kg \qquad (1-12)$$

在锅炉的实际运行中，为使燃料燃尽，实际供给的空气量总是要大于理论空气量，超过的部分称为过量空气量。实际空气量 V_k 与理论空气量 V_0 之比，即

$$\frac{V_k}{V_0} = \alpha（或 \beta） \qquad (1-13)$$

称为过量空气系数（α 用于烟气量计算，β 用于空气量计算）。

5）燃料性质。干燥无灰基挥发分越高的煤，着火温度越低，火焰传播速度也快。因此挥发分高的煤不仅容易着火，而且着火稳定性也好。灰分高的煤，着火比较困难，着火稳定性变差。水分高的煤，使着火热增加，着火推迟。各种煤的着火温度的大致范围见表 1-16。

表 1-16　　　　　　　　　　　各种煤的着火温度的大致范围

煤种	着火温度/℃	煤种	着火温度/℃
褐煤	270～310	肥煤	320～360
长焰煤	275～320	瘦煤	350～380
不黏煤	280～305	贫煤	360～385
气煤	300～350	焦煤	350～370
弱黏煤	310～350	无烟煤	370～420

（3）防止煤粉爆炸。在煤粉的制备、储存、输送及燃烧系统中，由于煤粉和空气混合在一起，特别是和空气混合时，受热能产生挥发物，并且煤粉能氧化自燃而成为火源（或因回火爆炸），因此，应研究爆炸的原因，并采取措施，防止爆炸。爆炸是一个激烈的燃烧过程，它以 0.1～0.01m/s 的速度传播，局部压力迅速升高，因此破坏力很大。

理论计算表明，如果煤粉爆炸是一个绝热过程，而且反应得很完全，则系统的压力可以达到 8～10atm。但实际上由于燃烧不完全，系统实际达到的压力一般不超过 1.2～2.5atm。因此，如煤粉系统的设备元件按抗压强度≥3kg/cm^2 设计，则系统可不致破坏。例如，在正压下运行的煤粉制备设备就如此。

经验表明，爆炸的主要原因在于系统内有引起爆炸的火源。例如，系统内有煤粉沉积，并长时间和热气流接触，便逐渐氧化自燃而成为火源。因此，在设计煤粉管道时，应

考虑避免煤粉沉积问题。煤粉管道不允许有水平部分和凹槽或不通的管接头。煤粉管道与水平面的交角应不小于 45°。只有掺入一次风或直接吹入式的输粉系统中，才允许有水平管路，但应注意使额定负荷时的气流速度不小于 25m/s，低负荷不小于 18m/s，以防煤粉沉积。

煤粉气流的温度对煤的自燃影响很大，因此，防爆的重要措施是保持煤粉制备系统末端煤粉气流的温度不超过一定的范围。当煤的挥发分 V<15% 时（无烟煤），几乎没有爆炸问题。当煤粉大于 0.1mm 时，几乎不会爆炸；煤粉越细，越易自燃，爆炸危险越大。对于煤粉空气混合物，氧含量低于一定数值时就不会爆炸。

考虑到在意外情况下可能发生的爆炸事故，煤粉系统和设备应在适当位置设防爆阀门。一旦发生爆炸时，防爆阀易被爆开，以减少爆震气浪的破坏力。

第二节　燃油、燃气锅炉的发展

一、燃油燃气锅炉的发展

随着各国工业化程度不断提高，社会经济高速发展，可持续发展战略——保证社会具有长时间持续发展的能力，得到世界各国的共同认可，逐步达成了共识。保护自然环境，合理利用能量资源是走可持续发展道路的核心问题。大气污染、固体废物、热污染、温室效应、水污染等无不与能源的开采和利用有关，严重威胁人类的生存条件并殃及子孙后代。

在燃用的化石燃料中，煤对环境污染最为严重。长期以来，我国一直以煤作为主要能源。其中，优质煤用于冶金、化工等工业部门，而含灰、含硫量高的劣质煤用于电力、生活等部门，作为锅炉的主要燃料，形成煤烟型大气污染的重点污染源。随着国际社会对环境问题的日益关注，我国为建设国际环保型城市和走可持续发展道路的需要，对环保工作提出了更高的要求，我国的能源政策和能源结构也发生了变化。目前，已放宽城市中小型工业锅炉和生活锅炉燃用油品的限制并提倡使用天然气，以取代分布广、能耗高、污染严重的燃煤锅炉。全国的一些大中型城市为了适应长期发展的要求，逐步制定了某些限制燃煤锅炉的条件。

油质燃料和天然气是一种优质、高效、环保型清洁能源。随着我国经济建设不断繁荣和发展，对天然气和石油的消费需求日益增长，促进了中小型燃油燃气锅炉的发展。工业和民用锅炉使用油质燃料和天然气，不仅可以解决锅炉燃煤和环境之间的突出矛盾，而且在经济上也是可行的，有着十分广阔的市场前景。

二、燃油、燃气锅炉的特点

燃油、燃气锅炉炉内辐射传热主要靠 CO_2 和 H_2O 等三原子气体，和燃煤锅炉不同的是：在炉子燃烧区，因没有固体粒子辐射，辐射传热较弱，但在烟气辐射传热区，因为燃气时烟气中的水蒸气含量高，虽然其 CO_2 含量相应减小，但水蒸气的辐射能力比 CO_2 强。所以，虽然燃烧区的辐射传热比煤燃烧弱，但在烟气辐射区内总的三原子气体辐射传热强度比都高于燃煤。

燃料油喷进炉内后，很快失去其初速度，随着气流一起运动。而且绝大部分的油滴很快就蒸发完毕，大部分炉膛空间内主要燃烧的是可燃气体和一些炭黑。因此，燃料在炉内的停留时间实际上也就等于烟气在炉内的停留时间。炉膛越大，停留时间越长。为了保证燃料能完全燃烧，必须使它在炉内有一个足够的停留时间。炉膛容积热负荷，实际上也就反映了燃料在炉内的停留时间。它的数值越大，表示停留的时间越短。对气体燃料来说，燃料燃尽所需要的停留时间比燃油还短，因此燃油燃气的容积热负荷可以比燃煤高很多。

燃料油和气体燃料燃烧时，炉膛过量空气系数控制在 1.05～1.15。采用旋风燃烧和高速燃烧以及预混合的燃烧方式时，过量空气系数甚至可低于 1.05。

气体燃料中包含天然气、油田伴生气、石油液化气和焦炉煤气；液体燃料有重油、原油、重柴油、轻柴油和煤油；固体燃料有烟煤（从高挥发物的长焰煤到贫煤）和无烟煤等。虽然燃煤和燃气燃油从形态、燃烧方式和燃烧设备上差别较大，但也存在下列燃烧方面的共同点：

（1）无论是油、天然气还是煤，燃烧时所需要的理论空气量和燃料发热值的比值都近似相等；也即对应于 1MJ 低位发热值大约需要标准状态下 $0.27m^3$ 的理论空气量。

（2）各种燃料燃烧每 1MJ 的热量能产生近似相等的烟气量，约为 $0.30m^3$。

三、燃煤锅炉的燃气改造

燃油燃气和燃煤的特性存在很大的差异。主要表现如下：

（1）燃气时，炉内火焰辐射传热比燃煤时弱；

（2）燃气时，三原子气体特别是水蒸气的辐射能力比燃煤时强；

（3）燃气时，受热面的积灰和污染比燃煤时大为减轻，增大了传热温差和热有效系数，一般燃气时的对流受热面的热有效系数比燃煤时增加 20%，比燃油时增加 10%；

（4）燃气时的过量空气系数比燃煤时小很多，虽然单位热量的理论空气量的理论烟气量基本相同，但燃气时的实际烟气量比燃煤时小很多，如果改燃气后锅炉出力不变，则烟气流速将明显降低，另外也表明如果增大燃气量，可适当提高锅炉的出力。

采用层燃方式燃煤时，炉膛内有一个高温燃烧着的燃料层，形成强烈的辐射面；同时炉内烟气中的飞灰也形成固体辐射，这些都是燃煤锅炉炉内辐射传热的有利因素。燃气时，烟气中没有固体辐射，但三原子气体辐射比燃煤时强。这是因为燃气时烟气中水蒸气含量比燃煤时约高 1 倍。虽然 CO_2 含量相应降低，但水蒸气的辐射能力比 CO_2 强，三原子气体的总辐射能力还是比燃煤时强。另外，燃气时辐射受热面的积灰和污染大大减轻，增大了传热温差，所以层燃的燃煤锅炉改燃气后，炉膛出口烟气温度变化不大或略有升高。如果在炉内装有比较有效的二次辐射装置，则炉膛出口烟温还可能比燃煤时低。将一台 0.35MW 的立式单炉排燃煤锅炉改造为燃油和燃气，实测结果表明，辐射和对流受热面以及锅炉出力保持不变的话，锅炉的炉膛出口烟温比燃煤时略有增加，而锅炉的排烟温度和燃煤时相差不大。

当层燃烟煤和无烟煤的锅炉改烧油气燃料，特别是天然气、石油伴生气、液化石油气或焦炉煤气时，由于燃烧时过量空气系数相差很多，而总的理论空气量和理论烟气量又近似相等，因此实际烟气量和空气量相差很多，一般燃煤比燃气时多 15%～60%。如果改烧气体后锅炉的出力不变，则烟气流速将明显降低。锅炉的鼓风机和引风机也将有 15%～16% 的富裕量。也就是说，如果加大燃气量，适当地提高出力，在烟气阻力和鼓、引风机的能力方面不会有什么问题。

层燃燃煤锅炉改燃气后，烟气量减小，对流过热器的烟速降低，这时虽然过热器的污染减轻，过热蒸汽温度一般仍略有降低，但对设有半辐射过热器的容量较大的锅炉，过热蒸汽温度还可能略有升高。

一般层燃的燃煤锅炉改燃气后，锅炉热效率能提高 10％～15％。这是因为受热面的污染和积灰明显减轻，传热条件改善；排烟中过量空气系数和排烟温度都有所降低，而且没有固体不完全燃烧损失，气体不完全燃烧损失也可控制得比较小。

对于燃油锅炉和燃用煤粉的锅炉，改燃气后热效率往往提高较少，有时甚至略有降低。这是因为燃油锅炉和煤粉炉的各项损失原来就比较小，改燃气后带来的好处并不太明显，而排烟热损失却因烟气中水蒸气含量较高而增大了。

层燃燃煤锅炉改燃气后，出力可提高 30％～50％。这时，如果燃烧器选择恰当，锅炉的鼓、引风机一般不需要更换。如果采用引射式燃烧器，也可以不用鼓风机。

燃煤锅炉改燃气时，还有下列几个特点：

（1）改燃气后，对流受热面的烟速不受飞灰磨损条件的限制，因而可以适当提高烟速。例如，可以加多烟程、增设烟气挡板等，提高对流受热面的传热系数，在不增加锅炉受热面的情况下，使锅炉出力明显提高。

（2）燃煤锅炉一般炉膛容积都比较大，改燃气后增大燃气量，在燃烧上不会有困难。同时可以利用燃煤时比较大的炉膛容积，适当增加炉内的辐射受热面，例如，在燃煤时，由于燃烧要求未能敷设水冷壁的炉墙上可加设水冷壁；还可装设双面曝光的水冷壁及屏式受热面。这样，既提高了锅炉的出力，而又不增大锅炉的体积。这是燃煤锅炉改燃气时增大锅炉出力优先选择的方案。

（3）对于有除灰层（双层布置）的锅炉改燃气时，可以把炉膛向下加大，增加水冷壁和尾部受热面以提高出力。这也是燃煤锅炉改燃气时可供选择的较好方案。

（4）燃气燃烧后烟气中水蒸气的含量比烟煤时要多 1 倍左右，比无烟煤多 3 倍左右，充分利用这一部分水蒸气的汽化潜热是提高燃气利用率的有效措施。在有热水供应负荷的地方，增设用烟气直接接触加热水的省煤器，可以使锅炉的热效率提高到 90％～96％（按煤气的高热值计算）。为了提高热水温度，可以把这种省煤器与一般表面式省煤器或加热器联合使用。当煤气中含硫较高时，应对接触加热后的水品质进行仔细分析，确认无害后方可采用。

（5）采用层燃方式的燃煤锅炉，有一个燃烧着的燃料层，在炉内形成强烈的辐射；而燃气时火焰辐射能力较低。为此，可以采取措施增强炉内的辐射传热。对中小型锅炉，目前比较有效的办法是采用辐射式燃烧器和在炉内设置二次辐射装置。辐射式燃烧器和二次辐射装置的传热过程：高温烟气以对流和辐射的方式（主要是对流的方式）把热量传给辐射面，使辐射面温度升高到 800～1300℃；高温辐射面再以辐射的方式把热量传给炉内受热面。

在具体应用时，这些原则很难都达到理想的状态。燃煤锅炉改装燃气，还要考虑以下具体情况：

（1）如果燃煤锅炉在安装使用之前就决定改为燃气锅炉，这时，允许对锅炉的结构和布置进行比较大的修改，使其尽量适于燃气。特别对那些散装出厂的锅炉，可供选择的改装方案就更多。一般在这种情况下改装燃气的中小型锅炉，均应单层布置，取消原燃煤的除灰层，以简化锅炉房的结构，方便操作。燃煤时的燃烧设备，运煤除灰系统不再需要安装。层燃锅炉所必需的前后拱管束，在安装时应改为垂直管束。未布置水冷壁的炉墙可加设水冷壁。燃煤时烟道部分的落灰斗、吹灰器等设备在燃油时可予以保留，在燃气时可不装。

（2）对于已在使用的燃煤锅炉改燃气时，一般应拆除原有的燃烧设备，如给煤机、炉排等。但应尽量利用原锅炉的鼓（引）风机。在锅炉出力有较大提高而原配鼓（引）风机的容量不够时，首先应考虑提高风机转速，以节省改装费用。这时燃烧器的容量，应考虑到改燃气后，锅炉出力可以明显提高的普遍情况。一般可按鼓风机的能力反推燃气量。燃烧器的空气阻力，不应超过鼓风机所能提供的压力。燃煤时的前后拱管束在没有可能改为垂直管时，至少应去掉其上的挂砖，以增大其吸热量。

（3）当燃气供应不可靠，需要考虑锅炉留有重新燃煤的余地时，则未安装的锅炉应基本上按燃煤的要求布置和安装；已经在用的锅炉，也应尽量保留原燃煤设施，选择适当的方式满足燃气的要求。

（4）为了使改造后的燃气锅炉能够处于较佳的运行状态，达到改造设计的出力，对容量较大的燃煤锅炉应进行燃气改造的热力和阻力计算；对和锅筒、联箱连接的受热面进行改造时，还需要对锅炉的强度进行核算。在热力计算时主要计算改造后所需要的燃气量、辐射和对流受热面的吸热比例、对流受热面的烟气流速等。

四、燃油燃气锅炉运行中事故的处理及预防（本节见二维码）

第三节　核电站化学监督的内容与特点

一、核电站的工作原理和分类

1. 核电站分类

核反应堆的种类很多，分类方式也很多。按慢化剂的不同可分为石墨堆、轻水堆和重水堆；按冷却剂的不同可分为水冷堆、气冷堆、有机液冷堆、钠冷堆；按热工状态不同可分为沸腾堆、非沸腾堆；按堆中中子能量不同可分为热中子堆、中速中子堆、快中子堆等。通常是按用途分为动力堆、生产堆和研究性反应堆。

由于目前核电站的主要任务是发电，而各核电站采用的反应堆结构有较大差异，所以从发电角度出发，核电站按其回路数分类较为适宜。现有核电站可分为单回路、双回路和三回路等几种。

在所有的核电站系统内，都存在冷却剂和工作介质。冷却剂是将反应堆内核燃料裂变反应释放出来的热引出的物质；水蒸气是工作介质，用于完成做功。若冷却剂回路和工作介质回路是不分开的，这样的核电站称为单回路核电站；如果这两者是分开的，称为双回路核电站，冷却剂回路称为第一回路，工作介质回路称为第二回路。

2. 核电站工作原理

当今的核电站是利用原子核裂变反应释放出的能量经能量转化而发电的。

现以压水堆核电站（见图1-7）为例，说明其工作原理。在压水堆内，核燃料^{235}U原子核通过链式裂变反应产生的大量热量，被冷却剂（又称载热体）带入蒸汽发生器，并将热量传给其工作介质（水），然后主循环泵把冷却剂输送回反应堆，循环使用，由此组成一个回路，称为第一回路。这一过程是核裂变能转换为热能的能量转换过程。

蒸汽发生器U形管外（二次侧）的工作介质受热蒸发形成蒸汽，蒸汽进入汽轮机内膨胀做功，将蒸汽释放出的热能转换成汽轮机的机械能，做了功的蒸汽在凝汽器内冷凝成凝结水，重新返回蒸汽发生器，组成另一个循环回路，称为第二回路。这一过程称为热能转换为机械能的能量转换过程。

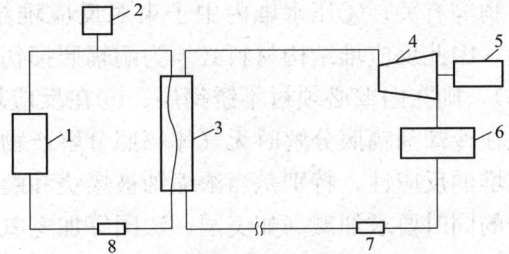

图1-7 压水堆核电站示意

1—反应堆；2—稳压器；3—蒸汽发生器；4—汽轮机；
5—发电机；6—凝汽器；7—凝结水泵；8—主循环泵
注：低压加热器和高压加热器等略去。

汽轮机的转子直接带动发电机的转子旋转，使发电机发出电能，这是由机械能转换成电能的过程，与常规火力发电厂的基本相同，不同处如下：

（1）设备的技术参数略有不同，主要表现为汽轮机进口的蒸汽状态有差异。常规火力发电，一般采用高温高压的过热蒸汽，而核电站由于受核反应堆的工况限制，通常为高温高压的饱和蒸汽，因而在汽轮机的结构上有很大差别。

（2）核电站利用核燃料裂变反应产生热量，而火力发电厂则利用化石燃料在锅炉中燃烧产生热量。核燃料的燃烧方式与化石燃料的燃烧方式有本质上的差别，化石燃料的最终燃烧产物为灰渣，而核燃料在反应堆内只燃耗掉一部分。核反应堆使用过的核燃料称为乏燃料。这些乏燃料中有未烧完的^{235}U、^{238}U，经过转换生成的新燃料^{239}Pu和多种可以利用的同位素。此外，在核燃料燃烧过程中有一部分非裂变燃料^{238}U和^{232}Th转化为可裂变的核燃料^{239}Pu和^{232}U。为了从乏燃料中回收铀和钚，并获得镎（Np）、镅（Am）等超铀元素和其他有用的放射性同位素，需要进行再处理。停堆后卸出的核燃料经化学处理后，有部分核燃料可重新制成燃料元件。对乏燃料进行再处理的过程称为核燃料后处理。

（3）由于核反应堆具有放射性，所以选用的冷却剂除应具有传递和输送热量的优良性能外，还要满足如下条件：

1）在高温、高压和射线的作用下，其物质结构基本稳定。

2）尽量少地俘获中子，既不腐蚀又不侵蚀核反应堆和回路中的其他部件。

3）在俘获中子的情况下也不致产生过多的感生放射性。

4）传送这种冷却剂所消耗的功率尽可能降低等。目前核反应堆采用的冷却剂有普通水、重水、二氧化碳、氦气和液态金属钠等。

二、压水堆核电站的水化学工况与标准

核电站水化学工况的选择及其实施，对核电站的安全可靠运行有重大影响。在选择和实施化学工况时，既要考虑到核电站整体，也要考虑到反应堆类型、结构特点、参数以及核电站放射性对环境产生的影响。因此，对核电站水化学工况总的要求：①尽可能地减少沉淀物在回路内的积累；②保持冷却剂和蒸汽发生器工作介质的物理-化学特性；③将放射性水平控制在允许标准范围内。

1. 压水堆核电站第一回路水化学工况

压水堆核电站第一回路水化学工况的选择与压水堆的下列特点有关：①反应堆内的冷却剂是单相流体，从整体来看，它处于不沸腾状态；②经处理后冷却剂中的天然杂质含量很低，且在反应堆运行过程中不会浓缩；③压水堆内压力（高干沸水堆）一般控制在$12.5\sim17.0MPa$，这与反应堆和蒸汽发生器之间必须保持一定的温度降和冷却剂在反应堆内不发生沸腾等有关；④压水堆内中子束对反应堆结构材料的辐照作用，易使金属材料发生辐照损伤，因此反应堆结构材料必须为耐辐照损伤的材料，若采用一般的珠光体钢（例如反应堆壳体），则在内壁必须衬不锈钢层；⑤在反应堆运行初期，因冷却剂温度较低，且为单相，因此在冷却剂辐照分解时无气体辐照分解产物逸出；⑥压水堆采用加硼酸的方法来补偿调节反应堆的反应性，特别是当浓缩铀被燃烧和裂变产物积累时，以减少控制棒的频繁调节。加硼酸的同时要求加碱（如美国、法国等加氢氧化锂）以维持 pH 值接近 7（期望值）。

硼酸（或硼化合物）作为可溶性的中子吸收剂，即反应堆反应性的调节剂于 20 世纪 60 年代引进，具有如下优点：①中子吸收截面大，在中子束和其他放射源的辐照作用下，硼酸具有良好的化学稳定性；②硼酸（H_3BO_3）又称正硼酸，低温下是弱酸，高温下酸性更弱，易溶于水，其溶解度随温度升高而明显增加，且硼酸与冷却剂中的阳离子形成的化合物也是易溶的；③在实际控制的硼浓度条件下，硼酸不会造成反应堆结构材料的腐蚀；④在含碱溶液中，硼酸的挥发性较小（但随着温度升高其挥发性增大）；⑤价格低廉，易获取。

在反应堆运行条件下，由于加入硼酸，冷却剂的电导率增大，这样冷却剂辐照分解的氧已无法起到钝化结构材料的作用，要尽可能将其除去，包括采取措施抑制冷却剂的辐照分解。

基于上述情况，压水堆核电站第一回路的水化学工况应起到如下作用：①维持反应堆冷却剂压力边界的完整性，避免不可接受的腐蚀，控制冷却剂中放射性核素的积累；②维持燃料包壳的完整性，避免不可接受的腐蚀、变脆和轴向偏移异常等问题，减少在燃料元件包壳表面形成疏松且易被冲刷的沉淀物；③有效地除去冷却剂中的各种杂质；④维持冷却剂中所必需的反应性调节剂（为帮助控制反应堆的反应性而在反应堆冷却剂中加的可溶性硼）和 pH 值调节剂的浓度；⑤抑制冷却剂的辐照分解，降低辐照分解气相产物（氧）的浓度；⑥使停堆放射性水平最小化。

压水堆核电站常采用加氢或加入药剂的方法来抑制冷却剂的辐照分解。在美国、英国和法国，大都采取加氢的方法，苏联则采用加 NH_3 的方法。在辐照作用下 NH_3 可分解，其分解产物之一为 H_2。NH_3 的投加量应保证氢的生成量不小于 30mL/kg，但不得超过 60mL/kg。过高的含氢量，对锆燃料元件包壳将产生明显的副作用。考虑到冷却剂对含氧量的要求，第一回路的补给水必须除氧。

为了中和硼酸的酸性，维持第一回路的还原性碱性环境，减少腐蚀和腐蚀产物迁移，降低放射性剂量，第一回路水中加入 pH 调节剂，因各国工艺特点不同，所采用的 pH 调节剂品种也不同。西方各国均采用加 LiOH 的方式来调节 pH 值，我国浙江秦山一期 $1 \times 300MW$ 压水堆核电站、三期 $2 \times 728MW$ 重水压水堆核电站和广东大亚湾 $2 \times 900MW$ 压水堆核电站等也采用加 LiOH 的方式来调节第一回路冷却剂的 pH 值。

2. 压水堆核电站水质标准

采用锂-硼或 KOH-NH_3-硼水化学工况时，其冷却剂水质指标见表 1-17。

表 1-17　　　　　　　　　　　　　冷却剂水质指标

水质指标	推荐值		
	苏联	美国	西德
pH	5.7～10.2	6.4～6.7（$t = 300℃$）	4.0～10.5
K+Li+Na/(mg/L)	0.05～0.3	0.2～2.0	—

续表

水质指标	推荐值		
	苏联	美国	西德
$NH_4OH/(mg/L)$	>5	—	≤20
$H_2/(mg/L)$	30~60	>30	≤3
$Cl^-/(mg/L)$	<100	<150	<200
$Fe/(\mu g/L)$	<200	—	<500
$N_2H_4/(\mu g/L)$	—	—	≤20
$SO_2/(\mu g/L)$	—	—	<1.0
$H_3BO_3/(g/L)$	<13	<9	<14
比放射性活度/(Bq/kg)	$<10^6$	—	—
$O_2/(\mu g/L)$	<10	<100	<100

在有氧存在的情况下，冷却剂中氯离子浓度增大，能使不锈钢产生应力腐蚀破裂。因此，除应限制含氧量外，氯离子浓度不应超过 0.15~0.20mg/L。为保证冷却剂含氯量在规定范围内，有必要对第一回路补给水进行高度净化。

全挥发处理的自然循环蒸汽发生器水的水质推荐标准见表 1-18。

表 1-18　　　　　　　全挥发处理的自然循环蒸汽发生器水的水质推荐标准

水质指标	推荐标准	水质指标	推荐指标
氢电导率（25℃，$\mu S/cm$）	<10	氯化物含量（Cl^-，mg/L） SiO_2 含量（mg/L）	<1 <4

习　题

1. 名词解释

煤粉经济细度、收到基、空气干燥基、干燥基、干燥无灰基。

2. 试述什么叫燃烧？燃烧需要哪些条件？

3. 试述测定煤灰熔融性的意义是什么？

4. 简述煤粒燃烧的影响因素。

第二章 电力用油与监督

第一节 电力用油的分类和质量标准

一、电力用油的分类及质量标准

电力用油通常是指绝缘油（或变压器油）、电缆油、汽轮机油及燃料油等。其中的绝缘油和汽轮机油尤为重要。因组成和性质不同，其使用性质也不同，为便于区别应用而将电力用油进行分类，现将其分类及名称列于表 2-1 中。

表 2-1　　　　　　　　　　　绝缘油和汽轮机油的分类及名称

类别	名称	代号
绝缘油 （或变压器油）	10 号变压器油	DB-10
	25 号变压器油	DB-25
	45 号变压器油	DB-45
汽轮机油	20 号变压器油	HU-20
	30 号变压器油	HU-30
	40 号变压器油	HU-40
	45 号变压器油	HU-45
	55 号变压器油	HU-55

由表 2-1 不难看出，电力用油的名称与代号有密切联系，其性质在于油品质的不同。10 号、25 号和 45 号变压器油的凝固点分别为 $-10℃$、$-25℃$ 和 $-45℃$。不同牌号的变压器油适用于不同地区，高牌号变压器油适用于北方地区。

汽轮机油的牌号是根据油品的运动黏度确定的，如 20 号汽轮机油，其 50℃ 的运动黏度为 $18 \sim 22 mm^2/s$。20 号汽轮机油用于 3000r/min 的汽轮机或水轮机，更高牌号油主要用于高负荷、低转速的汽轮机等。

电力用油的质量标准请查 GB/T 7597—2007《电力用油（变压器油汽轮机油）取样方法》。

二、油品的理化性质

1. 油品的密度

油品的密度是指该油品单位体积的质量，通常用符号 ρ 表示，单位为 kg/m^3（或 g/cm^3）。

2. 油品的黏度

流体在流动时，不同条件下分层流和紊流两种流态。液体的黏度是指在层流状态下，反映流体流动性能的指标。当液体受外力作用做层流运动时，液体分子间就存在内摩擦阻力，因此，流动的液体都表现出一定的黏滞性。黏滞性的大小由分子间内摩擦力的大小决定。例如，一桶柴油和一桶汽油在相同高度下，由同样粗细的管子流出，柴油流完的时间比汽油长，这一现象说明柴油的黏滞性比汽油大。

　　动力黏度可以这样理解：当两液体层面积各为 1m²，距离为 1m，相对移动速度为 1m/s，此时液体所产生阻力的牛顿数。因此，动力黏度的单位 Pa·s。

　　除动力黏度外，还经常使用运动黏度 ν(m²/s)。运动黏度是动力黏度 μ 与同温同压下该液体密度 ρ 之比，用公式表示如下：

$$\nu = \frac{\mu}{\rho} \tag{2-1}$$

3. 闪点

　　闪点（或闪光点）指可燃液体的蒸汽与空气的混合物在接触火焰时，能发生短暂闪光现象的最低温度。实质上闪光现象是微小爆炸。可燃气体与空气混合后，能形成爆炸混合物，一旦接触火焰，就能发生爆炸。但并非所有混合气体遇火都能爆炸，只有可燃气体含量在一定范围内才行。低于这一范围，油气不足，高于这一范围，氧气不足，这两种情况，均不能发生闪光或爆炸。能产生爆炸的可燃气体的最低含量称爆炸下限，能产生爆炸的可燃气体的最高含量称爆炸上限。

　　油品在空气中加热，油蒸汽浓度随温度升高而增加，达到能产生爆炸的最低油品含量的油温就是闪点。油品的闪点与化学组成有关。含烷烃较多的油品的闪点较高；含挥发性成分多的油品，其闪点较低。当油品中混有惰性气体（如 N_2、CO_2 等）时，因可燃成分含量降低，使爆炸范围变窄，则闪点提高。但是，当可燃气体（如 C_2H_2、CO、H_2 等）溶于油品中，将使油品闪点大大降低。

　　油品闪点与物理条件有关。物理条件包括测定闪点的仪器和测定方法以及温度和压力等外界条件。同一油品中，分别用开口杯和闭口杯测定闪点，数值相差很大，少则几十度，多则上百度。试验条件控制不严格，结果也相差很大。如闭口杯的油面越高，蒸发空间就越小，越容易达到闪点浓度，闪点将越低。大气压力对闪点有一定影响，即闪点随压力升高而升高，随压力降低而降低。通常，测定闪点都以标准压力（101325Pa）数值为准。试验结果表明，压力每降低 1mmHg，闪点降低 0.033～0.036℃。

4. 凝固点

　　油品随温度降低逐渐变黏稠，当温度降至某一范围时，油品就会失去正常的流动性能，逐渐发生凝固现象。通常将油品的这种特性称为低温流动性。油品的低温流动性常用凝固点来评定。

　　油品的凝固点对油品的储存、运输和使用都非常重要。各种油品都可能在低温时使用，在冬季，低温下使用油品机会更多。在低温下油品流动性能差，使用和管理部门都应充分重视这一特点。例如，汽轮机油在运行中，温度总在 40℃ 以上，一般情况是安全的，但是，如果在冬季停车，汽轮机油因静止将逐渐降温，最后接近环境温度，因而可能失去流动性，汽轮机再启动时容易损坏大轴。若因为环境温度过低，停用的变压器内的油也将失去流动性，这时变压器就不能立即投入运行；否则变压器内会积热过多，热量散不出去，威胁设备的安全运行。若高压油开关内油失去流动性，会造成开关跳闸动作缓慢，电弧不能及时熄灭，使接触点溶化，造成设备损坏。

5. 水分

　　商品电力用油是不准含有水分的。但是，油品在运输、储存过程中，由于保管不善，往往会从空气中渗入水汽。运行中的油品，尤其经常接触水汽的用油设备，水分侵入油品机会更多，如汽轮机油，其中所含水分主要由设备侵入。此外，油品在使用过程中，因缓慢氧化，也有不少水分生成。变压器内干燥不彻底，充油时也会混入水分。

油品吸收水分的能力与水在油品中的溶解能力有关，而溶解能力又与油品的组成及外界条件（如温度、空气、湿度）有关。不同烃类，对水的溶解能力不同，一般芳香烃、不饱和烃对水分溶解能力最大，而正构烷烃的溶解能力最小，因此含芳香烃较多的油品吸收水分较多。空气湿度越大，即空气中水蒸气分压越大，油品吸收水分的量也越多。如果油品中含有未除尽的酚类、酸类、树脂、皂化物等杂质，也会增大油品的吸湿能力。

水在油品中的溶解度，随温度增加而有规律地增加，其关系可表示为

$$\log X_t = \log X_0 - \frac{K_1}{T} \tag{2-2}$$

式中　X_t——t 时在油品中的最小溶解度，%；

　　　X_0——某一测定温度（100℃）时水的最小溶解度，%；

　　　T——t 对应的绝对温度，K；

　　　K_1——常数。

油品中存在水分，对油品的使用十分不利，会加速油品的氧化，进而引起设备的腐蚀。绝缘油含水就会降低其绝缘性能，汽轮机油含水，会破坏油膜的生成，降低润滑性能。因此，对油品的运输、储存和使用都应加强监督和管理。

6. 杂质

称量试油 50g（准至 0.1g），用 150～200g 溶剂汽油稀释，再用已恒重的滤纸过滤，用溶剂汽油洗涤容器，再用温热乙醇-苯混合液洗涤滤纸至滤液无色为止，而后将滤纸移入称量瓶，在 105～110℃烘箱内干燥 1h，冷却称量，反复干燥至恒重（连续两次质量差不大于0.0004g）为止。滤纸增加质量即为机械杂质的质量，可表示为

$$X = \frac{G_2 - G_1}{G} \times 100 \tag{2-3}$$

式中　X——机械杂质含量，%；

　　　G_1——滤纸及称量瓶质量，g；

　　　G_2——带机械杂质的滤纸和称量瓶的质量，g；

　　　G——试油质量，g。

7. 油品氧化后的产物及对使用的影响

油品氧化后的产物分为酸性氧化产物和中性氧化产物。酸性氧化产物包括羧酸、羧酸基及酚类等酸性物质。中性氧化产物包括醇类、酯类、胶质和沥青质等，属中性物质。油品的氧化是缓慢进行的，电力系统常把缓慢氧化称为"老化"或"劣化"。抗氧化安定性指油品在一定条件下抵抗氧化作用的能力。抗氧化安定性是电力用油的重要性能之一。汽轮机油抗氧化安定性以试油在氧化条件下生成沉淀物含量和酸值表示。

影响油品氧化的主要因素有温度、油品与空气的接触面、金属、油品的精制深度、电场作用、光线、固体绝缘材料等。

（1）温度。温度不仅影响油品的氧化程度，而且影响氧化产物。在室温或较低温度下，油品与空气接触，其自动氧化较为缓慢。超过室温，自动氧化作用逐渐加强，一般从 60～70℃开始，每增加 10℃自动氧化速度增加一倍左右。可见，温度高，油品自动氧化速度快，

从而导致油品中出现更多的胶质、沥青质及其他不溶于油的沉淀物。

（2）油品与空气的接触面。液相油品的自动氧化，先从与空气的接触面开始，经过一段时间，逐渐生成沉淀物，这些沉淀具有活性物质的作用，能增大油品从空气中吸氧的能力，从而加速了油品的氧化。油品与空气的接触面越大，油品的氧化过程越快。

（3）金属。金属及其盐的存在，会加速油品的自动氧化。铜及铜＋铁对油氧化的催化作用最强。不同的金属加速油品氧化作用的强弱不同。

8. 油品的绝缘性能和击穿电压

绝缘强度是绝缘油在高压电厂下所具有的重要电气特性指标。把绝缘油放在装有一对电极的油杯中，两级间加上电压。当电压增大到一定数值时，电流突然增大并产生火花，这一现象即为绝缘油的击穿。这时绝缘油失去了绝缘能力，变为导体。击穿时的电压称为"击穿电压"，此时的电场强度称为绝缘油的"绝缘强度"。击穿电压和绝缘强度的大小都可以用来表示绝缘油的绝缘性能。在均匀电场中的绝缘强度和击穿电压有以下关系：

$$E = \frac{V}{d} \tag{2-4}$$

式中　E——绝缘油的绝缘强度，kV/m；

　　　V——绝缘油的击穿电压，kV；

　　　d——平板电极间的距离，m。

从式（2-4）可知，d一定，则 V 越大，E 也越大，表明油的绝缘性能越好。通常用击穿电压来表示绝缘油的绝缘性能。

一般新绝缘油的击穿电压在 45kV 以上。水分对绝缘油击穿电压影响很大，若含水量为 0.03％时，油的击穿电压将下降 25％，原因是油中的水滴将会在两级间形成所谓能导电的"水桥"而造成油品的击穿。此外，油中的固体杂质（如游离碳、绝缘纸等）在电场的作用下发生极化，并沿电场方向定向排列，构成能导电的"杂质小桥"，也将使击穿电压降低，并导致油的击穿。

9. 水溶性酸碱和酸值

油品的水溶性酸碱是指油中能溶于水的无机酸、无机碱、低分子有机酸及碱性氧化物等。其来源一是油品在精制时因操作不当或中和程度不够而产生，二是油品在使用过程中由于污染和氧化作用而产生。该指标是表明油品氧化程度的重要指标之一。

油品的水溶性酸碱危害极大，主要包括：可加速油品的氧化，能直接腐蚀金属和绝缘材料，可降低油品的绝缘性能，直接影响用油设备的安全和使用寿命。

酸值是反映油品中酸性物质含量的一个指标。中和 1g 试油中含有的酸性组分所需要的氢氧化钾的毫克数，称为酸值，其单位为 mg（KOH）/g(试油)。

第二节　变压器油的作用和维护

一、变压器油的作用

1. 绝缘作用

变压器油具有比空气更高的绝缘强度，绝缘材料浸在油中，不仅可以提高绝缘强度，而且还可免受潮气的侵蚀。

2. 散热作用

变压器油的比热容大，常用作冷却剂，变压器运行时产生的热量使靠近铁芯和绕阻的油受热膨胀上升，通过油的上下对流，热量通过散热器散出，保证变压器正常运行。

3. 消弧作用

在油断路和变压器的有载调压开关上，触头切换时会产出电弧，由于变压器油导热性能好，且在电弧的高温作用下能分解出大量气体，产生较大压力，从而提高了介质恢复强度，使电弧很快熄灭。

二、变压器油的监督与维护

1. 新油的验收

用油单位首次购买新油时需确认油的质量，必要时送至权威部门分析鉴定并与运行设备内的同牌号油品进行混油试验，合格后方可购买。新油交货验收时，首先应向供油商索取该油品的检验报告，按 GB 7597—2007《电力用油取样方法》的规定进行油样的采集，国产油按 GB 2536—2011《电工流体、变压器和开关用的未使用过的矿物绝缘油》或 SH0040—1991《超高压变压器油》标准进行质量验收。对从国外进口的汽轮机应按国际标准验收或按合同规定的指标进行验收。在油质分析中要严加注意微小的细节，以保证分析数据的真实性和可靠性。

2. 运行变压器油的监督项目及周期

不同运行设备中的变压器油的检测周期和监督项目是不同的。最佳的检测周期取决于设备的形式、用途、结构及运行条件等。检测周期的确定主要考虑安全可靠性和经济性。不同设备类型电气设备通用的、最低要求的变压器油质量标准和检测周期表请查 GB/T 7595—2008。

在充油电器设备内，常发生产气故障，而它又分为过热与放电两种类型。温度升高，将会引起绝缘材料的老化与热分解。一般来说，每当温度升高 8℃，绝缘材料的使用寿命就会减少一半。一般油浸泡冷却变压器最高运行温度不应超过 85℃。设备发生放电故障后，由于绝缘物大量分解后，产生大量的可燃气体，严重时会造成设备损坏及爆炸事故，故放电故障是设备安全运行的最大威胁。

为了防止上述事故的发生，就必须加强变压器油温及可燃气体的监督，及时采取防范措施，防止事故的发生。由于引起故障的因素不能及时消除，设备故障就有随时发生的可能。因此，油务监督不同于水汽监督，当出现故障的最新迹象时，就应加大监督力度，增加采样测试频率，根据检测结果的变化趋势与幅度，果断采取措施，以切断或彻底消除故障源。这是油务监督的一个显著特点。

对变压器油进行气相色谱分析和微量水分的测定，能准确地发现设备的潜伏性故障，这已成为保证用油设备安全运行的有效监督手段。故电厂中的油品试验室必须配备微水测定仪、气相色谱分析仪等检测仪器，气相色谱分析人员一直实行持证上岗制度。这样，从仪器、人员以及管理方面，确保油质监督质量。

三、防止运行变压器油劣化的措施

变压器油在运行中会逐渐氧化变质，不但会缩短其使用寿命，而且对充油电器设备的安全运行构成威胁。为防止油的老化、延长油的使用寿命，应对运行变压器油采取有效的防劣化措施。GB/T 14542—2017《变压器油维护管理导则》规定：电力变压器必须采取下述防

1. 添加抗氧化剂

能减缓油品抗氧化安定性的少量物质称为油品的抗氧化添加剂。油品中添加抗氧化剂是减缓油质劣化的有效方法。在国内的变压器油中普遍使用的是 T501 抗氧化剂（2,6-二叔丁基对甲酚）。用油品烃类氧化的连锁反应解释，抗氧化剂之所以能减缓油品的氧化，关键是抑制剂能"吃掉"活性自由基，分解剂能中止氧化的链反应。T501 为第三类抗氧化剂，它能与油在自身氧化过程中产生的 R·和 RO$_2$·作用生成非活性自由基或稳定化合物，从而抑制了油分子的氧化进程。油中抗氧化剂的添加，一般需要以下步骤：

（1）抗氧化剂感受性试验。通过多年的实践证明，国产油对 T501 的感受性较好，并且油品出厂时多数都添加了 T501 抗氧化剂。对进口油及来历不明的油，应进行添加效果试验。

（2）抗氧化剂添加量的确定。在一定的范围内，油的氧化安定性随着添加量的增加而延长。通过小型试验表明，抗氧化剂含量大于 0.6％时，油的抗氧化安定性提高的并不多；低于 0.3％，许多油不能达到较长的使用寿命。综合考虑，国际规定：新油及再生油的 T501 含量应为 0.3％～0.5％，运行油的抗氧化剂含量不低于 0.15％。

（3）添加 T501 抗氧化剂的方法。运行油添加抗氧化剂一般在设备停运或检修期间进行。添加前，运行油需要进行处理，除去油中的水分、杂质、油泥。pH 值应处理至 5.0 以上、酸度不大于 0.03mgKOH/g。添加方法为热溶法，即用设备油或新油将 T501 抗氧化剂配成 5％～10％的母液，放置室温后，用滤油机送入设备并混匀；也可以从热虹吸净油器内添加。

添加抗氧化剂的油如果监督维护得好，一般可以使用 15～20 年。运行油添加抗氧化剂前后均应按运行油质量指标进行油质分析，发现异常及时分析处理。定期分析油中抗氧化剂含量，掌握其消耗情况，抗氧化剂含量低于 0.15％时应及时补加至 0.3％。

2. 安装虹吸器（净油器）

净油器是一种渗滤过滤装置，它具有结构简单、维护工作量小、对油的防劣效果好等特点，是电力系统防止运行变压器油劣化的有效防劣措施之一。

热虹吸净油器净化油是一种吸附净化法，也称连续再生法，它是利用变压器油的自然循环进行油的净化。当热油在热虹吸净油器内循环流动时，与吸附剂充分接触，油中的水分、酸性组分、油泥等氧化产物和污染物被吸附、过滤，从而达到净油的目的。

3. 充氮保护和隔膜密封

（1）充氮保护。开放式的变压器的油枕（储油柜），其油面是直接与大气相通的，因此油中含有大量水分和氧气，加速油的劣化。由于充氮保护与隔膜密封油枕相比缺点较多，目前国内变压器较少采用。

（2）隔膜密封。隔膜密封是在油枕的油面上放一个耐油的气袋使油与大气隔绝，变压器通过气袋内部容积进行呼吸。由于隔膜密封具有结构简单、维护方便等优点，目前电力系统已广泛采用。运行中应经常检查气室呼吸情况、油位情况等，定期进行油中水分分析，防止隔膜袋损坏。

4. 混油与补油

关于变压器的补油和混油问题，GB/T 7595—2017《运行中变压器油质量》及 GB/T 14542—2017《变压器油维护管理导则》都有明确的规定，主要有以下几个方面：

劣措施，1000kVA 及以上设备应装净油器，8000kVA 及以上的设备应装密封式储油柜。

（1）不同牌号的油品，原则上不宜混合使用。必须混合时，应通过有关试验来确定是否可以混合。

（2）补油时最好采用同一油源、同一牌号、统一添加剂类型的油品，避免混合时使油发生化学变化；同时补充油的各项指标不应低于设备内的运行油。

（3）补油时油量大于充油量的 5% 或设备内运行油的特性指标（pH 值、酸值等）接近国际规定的运行油极限时，可能会导致补油后析出油泥。因此，在补油前应按补油比例进行油泥析出试验，无沉淀产生，油介质损耗不大于运行油方可混合。

（4）进口油或来历不明油与不同牌号的运行油相混合时，应进行各种油样的及混合油样的老化试验。老化后，混合油的质量不低于单一油中质量最差的油时方可使用。

（5）混合前的单一油的质量必须合格。混油试验后，油样的混合比应与实际使用的比例相同，如果使用比例是未知的，则采用 1∶1 比例混合。

运行中变压器油超极限值原因及对策请查 GB/T 7595—2017。电场对油品氧化的影响、充油电气设备的气相色谱分析检测周期分别见表 2-2 和表 2-3。

表 2-2　　　　　　　　　　　　　电场对油品氧化的影响

氧化条件 （90℃，180d）	油品氧化后			
	沉淀/%	皂化值/ （mgKOH/g）	酸值/ （mgKOH/g）	沉淀中的酸值/ （mgKOH/g）
有电场（25V）	2.54	2.45	0.0098	0.988
无电场	1.10	1.84	0.0490	0.369

表 2-3　　　　　　　　　　　充油电气设备的气相色谱分析检测周期

设备名称	检测周期	
变压器和电抗器	500kV 主变压器、电抗器、容量 240000kVA 及以上主变压器、所有发电厂升压变压器	一个月一次
	200kV 主变压器、电抗器、容量 240000kVA 及以上主变压器	三个月一次
	66kV 主变压器容量 8000kVA 及以上主变压器	一年一次
互感器	66kV 及以上	一至三年一次
套管	66kV 及以上	必要时

5. 运行变压器油中水分变化的原因

运行变压器油中的水分含量是影响变压器油绝缘性能的一项重要指标。但试验人员检测发现，变压器油中的水分含量的高低与环境温度密切相关，即同一台变压器油中的水分呈夏季高、冬季低的现象。产生这种现象的原因，既不是因夏季雨水多、湿度高造成的设备受潮所致，也不是检测仪器、操作方法等因素影响的结果，而是变压器油中的水分和绝缘材料中存在的水分，随运行变压器油温的变化，两种材料之间水分平衡转移的结果。

大型变压器绝缘纸表面允许的含水量为 0.3%，而运行变压器油中的含水量不超过 2.5%。在夏季环境温度升高时，变压器风冷的效果下降，运行油温上升，绝缘纸表面的水分就会向油中转移，纸中的含水量降低，而油中的含水量增加，表现为测定数值较高；在冬季低温时，因变压器风冷的效果较好，运行油温下降，则变压器油中的水分向绝缘纸中转移，表现为测定数值较低。

第三节　汽轮机油的作用和维护

一、汽轮机油的作用

（1）调速作用。供给调速系统的油，实际是一种液压介质。它为汽轮机调节和保安系统提供汽门的动力。油动机通过压力油来操纵调速汽门，适当调节调速汽门开度，为机组提供合适的主蒸汽量，使机组的负荷和转速稳定。

（2）润滑作用。汽轮机油系统的轴承为滑动轴承，主要起支撑和稳定作用。在大轴转动时，轴和轴承会发生干摩擦，甚至损坏。通过在汽轮机的轴和轴承间加入汽轮机油，使金属表面形成润滑油层。在大轴转动时形成油膜，从而使固体摩擦被液体摩擦代替，从而起到良好的润滑作用。

（3）冷却散热作用。高速运转的机组，通过转子和汽缸的热传导及各种摩擦会产生大量的热。运行中的汽轮机油通过不断地在系统中流动，持续带走热量，经冷油器排出，从而起到冷却散热作用。

（4）冲洗和减震作用。通过油的流动，将系统各部件中的杂质带走，通过净油设备除去；同时由于汽轮机油在摩擦面上形成油膜，因而对设备的震动起到一定的缓冲作用。

二、运行汽轮机油的监督及维护

1. 新油的验收

用油单位首次购买该厂家油品时需了解油的质量如何，必要时应送至权威部门分析鉴定并与运行设备内的同牌号油品进行混油试验，合格后方可购买。

新油交货验收时，首先应向供油商索取该油品的检验报告，油样的采集按 GB 7597—2007《电力用油取样方法》的规定进行，国产防锈汽轮机油按 GB 11120—2011《涡轮机油》的标准进行质量验收。对从国外进口的汽轮机油应按合同规定的指标进行验收。在油质分析中要严加注意微小的细节，以保证分析数据的真实性和可靠性。油质合格后方可入库备用。

2. 运行汽轮机油的质量监督

（1）运行汽轮机油的质量监督。运行汽轮机油的分析项目、检验方法及建议指标和周期见表 2-4。

表 2-4　　　　　　　运行中汽轮机油的分析项目、检验方法及建议指标和周期

项目	建议指标和周期		检验方法
外观[①]	透明，无机械杂质	每周	目测
颜色	无异常变化	6 个月	目测
运动黏度/(mm^2/s, 40℃)	与新油原始值相差＜±10%	必要时	GB/T 265—1998
闪点（开口）[②]	与新油原始值相比不低于 15℃	3 个月	GB/T 267—1998
洁净度（级）	NAS≤8	3 个月	DL/T 432—2007
酸值/(mgKOH/g)	未加防锈剂	3 个月	GB/T 264—1983
	加防锈≤0.3		
锈蚀试验	无锈	6 个月	GB/T 11143—2008
破乳化时间*/min	＜30	6 个月	GB/T 7605—2008

项目	建议指标和周期		检验方法
水分*	200MW 及以上，≤100mg/kg	3 个月	GB/T 7600—1987
	200MW 以下，≤200mg/kg		
起泡沫试验*［泡沫倾向稳定性/(mL/mL)］	200MW 及以上，≤50/10	每年或必要时	GB/T 12579—2002
空气释放值*/(min, 50℃)	200MW 及以上，≤10	必要时	SH/T 0308—2002

　注　1. 机组在大修后和启动前，应进行全部项目的检测。
　　　2. 辅助设备用油及水轮机用油按上述标准参照执行。
　　　3. 密封油按 DL/T 705—1999 执行。
　① 如外观发现不透明，则应检测水分和破乳化时间。
　② 如怀疑有污染时，则应测定闪点、破乳化时间、起泡沫试验和空气释放值。
　＊ 导则作为建议指标。

（2）运行汽轮机油的监督周期。GB/T 14541—2017《电厂用矿物涡轮机油维护管理导则》规定的监督周期，只能作为一般性规定。各单位在监督中应结合本单位实际情况，制订详细的监督周期。如果机组运行正常，无超温等不正常现象，检验周期可适当延长。当机组存在缺陷或油质异常时应及时缩短周期，加强监督并采取有效措施。某汽轮机油在运行中的油质变化见表 2-5。

表 2-5　　　　　　　　　　　某汽轮机油在运行中的油质变化

参数	0	360	900	1500	2400
密度 ρ_{20}/(g/cm³)	0.8829	0.8839	0.8845	0.8846	0.8846
开口闪点（25℃）	202	202	201	200	200
恩氏黏度（°E_{50}）	4.36	4.42	4.52	4.55	4.61
酸值/(mgKOH/g)	0.0051	0.0198	0.0230	0.0285	0.0350
沉淀物/%	无	无	0.08	0.10	0.10
水溶性酸或碱	无	无	微酸性	酸性	酸性
破乳化时间	5min23s	13min	18min2s	19min	20min40s

3. 油务监督与电力生产

（1）加强新油质量监督，严把新油投运或补充用油的质量关。对于设备所用新油及补充油，必须严格按标准规定监督其质量，要及时处理、杜绝不合格的油进入设备。实践表明：现行的一些防止油质劣化的措施是行之有效的。例如在变压器油中添加 T501 抗氧化剂，改善油的氧化安定性，可使油质保持稳定，有利于延长油的使用寿命。

（2）降低汽轮机油耗，防止汽轮机油系统锈蚀。汽轮机油耗较高及油系统出现锈蚀，是当前汽轮机油监督中的两个比较突出的问题。

汽轮机油耗过高与漏油点较多密切相关，例如轴瓦、调速器前箱、机械密封部位等。有一些机组由于设备无防腐措施或措施不当、轴封不严，致使水汽及污染物进入油系统，这不仅影响油质，而且主要的是影响润滑性能，甚至造成机组磨损。

由于水分的存在并与金属长期接触，主油管和各轴承回油管路产生了不同程度的锈蚀，从而可导致调速系统卡涩甚至被迫停机，严重威胁机组的安全运行。故对汽轮机油的运行监督，要特别防止油的泄漏，加强油质监督指标的检测，有助于分析判断汽轮机油的泄漏情况；另外，采用涂层保护，也可减少或防止汽轮机油系统的锈蚀。

三、运行汽轮机油的维护

为延长油的使用寿命及保证设备的安全运行，应对运行汽轮机油采取防劣措施。目前现场采用的方法有安装连续再生装置（净油器）、安装油净化器、投入滤油器、添加抗氧化剂等添加剂等。

（1）安装连续再生装置（净油器）。它是一种吸附过滤装置，利用净油器填充的吸附剂除去劣化产物。由于目前汽轮机油添加的防锈剂等也容易被吸附剂吸附，因此不宜采用。

（2）安装油净化器。200MW 及以上机组均安装了大型净化器。它具有较大的油容积，对油中水分、杂质的清除效果较好，并兼有重力分离、过滤与吸附净化作用。但由于设备及管理的原因投入率较低，目前逐渐被固定或移动式滤油设备所代替。

（3）添加抗氧化剂。汽轮机油添加抗氧化剂是减缓油质劣化的有效方法。目前普遍采用的 T501 对新油或轻度劣化的油作用十分显著。在添加抗氧化剂时（尤其是运行多年而未加过抗氧化剂的油），与变压器添加 T501 一样，需要先进行抗氧化剂的感受性试验，然后根据小型试验确定添加量。

运行汽轮机油添加抗氧化剂一般应在机组停备或检修时进行，添加前需除去系统及油中的水分和杂质。然后，采用热溶法配成 5%～10% 的母液，冷却后通过滤油机送入主油箱，利用滤油机的循环使抗氧化剂与运行汽轮机油混合均匀。

（4）添加防腐剂。汽轮机油不可避免地与水、汽接触，进入油中的水分会使油乳化并使油系统金属表面发生腐蚀。在运行汽轮机油中添加防腐剂，可以有效地防止油系统的腐蚀。目前国内普遍采用的防腐剂为十二烯基丁二酸，即 T746 防腐剂。它是一种表面活性剂，对金属具有良好的防腐作用。

运行中汽轮机油试验数据解释依据 GB/T 14541—2017《电厂用运行矿物汽轮机油维护管理导则》。

第四节　抗　燃　油　的　维　护

一、抗燃油的特性

抗燃油是相对于矿物汽轮机油而言的，它不是一个特定的产品，而是一类产品的特定概念。了解抗燃油的基本概念，掌握电厂中常用磷酸酯抗燃油的特性指标，对油品监督分析人员是非常必要和有益的。

抗燃油顾名思义就是难以自然燃烧的油。它是合成的非矿物油，属于液压油的范畴。所谓的"抗燃"是一个相对概念，从某种意义上说，自燃点高于石油基矿物油的液体都可称为抗燃油。

抗燃油的突出特点是，比矿物油蒸汽压低，没有易燃和维持燃烧的产物，而且不沿油流传递火焰，甚至其分解产物构成的蒸汽燃烧时，也不会引起整个液体的着火。

抗燃油的种类很多，表 2-6 列举的只是一小部分。其是否适用于汽轮机的液压调节系统要求，则还应综合考察抗燃油的其他性能。

从表 2-6 中可以看出，在所列的六种抗燃油中，以磷酸酯抗燃油的综合性能最好。

表 2-6 抗燃油与矿物油的特性对比

特性 \ 油品名称	石油基油	磷酸酯	硅酸脂	硅酸油	水-乙二醇	合成烃	乳化液
黏温性	好	较好	优	优	好	好	好
挥发性	差	可	好	优	差	好	差
热安定性	可	可	优	好	可	优	可
氧化安定性	可	好	好	可	好	可	好
水解安定性	优	可	可	优	优	优	优
难燃性	差	优	可	可	优	可	好
润滑性	可	优	好	差	差	好	差
添加剂感受性	优	好	好	差	好	好	好

二、抗燃油的全过程质量监督

随着电力工业的高速发展，大容量、高参数的机组越来越多。为了适应高压蒸汽参数的变化，改善汽轮机液压调节系统的动态特性，液压调节系统工作介质的额定压力也随之提高，有的高达 13MPa（130kg/cm^3）以上，这就增加了介质泄漏的可能性。传统的矿物汽轮机油介质，因其自燃点仅为 350℃ 左右，在运行过程中，一旦泄漏至主蒸汽管道或阀门等部位上（高压蒸汽温度高达 550℃ 以上）就会自燃，最终酿成火灾事故，国内外都有这样的沉痛教训。因此，为了有效地防止这种潜在的火灾隐患，目前电力系统在发电机组的液压调节系统上，大多采用合成抗燃液压介质，即抗燃油。

目前，我国大机组的液压调节控制系统，一般采用机械液压和电液调节（EHC）两种工作方式，并将抗燃油作为液压调节系统、给水泵、小汽轮机、高压旁路系统的工作介质。因此，为了做好抗燃油的监督维护工作，必须对抗燃油的性能、特点以及抗燃油系统有一个全面的了解和掌握。

1. 抗燃油油品的选择原则

（1）选用三芳基磷酸酯抗燃油。合成的三芳基磷酸酯抗燃油更适合于汽轮机液压调节系统，故在机组的基建设计阶段，应首选三芳基磷酸酯抗燃油。

（2）最好选用同一牌号的抗燃油。同一电厂的多台机组与不同液压系统，最好选用同一牌号的抗燃油，以便于抗燃油的集中统一管理和监督，降低备用油量。

（3）推广使用国产高压抗燃油。实验表明，国产高压抗燃油的各项技术指标与进口抗燃油相当，且价格低廉。国内许多电厂的使用经验表明，国产抗燃油完全可以代替进口抗燃油。

2. 抗燃油的新油验收

（1）新油采样。抗燃油一般用量较小，新油以桶装形式到货后，应逐桶取样。试验油样应是从每个桶中所取油样均匀混合后的样品，以保证所取样品具有代表性。

（2）新油验收标准。国产新抗燃油，按照 DL/T 571—2014《新磷酸酯抗燃油的质量标准》执行。

3. 液压调节系统的冲洗

液压调节系统中，其抗燃油介质的工作压力一般在 10MPa（100kg/cm^2）以上，有的高达 15MPa（150kg/cm²），其调节部件的节流孔径仅为 0.8mm，甚至更小。因其抗燃油流量小而流速高，过大的流体粒子会使节流孔堵死，而大量的小粒子在高速油流作用下会使电液伺服的边缘刃口磨圆，最终导致阀的泻流量增加，致使油动机的动态响应差，使泵间歇期减少而工作期拉长，加剧泵的磨损，影响泵的使用寿命。

为了减小抗燃油中杂质粒子的含量，在系统安装时，应注意防范任何可能的污染源。所有的管件、部套均应封好。焊接采用氩弧焊，安装完成后应进行油冲洗。

4. 运行抗燃油的监督

（1）运行抗燃油的质量标准具体请查 DL/T 571—2014。进口抗燃油的运行标准原则上可参照国产高压抗燃油的运行标准执行。

（2）运行抗燃油的检验项目与周期。现场运行人员应注意运行油的外观、颜色变化，并记录油温、油位及泵出口过滤器和旁路再生装置的压差变化。机组正常运行情况下，抗燃油的分析项目及检测周期请查 DL/T 571—2014。

在新油合格的情况下，若系统运行正常稳定，抗燃油中除酸值、水分、电阻率、颜色等指标因油脂的氧化劣化或水汽影响易发生变化外，其他指标一般在短期内变化很少。因此，在抗燃油的监督中，可适当地缩短容易发生变化项目的检测周期，其他项目的检测周期则可根据机组的运行工况适当地延长。例：若抗燃油中混入了矿物油，则应增加闪点、自燃点和矿物油含量的测试；若机组的液压系统进行了检修，则应增加颗粒度检测。总之，监督运行抗燃油的目的是为了确保机组液压系统的正常工作。

三、抗燃油的维护管理措施

1. 使用相容性材料

在抗燃油液压系统的安装、检修过程中，要特别注意材料的相容性问题，如使用了不相容的垫圈等密封材料，抗燃油就会短期内因材料的溶解，导致其颜色迅速变深，理化指标变差，甚至导致系统油品泄漏等问题。

使用体外滤油机时，也要注意滤油机上所用的垫圈材料、滤油机进油、出油管路材料的相容性问题，否则会出现油品越滤越差的状况。

2. 严格控制油品的清洁度和水分

一般来说，肉眼所看到的最小黑点约 40μm。所以抗燃油的颗粒污染是否合格，不能靠肉眼来判断，而应用专用的仪器进行检测。

油品中存在的微小颗粒污染物和水分，会造成调速系统中精密部件事故（如伺服阀的磨损、调速阀门的卡涩等）外，还会对油品产生催化裂解作用，使油品在投运较短的时间内颜色加深、酸值急剧上升，腐蚀相关运行设备，缩短抗燃油的使用寿命。

3. 减少或防止空气的侵入

抗燃油携带过量的气体，一方面会加速抗燃油的老化，使空气释放性和泡沫性变差；另一方面，由于抗燃油的空气在系统的节流部件会释出，造成调节系统的调节缓慢及振动和压力的不稳。空气的存在，还会造成流体温度升高，因气蚀而使泵受损：如油中侵入大量空气，应主要检查泵入口处的密封是否正常。

4. 保持合适的运行油温

抗燃油的热稳定性、黏温性较差。油温过低（低于 20℃），油品的黏度过大，会使系统中的油泵和电动机过载；油温过高，则会加速抗燃油的水解及老化。

要保持抗燃油运行温度在合适的范围内，除应注意调节冷油器冷却水阀门的温度外，还应在安装、检修时，采用合理适当的保温工艺，即应避免油管路与主蒸汽管路靠得太近，防止油系统中出现局部过热区。若保温不足，油品会因局部过热或热辐射而急剧劣化，严重时，会使管路内的抗燃油形成结块而堵塞滤网。国内某大型电厂就发生过因过热蒸汽与抗燃油管路共用一个金属支撑，导致抗燃油的老化结块堵塞滤网，出现过因滤网压差过大，击穿滤网的事故。

5. 加强过滤器、滤网的维护管理

（1）油系统中采用的精密过滤器、滤网，应定期检查和维护。防止因过滤元件堵塞导致压力过大而使过滤器破损。如对于工作压力为 15MPa 的系统，如其油泵出口前后压差超过 0.7MPa，就应立即更换，回油污染指示器压差超过 0.2MPa 时应及时更换滤芯。

（2）当前，抗燃油系统普遍使用的防颗粒污染装置均为固定孔径的金属过滤器、滤网等滤材，这类滤材过滤效率低、截污能力差，抗燃油中的颗粒污染难以有效地控制，建议有条件的单位使用渐变孔径滤材，以提高过滤器的过滤效率。

运行中磷酸酯抗燃油油质劣化原因及处理措施请查 DL/T 571—2014。

（3）抗燃油使用过程中的注意事项。

1）合成抗燃油与矿物汽轮机油有着本质上的区别，严禁混合使用。

2）抗燃油具有很强的溶剂性特性，因而在检修及使用维护时，应注意其所用材料的相容性，以防止油品的污染。

3）抗燃油主要用于 300MW 及以上的大机组 EHC 和高压旁路系统。因其系统部件的结构特点，对油品中杂质的颗粒度有特殊的要求。对新投产机组，中压抗燃油的颗粒度必须达到 SAE749D5 级标准，高压抗燃油则达到 SAE749D3 级标准。

4）运行中的抗燃油，在一定的温度和水分存在的条件下会发生水解反应，导致其酸值增长较快，因此应提高安装及检修质量，以防止油系统的进水，从根本上解决油质的水解问题。

5）运行抗燃油因油质的氧化使其酸值增加是不可避免的，因此自机组投运起，就应不间断地投入旁路再生系统，并通过定期测试其出入口的酸值变化情况，及时更换吸附剂以确保酸值合格。

6）对于正常运行的设备，要注意检查系统中精密过滤器的压差，以便及时更换和冲洗精密过滤器，防止油路的堵塞及确保抗燃油的清洁度合格。

第五节　油品的净化及再生

油品在长期使用、保管及运输等过程中会因逐渐裂化变质和受到外界污染等，使油品的性能下降至某些指标而达不到要求。但变质的只是油中的部分烃类或是可以去除的外界污染物（如由水分、机械杂质等造成的变质），而其余大部分成分（为 75%～99%）是好的，还具有良好的性能和使用价值。如果采取适当的措施就可将这些变质及外界污染物去除，使某些质量不合格的油品性能得到恢复和改善，这种去除油中有害杂质使油品性能重新恢复或改善的过程即是油品的净化再生过程。

油品的净化一般是指通过简单的物理方法（如沉降、过滤等）去除油中污染物的过程。

通常我们把由于氧化等原因使油品的理化性能及电气性能严重变化达到不能继续使用程度的油称为"废油"，而把废油处理成合格油的工艺过程称为油品的再生处理。油品的净化再生方法有很多，在实际工作中，根据油品的种类、污染程度及质量要求等选用不同的净化再生方法。下面就几种常见的油品净化方法分别加以介绍。

一、沉降法

沉降法也称重力沉降法，其原理是利用水分及机械杂质等与油品的密度差，在重力的作用下杂质可沉积到容器的底部而达到使其从油中分离的目的。沉降法是一种较为简单的油品净化方法，用这种方法只能除去油中大部分的水分和能自然沉降的机械杂质。

液体中悬浮颗粒的沉降时间可根据斯托克斯定律表示为

$$w = \frac{d(\rho_1 - \rho_2)}{18\eta} \tag{2-5}$$

式中　w——杂质颗粒沉降速度，m/s；

　　　d——杂质颗粒直径，m；

　　　ρ_1——杂质颗粒密度，kg/m^3；

　　　ρ_2——油品密度，kg/m^3；

　　　η——油品的黏度，$kg/(m \cdot s)$。

从式中可以看出：悬浮沉降速度与颗粒大小、密度及油品的黏度有关，颗粒的密度和直径越大，油品的密度和黏度越小，沉降所用的时间越短。温度直接影响油品的黏度，温度越高，油品的黏度越小，越有利于沉降。但温度过高，一方面会加速油品老化，另一方面因热对流增强而不利沉降。一般变压器油油温最好控制在 25～35℃，汽轮机油油温控制在 40～50℃较为适宜。

沉降过程一般是在装有加热装置、保温措施及排污阀的沉降罐内进行。首先，将油加热到一定沉降温度开始静置沉降。在沉降过程中即使温度降低也不宜重新加热，因为重新加热会产生热对流而使原来已形成的沉淀分离破坏。

二、压力过滤法

利用油泵的压力使油通过过滤介质（滤纸或其他过滤材料）使油中混杂物等被截流或吸附，从而达到油品的净化目的的方法称为压力过滤净化法。目前常用的板框滤油机即是利用该原理而生产的一种净油设备。

过滤介质有滤纸（粗孔、细孔及碱性等）、致密的毛织物和树脂微孔滤膜等。滤纸是压力式滤油机常采用的过滤介质，它不仅能除去油中的机械杂质，还能去除油中部分水分（滤纸需经干燥处理才会有较好的除水效果）。树脂微孔滤膜是近几年来发展起来的过滤材料，它对去除油中微细杂质（0.8～5μm）和游离碳等效果较好。

板框式滤油机是目前应用十分广泛的一种压力式滤油机，它的工作过程为：污油首先进入由框架及滤纸构成的空间单元，在油压的作用下油强迫通过滤纸，油中部分杂质被截留，油再进入下一单元，再截流部分杂质，如此重复达到较彻底净化的目的。

板框式滤油机一般采用工业滤纸，滤纸的纤维组织较为稀松，形成纵横交错的多孔状结构，水分会渗入滤纸孔内。在不太高的压力（0.15～0.3MPa）下，水分会因毛细管的作用始终附着在滤纸的微孔内，从而达到去除水分的作用。为了更好地吸收水分，油温最好加热到 35～45℃，滤纸一般要在 80℃下干燥 8～16h，或在 100℃下干燥 2～4h，以去除滤纸中已吸收的水分，提高滤纸吸收油中水分的能力。滤纸的干燥处理一般在烘箱内进行。滤纸的厚度通常为 0.5～2mm，在滤板和滤框间一般放 2～4 张滤纸。

随着滤纸截留杂质量的增多，滤油机的工作压力会逐渐增大，当压力达到 0.5～0.6MPa 以上时（滤油机的正常工作压力为 0.1～0.4MPa），说明滤纸上截留的污物较多，应及时更换滤纸。当含有较多水分时，滤纸吸收较多水后强度会下降，滤纸会出现破损穿透现象，这时也应注意及时更换滤纸以防滤纸上的纤维脱落进入油中，造成新的污染。

三、真空过滤法

真空过滤法是在高真空和一定温度下，使油雾化或使油流形成油膜，以脱除油中气体和水分的一种油品净化方法。由于真空滤油机也带有滤网，也可滤去油中杂质等污染物，因此该方法称为真空过滤法。该种油品净化方法应用十分广泛，尤其适用于对含水量和含气量（包括可燃气体）有很高要求的高压电器设备用油的净化处理，即该方法更适合于对油品的深度脱水脱气的处理。如果油中含水及机械杂质较多时，最好先用离心机或压力式滤油机去除大量水分和机械杂质，然后再用真空过滤法处理。

真空滤油机是由一级滤网（粗滤）、进油泵、加热器、真空泵、出油泵、二级滤网（精滤）、真空泵及冷凝器等组成的。

四、离心分离法

油的离心分离净化是基于油水等杂质的密度不同，在旋转时产生的离心力不同而使油水等杂质迅速分离的一种油品净化方法。当滤油机鼓体旋转时，油最轻，聚集在旋转鼓的中心，水的密度稍大被甩在油的外层，油中固体杂质最重被甩在最外层，在鼓中的不同分层处被抽出。

离心式滤油机主要是靠高速旋转的鼓体来工作的，鼓体由一些碗形的金属片上下叠置组成，中间有薄层间隙，金属片装在一根主轴上，运行时由电动机带动主轴高速旋转（6000～1000r/m），产生离心力使油、水和杂质分开。

五、吸附法

吸附法是利用较大活动表面的吸附剂对油中的氧化产物及水等有较强的吸附作用，使有害物质吸附到吸附剂上，从而使油品达到净化再生的目的。一般吸附净化再生的方法有接触法和过滤法两种。接触法主要采用吸附剂（如活性白土、801 吸附剂等）与油直接接触，使有害杂质被吸附剂吸附掉，从而达到油品再生净化的目的。该方法较适用于油劣化不太严重，油的颜色不太深，酸值在 0.1mg（KOH）/g 以下以及介质较大或水溶性酸（pH 值）较低的油。对于运行油的处理要采用过滤法，在设备不停电情况下，带电吸附处理。该法一般适合处理轻度裂化的油。变压器油的在线带电处理典型的流程如图 2-1 所示。

油品的净化再生方法还有硫酸法、硫酸-白土法及硫酸-碱-白土法等，这些方法适用于裂化较重或深度裂化的油品，一般酸值在 0.5mg（KOH）/g。但由于目前油品维护的普遍较好，深度劣化的油品很少见，因此这些方法在这里就不再赘述。

六、油品的在线净化处理

为了延长油品的使用寿命，保障设备的安全运行，一般用油设备都装有在线的油品净化再生装置。

1. 呼吸器

充油电气设备一般均装有呼吸器，它通常与储油柜配合使用，其内部装有性能良好的吸附剂（如硅胶、沸石分子筛等），底部设有油封。吸附剂在使用前应按规定烘干处理，失效时应及时更换。

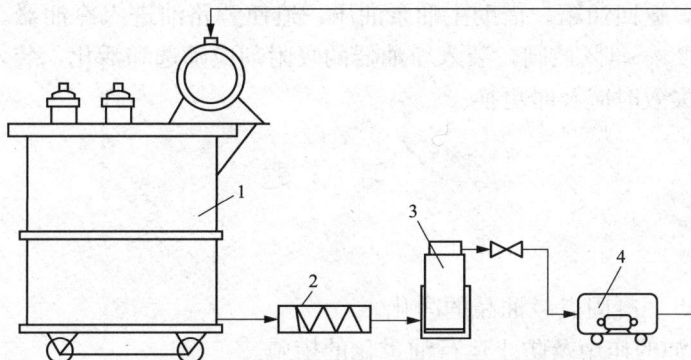

图 2-1　运行变压器油带电净化处理流程
1—变压器；2—电热预热器；3—吸附剂过滤器；4—过滤机

由于一般呼吸器作用有限，特别是对油温经常变化的设备除湿效果不好，在 110kV 及以上的电力变压器上常装有冷冻除湿器（电热式除湿器）。这种除湿器既能防止外界水分侵入，又可清除设备内部水分。

2. 净油器

净油器是利用吸附剂对油进行连续再生的一种装置，适用于不同形式的电力变压器。净油器的使用效果只取决于所用吸附剂的性能与用量，对于超高压设备，由于吸附剂粉尘有可能进入油流，应慎重考虑。

净油器是一种渗流过滤装置，它分为温差环流净油器（即通常所说的热虹吸器）和强制循环净油器两种。热虹吸器安装在油浸自冷及油浸风冷变压器的油箱壁上。净油器的尺寸根据设备用油量而定，吸附剂用量为油量的 0.5%～1.5%（质量分数）。强制循环净油器是使用在强迫循环的电力变压器上。净油器的吸附剂应选用吸附性能和机械强度良好的粗孔硅胶，沸石分子筛或活性氧化铝等在使用前应过筛（粒度一般为 4～6mm）和活化处理，装入净油器后应排除内部积存的空气。净油器在安装和使用中应仔细检查其油流出口滤网是否坚固完好，如发现滤网支撑塌陷或网孔破损，应立即修理或更换，以防吸附剂颗粒漏入油系统，造成不良后果。

3. 滤油器

滤油器是装在汽轮机油系统的净油设备，它包括滤网式、缝隙式、滤芯式和铁磁式等类型。机组设计时应根据油中污染物的种类和含量以及油系统重要部件对油清洁度的要求，合理配备合适的滤油器。滤油器的截污能力取决于过滤介质的材料及其孔径，金属质滤料包括滤网、细丝烧结板等，这种金属质滤网使用后可清扫再用；非金属质滤料包括滤纸、编织物等，它不仅可以清除机械杂质，还对水分及酸类有吸附作用。

滤油器在使用中应加强检查和维修。应定期检查滤元上的附着物，可以及时发现机组、油系统及油中初始出现的问题。如发现滤油器滤元上有截污、腐蚀、破损或压降过大等情况应查明原因，进行清扫或更换，精密滤元一般每年至少更换一次。

4. 连续再生装置

连续再生装置是一种滤渗吸附装置，它利用硅胶、活性氧化铝等吸附剂去除运行油老化过程中产生的酸类等氧化物，对防止调节系统部件的腐蚀有良好的作用。

　　净油器与油系统连接采用旁路循环方式，即一端连在主油泵出口油路或冷油器入口侧，另一端与油路相连，返回油箱。借助主油泵油压，迫使旁路油进入冷油器。进入冷油器的油量按主油路油量的 2%～4%控制，装入净油器的吸附剂应筛选和活化，装入时要排除内部积存的空气，吸附剂失效时应及时更换。

习　题

　　1. 名词解释

动力黏度、闪点、凝固点、油品的净化。

　　2. 简述变压器油的作用及防止运行油劣化的措施。

　　3. 简述汽轮机的作用及运行汽轮机油的维护。

　　4. 试述油质劣化的危害性。

第三章　电厂锅炉补给水处理与监督

第一节　火力发电厂用水概述

一、天然水概述

从水处理角度出发，可依照水中杂质颗粒的大小，将天然水中的杂质分成悬浮物、胶体和溶解物质。

天然水中几种主要化合物包括碳酸化合物、硅酸化合物、铁的化合物。

二、城市中水概述

中水主要是指城市污水和生活污水经过处理后达到一定的水质标准，可在一定范围内重复使用的非饮用杂用水，也称其为再生水。

中水回用的水质首先要满足卫生要求，主要指标有细菌总数、大肠杆菌群数、余氯量、悬浮物、生物需氧量和化学耗氧量；其次要满足感官要求，其衡量指标有色度、浊度、臭味等；此外，还要求水质不会引起设备管道的严重腐蚀和结垢，主要指标有 pH 值、浊度、溶解性物质和蒸发残渣等，见表 3-1。

表 3-1　　　　　　　　　　中水深度处理回用水泵的来水水质标准

序号	检测项目	单位	控制标准
1	pH 值	—	7.0~8.5
2	电导率	$\mu S/cm$	<1200
3	Ca^{2+}	mg/L	<90
4	Mg^{2+}	mg/L	<30
5	Cl^-	mg/L	<200
6	碱度	mmol/L	<2.8
7	氨氮	mg/L	<1.0
8	COD_{cr}	mg/L	<40.0
9	浊度	NTU	<3.0

中水是水资源有效利用的一种形式。在火力发电厂中，中水主要用于工业冷却水的补充水，以及消防、绿化、道路清洁、冲厕等用水，还可以深度处理后作为锅炉的补给水。城市中水主要来源于各种工业污水经处理后的净水。工业污水可分为物理污染污水，化学污染污水及生物/生物化学污染污水三种主要类型以及混合污染污水。上述污水经相应的处理后，可以去除污水中部分或大部分相应的有害物，故处理后的出水中仍含有部分或少量的相应有害物。

城市中水中的某些污染物质，如悬浮物、酸、碱、铜、硫化物、氯、油类、化学需氧量、硝酸盐、砷、氟化物等为电厂用水中常测项目，而如苯、醇、多环芳烃、总有机碳、各种重金属则一般不具检测条件。因此，电厂中如要应用城市中水作为冷却水源，应该采用怎样的处理方法才能保证冷却水水质，以及如何进行水质检测均有很多工作要做，这方面尚缺少实践经验，因而这将是一项长期的研究课题与任务。

1. 城市污水二级处理后在电厂循环冷却水中的应用

为保证污水再生利用设计科学合理、经济可靠，根据国内外工程实例，污水再生处理用于电厂循环冷却水系统的基本工艺：

（1）二级处理后污水→砂滤池→消毒杀菌→补入电厂循环冷却水系统。

美国 Burbank 城市二级污水水质：$BOD_5 = 13mg/L$，$SS = 5mg/L$；Burbank 电厂的再生处理工艺：二级处理后污水→砂滤池→消毒杀菌→补入电厂循环冷却水系统；

Burbank 电厂的再生水水质：浊度≤5mg/L，总磷≤36mg/L，BOD_5≤10mg/L。

（2）城市二级污水→机械加速澄清池→推流式氯接触池→变孔隙滤池→推流式氯接触池→过滤水池→循环水补充水泵→循环冷却水系统。

20 世纪 90 年代由北京市市政设计院设计的以回用为目的的高碑店污水处理厂的设计出水水质：SS≤30mg/L，COD_{cr}≤70mg/L，BOD_5≤16mg/L，NH_3-N<3mg/L。

华能北京热电厂再生处理工艺：城市二级污水→机械加速澄清池→推流式氯接触池→变孔隙滤池→推流式氯接触池→过滤水池→循环水补充水泵→循环水系统。

加药系统包括聚合硫酸铁加药系统、石灰乳加药系统、加氯系统。

2. 城市污水二级处理后在电厂锅炉补给水中的应用

邯郸热电厂生产用水以邯郸市东污水处理厂的二级出水作为水源，邯郸市东污水处理厂是引进丹麦技术和设备建设的一座城市污水处理厂，该厂设计处理污水能力 $100000m^3/d$，高峰流量为 $5208m^3/h$。采用丹麦克鲁格公司三沟式氧化沟污水处理工艺，二级出水石灰处理工艺处理后作为循环水的补充水；深度处理后作为锅炉的补给水。循环冷却水的 pH 值为 8.0 ± 0.5，不用加酸或加碱，其 pH 值即可控制在较理想范围，其循环冷却水的浊度由原来的约 20NTU 下降到 4NTU 左右。

三、电厂用水的水质指标

表示水中杂质个体成分或整体性质的项目称为水质指标，它是衡量水质好坏的参数。

1. 表征水中悬浮物及胶体的指标

浊度是反应水中悬浮物和胶体含量的一个综合指标，它是利用水中悬浮物和胶体颗粒对光的散射作用来表征其含量的一种指标，即表示水浑浊的程度。

浊度是通过专用仪器测定的，操作简单迅速。由于标准水样配置方法不同，所使用的单位也不相同，目前以福马肼聚合物〔由硫酸肼 $N_2H_4SO_4$ 和六次甲基四胺 $(CH_2)_6N_4$ 配制成的浑浊液〕作为浊度标准的对照溶液，与水样相比较，所测得的浊度单位用福马肼单位（FTU）表示。

2. 表征水中溶解盐类的指标

（1）溶解固体。溶解固体是指在规定的条件下，水样经过滤除去悬浮固体后，经蒸发、干燥所得的残渣质量，单位用 mg/L 表示。这种方法实际测得的是在蒸发时不挥发性物质的质量，主要是水中各种溶解性盐类。溶解固体只能近似表示水中溶解盐类的含量，因为在过滤时水中的胶体及部分有机物与溶解性盐类一样能穿过滤纸，蒸干时某些物质的吸附水和结晶水不能除尽，有些有机物分解了，水中原有的碳酸氢盐全部转换为碳酸盐。

（2）电导率。表示水中离子导电能力大小的指标，称为电导率。由于溶于水的盐类都能电离出具有导电能力的离子，因此电导率是表征水中溶解盐类的一种替代指标。水越纯净，含盐量越低，电导率越小。

水的电导率的大小除了与水中离子含量有关外，还和离子的种类有关，单凭电导率不能计算水中含盐量。在水中离子的组成比较稳定的情况下，可以根据试验求得电导率与含盐量的关系，将测得的电导率换算成含盐量。电导率的单位为 $\mu S/cm$。

3. 表征水中结垢物质的指标

表征水中结垢物质的指标是硬度，它是指水中某些易形成沉淀的金属离子，它们都是二价或二价以上的金属离子。在天然水中，形成硬度的物质主要是钙、镁离子，所以通常认为硬度就是指水中这两种离子的含量。水中钙离子含量称钙硬（H_{Ca}），镁离子含量称镁硬（H_{Mg}），总硬度是指钙硬和镁硬之和，即 $H = H_{Ca} + H_{Mg} = [(1/2)Ca^{2+}] + [(1/2)Mg^{2+}]$。

根据 Ca^{2+}、Mg^{2+} 与阴离子组合形式的不同，又将硬度分为碳酸盐硬度和非碳酸盐硬度。

（1）碳酸盐硬度（H_T）是指水中钙、镁的碳酸盐及碳酸氢盐的含量。此类硬度在水沸腾时就从溶液中析出而产生沉淀，所以有时也叫暂时硬度。

（2）非碳酸盐硬度（H_F）是指水中钙、镁的硫酸盐、氯化物等的含量。由于这种硬度在水沸腾时不能析出沉淀，所以有时也称永久硬度。

硬度的单位为 mmol/L，这是最常用的表示物质浓度的方法，是我国的法定计量单位。

4. 表征水中碱性物质的指标

表征水中碱性物质的指标是碱度，碱度是表示水中可以用强酸中和的物质的量。在天然水中的碱度成分是碳酸氢盐，有时还有少量的腐殖酸盐。

水中常见的碱度形式是 OH^-、CO_3^{2-} 和 HCO_3^-。水中的碱度是用中和滴定法进行测定的，这时所用的标准溶液是 HCl 或 H_2SO_4 溶液，当用甲基橙作指示剂，因终点的 pH 值为 4.2，中和反应都可以进行到底，所测得的碱度是水的全碱度，也叫甲基橙碱度；如用酚酞作指示剂，终点的 pH 值为 8.3，中和反应并不进行到底，测得的是水的酚酞碱度。因此，测定水中碱度时，所用的指示剂不同，碱度值也不同。碱度的单位为 mmol/L。

5. 表示水中有机物的指标

天然水中的有机物种类繁多，成分也很复杂，分别以溶解物、胶体和悬浮状态存在，因此很难进行逐滴滴定。通常是利用有机物容易被氧化这一特性，用某些指标间接地反映它的含量，如化学氧化、生物氧化和燃烧三类氧化方法，都是以有机物在氧化过程中消耗的氧或氧化剂的数量来表示有机物可氧化程度的。

（1）化学耗氧量（COD）。在给定条件下，氧化剂处理水样时，水样中有机物氧化所消耗该氧化剂的量，即为化学耗氧量。计算时折合为氧的质量浓度，简写代号为 COD，单位用 mg/L（O_2）表示。化学耗氧量越高，表示水中的有机物越多，常用的氧化剂有重铬酸钾和高锰酸钾，氧化剂不同测得有机物的含量也不同。用 $KMnO_4$ 作氧化剂测得的有机物用 $(COD)_{Mn}$ 标注，用 $K_2Cr_2O_7$ 作氧化剂测得的有机物用 $(COD)_{Cr}$ 标注。

（2）生物需氧量（BOD）。在特定条件下，水中的有机物进行生物氧化时消耗溶解氧的量，即为生化需氧量，单位也用 mg/L（O_2）表示。通常都以 5 天作为测定生物耗氧量的标准时间，称 5 天生物耗氧量，用 BOD_5 表示。试验证明，一般有机物的 5 天生物耗氧量约为生物耗氧量的 70% 左右，因此，BOD_5 具有一定的代表性。

四、水在火力发电中的作用

1. 发电厂水汽系统

在凝汽式发电厂中，水汽呈循环状运行。锅炉产生的蒸汽经过汽轮机后进入凝汽器，在这里它被冷却成凝结水，此凝结水经泵送到低压加热器，加热后送入除氧器，再由给水泵将已除氧的水送到高压加热器后进入锅炉。图 3-1 所示为这类发电厂水汽系统的主要流程。

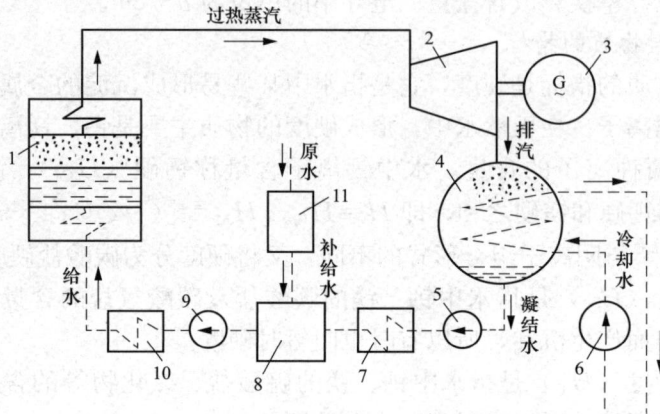

图 3-1　凝汽式发电厂水汽循环系统主要流程

1—锅炉；2—汽轮机；3—发电机；4—凝汽器；5—凝汽水泵；6—冷却水泵；
7—低压加热器；8—除氧器；9—给水泵；10—高压加热器；11—水处理设备

在上述系统中，汽水的流动虽呈循环状，但这是主流，并非全部，在实际运行中总不免有些损失。为了维持发电厂热力系统的水循环运行正常，就要用水补充这些损失，这部分水称为补给水。凝汽式发电厂在正常运行情况下，补给水量不超过锅炉额定蒸发量的 2%～4%。例如额定蒸发量为 100t/h 蒸汽的锅炉，其补给水量不超过 2～4t/h。有些发电厂除发电外，还向附近的工厂和住宅区供生产用汽和取暖用热水，这种电厂称为热电厂。在热电厂中，由于用户用热方式不同和供热系统复杂等原因，送出的蒸汽大部分不能收回，汽水损失很大，因此在热电厂中补给水量经常比凝汽式电厂大得多。

由于水在热力发电厂水循环系统中所经历的过程不同，水质常有很大的差别。因此，根据实用的需要，我们常给予这些水以不同的名称，现简述如下：

（1）原水。原水是指未经过任何处理的天然水（如江河、湖、地下水等），它是热力发电厂中各种水的来源。

（2）锅炉补给水。原水经过各种方法净化处理后，用来补充热力发电厂汽水损失的水，称为锅炉补给水。锅炉补给水按其净化处理方法不同，又可分为软化水、蒸馏水和除盐水等。

（3）凝结水。在汽轮机中做功后的蒸汽经冷凝成的水，称为凝结水。

（4）疏水。各种蒸汽管道和用汽设备中的蒸汽冷凝水，称为疏水。它经疏水器汇集疏水箱或并入凝结水系统中，热力发电厂中疏水系统往往比较复杂，在图 3-1 中为了说明水汽循环的主要系统，所以未把它表示出来。

（5）返回水。热电厂向热用户供热后，回收的蒸汽冷凝水，称为返回水。返回水又有热网加热器冷凝水和生产返回冷凝水之分。

（6）给水。送进锅炉的水称为给水。凝汽式发电厂的给水，主要由凝结水、补给水和各种疏水组成。热电厂的给水组成中，还包括返回水。

（7）锅炉水。在锅炉本体的蒸发系统中流动着的水，称为锅炉水，习惯上简称炉水。

（8）冷却水。用作冷却介质的水称为冷却水。在电厂中，它主要是指通过凝汽器用以冷却汽轮机的水。

2. 热力发电厂中水处理的重要性

长期的实践使人们认识到，热力系统中水的品质，是影响发电厂热力设备（锅炉、汽轮机等）安全、经济运行的重要因素之一。没有经过净化处理的天然水含有许多杂质，这种水如进入水汽循环系统，将会造成各种危害：

（1）热力设备的结垢，结垢部位的金属管壁温度过高，引起金属强度下降，这样在管内压力的作用下，就会发生管道局部变形、产生鼓包，甚至引起爆管等严重事故。结垢不仅危害安全运行，而且还会大大降低发电厂的经济性。

（2）热力设备的腐蚀，缩短设备本身的使用期限，造成经济损失，而且金属腐蚀产物转入水中，使给水中杂质增多，从而加剧在高热负荷受热面上的结垢过程，结成的垢又会加速锅炉炉管腐蚀，迅速导致爆管事故。此外，金属的腐蚀产物被蒸汽带到汽轮机中沉积下来后，也会严重地影响汽轮机的安全、经济运行。

（3）过热器和汽轮机的积盐，过热器管内积盐会引起金属管壁过热甚至爆管，汽轮机内积盐会大大降低汽轮机的出力和效率，特别是高温高压大容量汽轮机，它的高压部分蒸汽流通的截面积很小，所以少量的积盐也会大大增加蒸汽流通的阻力，使汽轮机的出力下降。当汽轮机积盐严重时，还会使推力轴承负荷增大，隔板弯曲，造成事故停机。

热力发电厂水处理工作就是为了保证热力系统各部分有良好的水汽品质，以防止热力设备的结垢、积盐和腐蚀。因此，在热力发电厂中，水处理工作对保证发电厂的安全、经济运行具有十分重要的意义。

五、火力发电厂水汽化学监督的内容与特点

火力发电厂水汽化学监督规定参见 DL/T 561—2013《火力发电厂水汽化学监督导则》、Q/HB-JJJJ-08. L 08—2009《火力发电厂化学监督技术标准》及 DL/T 246—2015《化学监督导则》。

第二节　补给水的预处理

除去天然水中悬浮物和胶体杂质，通常采用的方法是混凝沉淀（澄清）及过滤处理。水经混凝沉淀（澄清）处理后，浊度可降至 20 FTU 以下，能满足工业用水的水质要求。若该水再经过过滤处理，浊度可进一步降至 5 FTU 以下，能满足后续除盐处理对进水的水质要求。习惯上将上述处理通称为水的预处理，预处理是以除去水中悬浮物、胶体物质和部分有机物为目的的。

水的预处理的工业流程通常为：原水→混凝→沉淀澄清→过滤，作为后续除盐处理的进水有时还采用吸附处理。本节介绍预处理的各处理单元。

一、水的混凝处理

悬浮物颗粒越小，在水中沉降越困难，而水中的胶体基本上不会因重力作用而自然沉淀。因此，用自然沉淀法不能除尽水中的悬浮物，更不能除去水中的胶体杂质。为了除去这类杂质，必须设法将其颗粒变大，这就需要进行混凝处理。

混凝处理就是在水中投加适当的化学药剂，使水中微小的悬浮物以及胶体结合成大的絮凝体，并在重力作用下沉淀出来。投加的化学药剂称为混凝剂。混凝剂通过压缩胶体的双电层，使其厚度减薄；并与胶体发生电中和，削弱了胶体因带电而存在的静电斥力；还通过吸附架桥作用、网捕作用卷扫水中的悬浮物共同沉淀。

1. 混凝剂及助凝剂

（1）混凝剂。常用的混凝剂有铝盐和铁盐两类。

1）铝盐混凝剂。用作混凝剂的铝盐有硫酸铝 $[Al_2(SO_4)_3 \cdot 18H_2O]$、明矾 $[Al_2(SO_4)_3 \cdot K_2SO_4 \cdot 24H_2O]$ 和铝酸钠 $[NaAlO_2]$。硫酸铝使用方便，混凝效果好，最为常用，明矾是硫酸铝和硫酸钾的复盐。硫酸铝和明矾均为白色晶体，其水溶液呈酸性，与水中碱度反应使水的 pH 值降低。为了抵消这种作用，并保证理想的混凝效果，可同时添加碱化剂，如石灰或纯碱等。铝酸钠的水溶液呈碱性，适用于低碱度水的混凝处理。

2）铁盐混凝剂。常用的铁盐混凝剂有硫酸亚铁 $[FeSO_4 \cdot 7H_2O]$ 和三氯化铁 $[FeCl_3 \cdot 6H_2O]$ 等。它们的水溶液呈酸性。

硫酸亚铁水解而形成的氢氧化亚铁在水中的溶解度较大，混凝效果不好，因而必须使其氧化，形成溶解度较小的氢氧化铁。氢氧化亚铁的氧化过程要在 pH>8.0 的条件下才能完成，所以用硫酸亚铁作混凝剂时常与石灰处理同时进行。但只有当 pH 值高于 9 时，残留的铁含量才非常小。

用铁盐进行混凝处理还有以下特点：生成凝絮的相对密度比氢氧化铝的大；温度的影响不大；pH>6.0 时，Fe^{3+} 会和腐殖酸生成不沉淀的有色化合物，所以铁盐是不适于作为处理带有有机物水的混凝剂的。

3）聚合铝（PAC）。聚合铝可以看作是 $AlCl_3$ 经水解逐步转化为 $Al(OH)_3$ 的过程中，各种中间产物通过羟基架桥反应聚合成的高分子化合物，化学式可以表示成碱式氯化铝 $[Al_n(OH)_mCl_{3n-m}]$ 或聚合氯化铝 $[Al_2(OH)_nCl_{6-n}]_m$，其中 n 为 1~5 之间的任何整数，m 为≤10 的整数。分子中的 $[OH]$ 与 3 $[Al]$ 的比值称为碱化度，以 B 表示，即 $B=([OH]/3[Al])×100\%$。B 值与凝聚效果有密切关系，B 值越小则相对分子质量小，凝聚能力越低；B 值大，有利于吸附架桥凝聚。但 B 值过大时，溶液不稳定，会生成氢氧化铝沉淀物。使用中一般控制 B 值在 50%~80%。

聚合铝是一种新型的铝盐混凝剂。由于它在水溶液中形成具有高电荷的聚合正离子如 $[Al_8(OH)_{20}]^{4+}$、$[Al_{13}(OH)_{36}]^{3+}$ 等，可有效地中和水中胶体微粒表面的负电荷，提高压缩胶体颗粒扩散层的能力。另外，它的分子量比其他铝盐大得多，形成絮凝物的速度快，吸附力较强，密度大，容易沉降。由于效率高，它的剂量远比硫酸铝低，甚至在低温时，其混凝效果也不会明显下降。

聚合铝的最佳 pH 值范围为 7.0~8.0，加入聚合铝后水的 pH 值较少明显下降，无须添加碱化剂。此外，它还有适用范围广、对有色水的混凝效果好等优点。

4）聚合硫酸铁（PFS）。通式为 $[Fe_2(OH)n(SO_4)_{3-n/2}]_m$。它的水溶液含有大量的 $[Fe_2(OH)_3]^{3+}$ 及 $[Fe_3(OH)_6]^{3+}$ 等聚合铁络合物。这种凝聚剂的优点：处理后水中残留铁离子少，形成的胶体电荷密度高，没有聚合铝和硫酸铝剂量超过一定值时水质差的倾向，能高效地去除有机物和脱色。

常用的混凝剂及使用条件见表 3-2。

表 3-2   常用的混凝剂及使用条件

混凝剂		水解产物	用途与适用条件
铝盐	硫酸铝 $Al_2(SO_4)_3 \cdot 18H_2O$	Al^{3+}、$[Al(OH)_2]^+$ $[Al_2(OH)_n]^{(6-n)+}$	(1) 原理为压缩双电层，中和及降低胶体及乳化油、亲水性有机物表面电位； (2) 混凝效果受 pH 值影响较大： 1) 破乳及去除水中有机物时，pH 值宜在 4～7； 2) 去除水中悬浮物，pH 值宜控制在 6～8； 3) 悬浮物高的水，pH 值宜控制在 6.5～8，适用水温 20～40℃
	明矾 $KAl(SO_4)_2 \cdot 12H_2O$	Al^{3+}、$[Al(OH)_2]^+$ $[Al_2(OH)_n]^{(6-n)+}$	
铁盐	三氯化铁 $FeCl_3 \cdot 6H_2O$	$Fe(H_2O)_6^{3+}$ $[Fe_2(OH)_n]^{(6-n)+}$	(1) 原理同铝盐。使用不受温度影响，絮体密实，沉淀效果好，用量比硫酸铝少； (2) 对金属、混凝土、塑料均有腐蚀性； (3) 亚铁离子须先经氧化成三价铁，当 pH 值较低时须使用氯，pH 值的适用范围宜在 7～8.5； (4) Fe^{2+} 在 pH 值为 8.1～9.6 范围内效果稳定，絮体形成较快，较稳定，沉淀时间短
	硫酸亚铁 $FeSO_4 \cdot 7H_2O$	$Fe(H_2O)_6^{3+}$ $[Fe_2(OH)_n]^{(6-n)+}$	
聚合盐类	碱式氯化铝 $[Al_2(OH)_nCl]_n$	$[Al_2(OH)_n]^{(6-n)+}$	(1) 无机高分子化合物，黏结架桥作用为主，受 pH 值和温度影响较小，吸附效果稳定； (2) pH 值适应范围为 5～9，一般不必投加碱剂； (3) 混凝效果好，耗药量少，出水浊度低，色度小，原水高浊度时尤为显著
	聚合硫酸铁 PFS $[Fe_2(OH)_n(SO_4)_n^{6-(6-n)+}]_n$	$[Fe_2(OH)_n]^{(6-n)+}$	

(2) 助凝剂。有时为了提高混凝效果，在加混凝剂的同时，还加少量的助凝剂。助凝剂在混凝过程中所起的作用可分为三类：

1) 调节 pH 值。每种混凝剂都有其最佳使用的 pH 值，如果原水的 pH 值不能满足要求，则需要加入酸、碱调整 pH 值。石灰和硫酸就是常用的碱化剂和酸化剂。

2) 氧化作用。使用硫酸亚铁作混凝剂时，有时要添加氧化剂（如 Cl_2）。

3) 增大絮凝物的粒度、密度和牢固性。这类药剂本身不起凝聚作用，而是利用其表面的吸附作用，增大絮凝物的密度。我国目前使用较多的是聚丙烯酰胺，具有巨大的线性分子，每一个大分子由许多链节组成，链节数即为聚合度。它的优良性能在于分子上的链节与水中胶体微粒有强烈的吸附作用。

聚丙烯酰胺由丙烯酰胺聚合而成，有固体（粒状和粉状）和胶体形态。聚丙烯酰胺又称 3 号絮凝剂，简称 PAM，它是一种线型高分子聚合物，分子量在 150 万～800 万。因为它在水中不离解，因此称之为非离子型聚合体。由于聚丙烯酰胺具有很长的分子链，因此可借助键合作用在固体颗粒之间架桥，形成较大絮粒。

将聚丙烯酰胺加碱水解，可将非离子型的聚丙烯酰胺转变成阴离子型聚丙烯酰胺，它的 —COONa 基团在水中离解成为带负电的羟酸基团 —COO—。由于负电荷的排斥作用，使阴离子型聚丙烯酰胺分子展开，有利于吸附搭桥，增强混凝效果。

聚丙烯酰胺广泛应用于水处理中，是一种重要的和使用最多的高分子絮凝剂，它对高浊度水、低浊度水和废水等都有显著的效果。

在使用有机高分子絮凝剂时，搅拌速度不宜过快，否则会打碎絮凝体，使高分子链折回到已被吸附胶体的另一吸附位上，从而起不了架桥作用。加药量过多，会使一个胶体上吸附有几个高分子，起再稳定作用。有机高分子絮凝剂的最优加药量应通过试验求得。聚丙烯酰胺的投加量一般是很小的，不超过 1mg/L。有机高分子絮凝剂较贵，影响其推广使用。

2. 影响混凝效果的因素

混凝过程从投加混凝剂起，经历水解、聚合、吸附、电中和，最终形成絮凝体，所以影响混凝效果的因素很多。现以硫酸铝作混凝剂为例，就这些因素进行简要说明。

（1）pH 值。向天然水投加硫酸铝后，水的 pH 值略有降低，这里所指的 pH 值，是指加混凝剂后水的 pH 值。用铝盐作混凝剂时，混凝处理的最佳 pH 值一般在 6.5～7.5。在此 pH 值范围内，铝盐水解产物主要是低正电荷、高聚合度的多核羟基络离子和氢氧化铝。

（2）混凝剂剂量。混凝剂剂量指的是在单位体积水中投加混凝剂的量，计量单位是 mg/L 或 g/m^3。由于混凝过程是一个复杂的物理化学过程，因而所需的混凝剂剂量目前无法根据计算来确定。根据多年的运行经验，一般采用以下混凝剂剂量：硫酸亚铁（以 $FeSO_4 \cdot 7H_2O$ 计）40～100mg/L，三氯化铁（以 $FeCl_3 \cdot 6H_2O$ 计）30～70mg/L，硫酸铝［以 $Al_2(SO_4)_3 \cdot 18H_2O$ 计］35～80mg/L，聚合铝（以 Al_2O_3 计）5～8mg/L，聚合铁（以 Fe^{3+} 计）5～10mg/L。

（3）原水碱度。原水碱度对混凝处理有影响，这是因为它影响着混凝剂水解进行的程度，如原水的碱度不足以中和混凝剂水解所产生的氢离子，结果使加混凝剂后水的 pH 值偏低。至于是否需要碱化，应通过求最佳 pH 值的试验来决定。我国天然水多数为碳酸盐型水，一般情况下不需碱化。

（4）水力条件。在确定混凝处理的最佳 pH 值和最佳混凝剂剂量之后，接下来的重要问题是合理选择混凝处理时的水力条件，指的是水和混凝剂的混合以及絮状体形成和长大所需的水力条件。混凝处理的一般水力条件是，混凝剂加入水中后，开始需要强烈的搅动紊流，在紊流中心旋涡不断形成和消失，由此促使混凝剂均匀扩散以利于混凝剂快速水解、聚合和胶体脱稳。一旦絮凝体形成，就应减弱搅动强度以免打碎絮凝体。

（5）水温。用铝盐作为混凝剂时，水温对混凝效果有较大的影响，水温的作用反映在以下两个方面：一是温度的变化影响胶体微粒的布朗运动，也即影响脱稳胶体微粒的移动速度；二是水温影响混凝剂水解和聚合的反应速度，从而影响形成的絮凝结构。当水温低于 5℃时，形成的絮凝体细而松，含水分多，此时絮凝体的沉淀速度慢、混凝效果差。运行实践证明，用铝盐对天然水进行混凝处理时，最佳水温为 25～30℃；用铁盐作混凝剂时，水温对混凝效果的影响小。

（6）接触介质。混凝处理时，如在水中保持一定数量的接触介质，则可使混凝过程进行得更快、更完全。在电厂水处理系统中利用澄清池内的泥渣起接触介质作用，即利用泥渣表面的活性，吸附水中的悬浮杂质和混凝处理时形成的细小絮凝体；而在另一些水处理系统中，混凝过程是在过滤器中进行的，此时过滤材料在这里起接触介质的作用。

二、水的沉淀和澄清处理

把天然水中的钙、镁离子转变成难溶于水的化合物，使其沉淀出来，以降低水硬度的过程，称为水的沉淀软化。常用的水的沉淀软化法是将钙离子转变成难溶的碳酸钙，镁离子转变成难溶的氢氧化镁。此外，也可加磷酸盐，使钙离子转变成更难溶的磷酸钙。

1. 石灰沉淀软化处理

(1) 石灰的作用。石灰加水反应后的生成物称为熟石灰 $Ca(OH)_2$，未加水的石灰称为生石灰。石灰处理起到的作用，主要是消除水中钙、镁的碳酸氢盐，所以处理结果是水中硬度和碱度都有所降低。在热力发电厂中采用石灰处理的目的，主要是降低水中碱度，即减少碳酸氢盐的含量；至于硬度，虽然也可以降低，但还不能满足锅炉用水的要求，需要做进一步处理。因此，石灰处理的效果，常以处理水中残留碱度的大小作为评价标准。

(2) 石灰处理的沉淀过程。石灰处理工艺中的一个重要问题，是组织好沉淀过程，促使沉淀完全。常采用的措施有两种：一种是利用先前析出的沉淀物（称为泥渣），作为接触介质；另一种是在石灰处理的同时，进行混凝处理。

混凝处理改进石灰处理沉淀过程的原理为：混凝过程可以从水中除去某些对沉淀过程有害的有机物；混凝处理所形成的凝絮可以吸附石灰处理所形成的胶体，共同沉淀；混凝处理还可去除水中悬浮物和减少水中胶态硅的含量，提高水的澄清效果。石灰处理中所用的混凝剂，一般为铁盐（如 $FeSO_4 \cdot 7H_2O$），因为此时水的 pH 值较高。

(3) 石灰的用量。在运行中，石灰用量要掌握适当，不能太多或太少，太少会使反应不完全，太多会使水中残留有 $Ca(OH)_2$，这都会使出水中残留的硬度和碱度偏高。所以为了使出水中残留碱度最小，应令出水的碱度最好完全是 CO_3^{2-}，即按中和滴定法测得的数据推算，水中既无 HCO_3^- 也无 OH^-。但是，事实上这在运行中是做不到的。运行经验证明，如果石灰用量的波动使得出水中有时出现 OH^-，有时出现 HCO_3^-，则出水水质不稳定，会在后面的滤池中产生 $CaCO_3$ 沉淀。

为使水质稳定，实际采用的有两种工艺规范：一种称作氢氧根规范，就是出水的碱度中除了有 CO_3^{2-} 以外，还保持有少许 OH^-，pH 值维持得较高，为 9.6～10.4；另一种称作碳酸氢盐规范，就是维持 HCO_3^- 在 0.05～0.20mmol/L，pH 值稍低，约为 9.5。OH^- 规范是目前采用得较广的工艺规范。

(4) 水温。提高水温对石灰处理是有利的。首先，可以使水中的残留碱度降低，提高出水质量；其次，还可加快沉淀物的生成和分离的过程，因为水温升高会使水的黏度降低和形成沉淀物的速度加快。

2. 沉淀池

将水中的固体颗粒借助重力下沉从水中分离出来的过程称为水的沉淀或沉降处理。这里所说的固体颗粒包括水中原有的泥沙以及混凝处理中生成的絮状物。沉淀处理是在完成了混凝过程之后进行的。混凝为沉淀创造了条件，沉淀则是在混凝的基础上实施颗粒与水的分离，两者相辅相成共同完成除去水中悬浮物和胶体颗粒等杂质的任务。

水的沉淀处理是在沉淀池中完成的。沉淀池的种类有很多，平流式沉淀是使用较早的一种沉淀设备，目前应用较多的是斜管（板）式沉淀池。

3. 澄清池

前面介绍了混凝和沉淀，如果将两个过程在同一个设备中完成，那么这种设备称澄清池，这种处理工艺就是常说的水的澄清处理，它是电厂水处理中常见的处理工艺。

澄清处理的技术特点是在池内维持一定量的悬浮泥渣层，与加了混凝剂的原水一起进入混合、反应和沉淀过程，从而获得较为理想的处理效果。

（1）泥渣的作用。

1）泥渣的絮凝作用。澄清池工作时，活性泥渣加速了絮凝体的形成和长大，其原因：一是进入原水的泥渣相当于提高了悬浮颗粒的初始速度，缩短了颗粒间的距离，颗粒间的碰撞次数增加；二是回流的泥渣及携带的新生絮凝物在池内循环，与沉淀池中絮凝物一次性通过沉淀区相比，沉淀时间延长了，相应的反应时间也延长了。

2）泥渣的晶核作用。返回到原水的新生泥渣，具有较高的活性，可充当结晶核心并起到催化和吸附等多种作用。

3）泥渣的过滤作用。澄清池工作时，总保持着一定的泥渣层，它是由大颗粒、高浓度的絮凝体形成的。投加混凝剂后的原水与回流的泥渣一起，经过搅拌混合生成微小絮凝体后，必须穿过泥渣层。这种泥渣层类似滤层，通过筛滤和吸附等作用，一方面促使微小絮凝体迅速生成粗粒絮凝体，另一方面将这些絮凝体截留在泥渣层中。

由于以上原因，当进水流量和进水水质发生变化时，泥渣对保证出水水质能起一定的稳定作用。随着处理水不断通过，一部分泥渣表面失去了吸附能力，同时又有一些新的泥渣生成，为此必须不断排除一部分老化的泥渣。

（2）对设备结构的要求。无论哪种澄清池，完成水在池中的澄清是由两个过程组成，一是原水与所加的混凝剂的混合、反应，生成具有一定颗粒大小的絮凝体；二是该絮凝体的长大和沉淀。为了使上述两个过程良好地进行，澄清池的结构必须满足：水与药剂充分混合及反应；絮凝体长大的有利条件；良好的沉淀条件；澄清水均匀导出。

（3）澄清池的类别。澄清池按其泥渣状态可分为泥渣悬浮式澄清池和泥渣循环式澄清池。

1）泥渣悬浮式澄清池。这类澄清池的特征：澄清池在运行中有一层悬浮在水中的泥渣层，该泥渣层因为自下而上水流的作用力而呈悬浮状态，水的净化作用就是发生在加有混凝剂的原水流过此泥渣层的过程中，如电厂早期使用的澄清器及脉冲式澄清池。

2）泥渣循环式澄清池。在这类设备中，除了有悬浮泥渣外，还有若干泥渣作循环运行，即分离区中有部分泥渣回流到混合区，与进水混合后进入反应室再至泥渣分离区。属于泥渣循环式澄清池的有机械搅拌澄清池和水力循环澄清池，还有集平流沉淀、斜管沉淀、机械搅拌澄清及其泥渣循环回流的优点于一体的高密度澄清池。

（4）澄清池的运行管理。

澄清池的运行效果受多方面因素的影响，有化学的、物理的、水力的、以及运行工况等。化学条件主要是混凝剂种类及最佳剂量；物理条件主要是水温及水温变化；水力条件是指流量及流量变化。综合起来运行中应注意以下几个方面：

1）正确选取所用的混凝剂，确定最佳剂量，并根据原水水质和澄清池出力的变化情况及时改变加药量。在空池投运时，为了加快形成所需的泥渣浓度，除了降低负荷（1/3～1/2）外，尚需要加大投药量（约为正常时的2倍），或引入活性泥渣；正常运行期间应根据进出水浊度增减加药量。

2）提高水温可以改善处理效果和降低药品的用量。澄清池中水温的波动，对出水水质有较大的影响，水温如果变动过快，或者澄清池半壁受到强烈的阳光照射，则可能因高温和低温之间的密度差而引起异重流。此时因局部水流过快而使出水水流中夹带絮凝体。

3）泥渣循环式澄清池的泥渣循环量或悬浮泥渣层厚度是影响其效果的一个重要因素。但是，循环量多大为最优不能估算，在各种不同条件下此最优量不一样。为此，它应通过调试或运行经验来确定。

4）为保证出水水质，澄清池内的泥渣浓度应控制在一个合适的水平上。泥渣浓度可通过连续排泥和定期排泥调节，如排泥量不够，出现的现象为泥渣层升高，第二反应室中泥渣浓度增大，出水变浑等；如排泥量过多，则反应室中泥渣浓度过低，影响澄清效果。

5）澄清池的出力应稳定，当需要变动出力时应逐渐进行。如出力剧增，则会破坏悬浮泥渣层和排泥系统的动态平衡，以致影响到出水水质。

6）由运行经验得知，澄清池在 3h 以内的短期停运，无须采取任何措施，或经常搅动一下，以免泥渣被压实。如停运时间稍长，则会发生泥渣被压实和腐败现象，在此种情况下投运时，应该先将池底泥渣排出一些，然后采用增大混凝剂加入量和小进水量的方式运行，待出水水质稳定后，逐渐调整至正常状态。如停运时间很长，则应将池内泥渣排空。

不同澄清池的设备结构见二维码。

三、水的过滤处理

水通过滤料层除去其中悬浮物的工艺称为过滤，按滤料类别分为粒状滤料过滤、膜状滤料过滤、线状滤料过滤。本节主要介绍粒状滤料过滤。

1. 过滤机理

只有在加入混凝剂后过滤才能有效进行。过滤主要取决于所要截留的悬浮颗粒和使用滤料的性质以及过水断面的水流状态。过滤机理概括为以下三种作用：机械筛选作用（表层过滤）；惯性沉淀作用；接触絮凝作用（深层过滤）。

过滤可能是上述三种作用中的一种，或几种作用的综合。

2. 滤料

用于过滤的多孔材料称为过滤介质或滤料，过滤设备中堆积的滤料层称为滤层。滤料和滤层厚度对过滤起重要作用。水处理常用的粒状滤料有石英砂、无烟煤粒、活性炭、大理石粒、磁铁矿和瓷球等。无烟煤滤料在过滤过程中所起作用直接影响着过滤的水质，故选择必须达到以下几点要求：

（1）机械强度高，破碎率和磨损率之和不应大于 3％（按质量计）；

（2）化学性能稳定，不含有毒物质，在一般酸性、中性、碱性水中均不溶解；

（3）粒径级配合理，比表面积大；

（4）粒径范围：小于指定的下限粒径不大于 3％（按质量计），大于指定的上限粒径不大于 2％（按质量计）。

常用规格：0.8～1.2mm，0.8～1.8mm，1～2mm，2～4mm 等。无烟煤滤料技术参数见表 3-3。

表 3-3　　　　无烟煤滤料技术参数

项目	数据	项目	数据
含碳量/％	≥80	盐酸可溶率/％	≤3.5
密度/(g/m³)	1.4～1.6	磨损率/％	≤1.4

续表

项目	数据	项目	数据
含泥量/%	≤4	空隙率/%	47~53
破碎率/%	≤1.6		

果壳滤料采用植物果壳为原料，经破碎、抛光、蒸洗、药物处理和多次筛选加工而成。可采用的植物果壳有核桃壳、椰子壳等。果壳滤料具有耐磨、抗压、不在酸碱性水中溶解、不腐烂、不结块、易再生、除油性能较强等优点，被广泛运用在各种废水处理（特别是含油废水）中。果壳滤料是取代石英砂滤料来提高水质、大幅度降低水处理成本的新一代滤料。果壳滤料的有关技术参数见表3-4。

表 3-4　　　　　　　　　　　　　果壳滤料的有关技术参数

项目	数据	项目	数据
油去除率/%	90~95	反洗强度/[$m^3/(m^2 \cdot h)$]	25
悬浮物去除率/%	95~98	水冲洗压力/MPa	0.32
滤速/(m/h)	20~25	每年补充比例/%	5~10
密度/(t/m^3)	1.5	堆密度/(g/m^3)	0.8
常用规格/mm	0.4~0.8、0.8~1.2、1.2~1.6、1.6~2.0		

果壳滤料的特点：

（1）具有多孔和多面特性，截污力强，油和悬浮物去除率高；

（2）具有多棱性和不同粒径，形成深床过滤，增强了除油能力和滤速；

（3）具有亲水不亲油和适宜的密度，易反洗，再生力强；

（4）硬度大，且经特殊处理不易腐蚀，不用更换滤料，每年只补充少量，可节省维修费用和维修时间，提高利用率。

采用双层及多层滤料，是当前我国内外普遍重视的过滤技术。双层滤料组成：上层采用比重小、径粒大的轻质滤料，下层采用比重大、径粒小的重质滤料。由于两种滤料在一定的反冲洗强度下，轻质滤料仍在上层，而重质滤料在下层，构成双层滤料过滤，虽然每层滤料粒径依上而下递增，但就整个滤层而言，上层平均粒径大于下层平均粒径。

实际证明：双层滤料截污能力较单层滤料约高一倍以上，在相同滤速下，过滤周期增长；在相同过滤周期下，滤速可提高。目前普遍采用的是无烟煤和石英砂构成的双层滤料。

多层滤料一般指三层滤料，上层为大径粒、密度小的轻质滤料，如无烟煤；中层为中等粒径、中等比重的滤料，如石英砂；下层为小径粒、密度大的重质滤料，如石榴石或磁铁矿颗粒。各层滤料平均粒径由上而下递减。三层滤料不仅解污能力大而且，下层重质细滤料对保证过滤后水质有很大作用，故滤速比双层滤料还可高些。

3. 过滤工艺

各种滤池的基本工作过程是相同的，即过滤和反冲洗交错进行。过滤时，水中悬浮杂质被截留，随着滤层中杂质截留量的增加，水流过滤层的水头损失也相应增加。当水头损失增加到一定程度以致影响产水流量或出水水质达不到要求时，滤池便停止过滤而进行反冲洗。反冲洗时，水由下而上穿过滤料层，滤料在水流中处于悬浮状态，滤料得到清洗。清洗结束后，过滤重新开始。因此，过滤处理是过滤和反冲洗两个过程的交替循环操作。

从过滤开始到反冲洗结束的一段时间称为滤池或过滤器的工作周期，从过滤开始到过滤结束称为过滤周期。

滤速越高，滤池的产水量越大。但滤速的提高是有限的，因为随着滤速的提高会导致水头损失增加，出水浊度升高，过滤周期缩短等问题。滤池的滤速与滤层中的滤料结构有关，细砂过滤 6～8m/h，单层滤料 8～10m/h，双层滤料 10～14m/h，三层滤料 18～20m/h。随着过滤的进行，水头损失达到规定值时，过滤器就应停止运行，进行反冲洗以除去滤层中的杂质，使滤层恢复到原有的清洁状态。反冲洗的目的是除去滤层中截留的杂质，恢复滤料的截留能力。

目前采用的反冲洗方法主要有两种：一种水反冲洗，即水自下向上流动，把滤料冲成悬浮状态，借助滤料颗粒间水流产生的剪切力和摩擦力，把截留的杂质剥离下来，由冲洗水带出；另一种是辅以空气摩擦的反冲洗，即空气和水交替从滤层底部进入，空气泡在滤料间隙穿出上升，使空气泡发生胀缩，滤料颗粒升落、旋转和碰撞使吸附在滤料上的杂质脱落，并随反洗水排掉。也有将水和空气同时从滤层底部进入，此种称为水汽合洗。带有空气擦洗的反冲洗比水反冲洗的好。

4. 过滤设备

过滤设备按承压情况可分为压力式和重力式两大类，前者一般称为过滤器，后者一般称为过滤池。过滤设备种类很多，这里介绍火力发电厂中常用的过滤设备。

(1) 压力式过滤器。压力式过滤器又称机械过滤器。过滤器的本体是一钢制承压容器，体内上部设有进水装置，下部设有出水（兼作反洗配水）装置。滤料可以是单层、双层或三层；过滤器类型可以是单流式、双流式或双室过滤器。图 3-2 所示为双层滤料压力式过滤器，其进水装置为挡板式，出水装置为穹形板石英砂垫底层式。

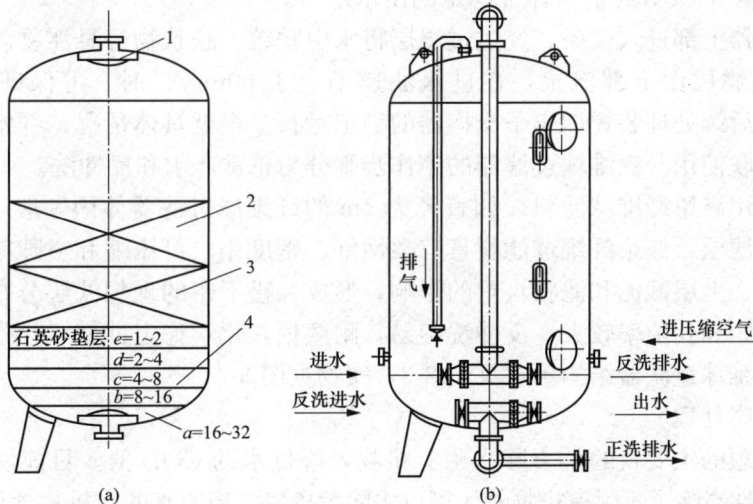

图 3-2　双层滤料压力式过滤器

(a) 内部结构；(b) 管路系统

1—进水挡板；2—滤料层Ⅰ；3—滤料层Ⅱ；4—出水装置

压力式过滤器的进水经泵升压后，由下而上通过滤层，进一步降低水中浊度，过滤是在压力下进行的。这种过滤器占地面积小，管理方便，出水水质稳定，在火力发电厂中水处理中应用较为广泛。

（2）无阀滤池。无阀滤池是不设阀门的过滤装置，它是由滤池本体、进水装置和虹吸装置三个部分组成。无阀滤池的本体包括冲洗水箱、过滤室和集水室。进水装置由进水槽和 U 形进水管组成，其作用是为了防止空气进入滤池，从而保证在滤池的运行后期能顺利地完成虹吸。虹吸装置是由虹吸上升管、虹吸下降管、虹吸辅助管、水封槽和虹吸破坏管组成，虹吸装置的作用是使过滤末期能够形成虹吸，使反冲洗得以进行和反冲洗结束时破坏虹吸。

这种滤池的结构简单、造价低、运行管理方便。但缺点一是虹吸管很高，二是滤层无法进行空气擦洗。

（3）空气擦洗滤池。该滤池是在无阀滤池的基础上演变而来，工作原理与无阀滤池基本相同，但它克服了无阀滤池虹吸上升管过高及滤料无法进行空气擦洗的缺点。因为能进行空气擦洗，所以称为空气擦洗滤池。

（4）纤维过滤器。该过滤器是以丙纶丝纤维为过滤介质的压力式过滤器，简称纤维过滤器。目前应用较多的是浮动纤维过滤器。过滤器主体形同普通过滤器，器内有可上下移动的孔板，板下悬挂丙纶丝纤维，纤维束下端与固定孔板连接，构成过滤室，滤层高一般为 1200～1300mm。

作为过滤介质的丙纶丝纤维具有强度高、化学稳定性好（耐酸/碱、耐腐蚀）、吸水性低、表面积大、水流阻力小等特点。它的分子结构上无活性基团，对水中悬浮物的吸附属于物理吸附，容易清洗。因此，它是一种比较理想的过滤材料。

纤维球过滤器是清华大学于 20 世纪 90 年代初开发的水过滤器，可广泛应用于电力、石油、化工、冶金、造纸、纺织、食品、饮料、自来水、游泳池等各种工业用水和生活用水及其废水的过滤处理。纤维球过滤器的主要优点是原水通过滤层的滤速高，最佳滤速为 25～30m/h，当滤速为 30m/h 时仍可保证稳定的出水水质。

原水由过滤器上部进入设备，经过过滤层将水中颗粒、胶状物等悬浮物质截留于过滤层中的上部，经过滤层由下部流出，在进水滤速不大于 80mg/L 时，可保证出水滤速小于 5mg/L，以确保后续处理装置如离子交换器的稳定运行。根据具体情况，纤维球过滤器可并联使用，也可串联使用。纤维球过滤器的工作步骤分为正常产水和反冲洗。

滤料一般采用涤纶纤维球滤料，如直径为 3m 的纤维球过滤器体内一般填充 1.2m 高涤纶纤维球作为过滤层，涤纶纤维球滤料具有柔性好、密度小、可压缩和空隙率大的特点，过滤时受工作压力、上层截泥和滤料自重的影响，形成上松下密的理想滤层分布状态，纤维球的特点：比表面积和孔隙率较大，反冲洗容易，耐磨损，化学稳定性好，且当滤料污染严重时易于再生。纤维球过滤器结构示意见图 3-3，实物见图 3-4。

四、水的吸附处理

水的吸附处理的主要目的是去除水中有机物，降低水的 COD 值。目前使用的吸附剂主要是活性炭，活性炭除了吸附有机物外还可以去除游离氯。当原水的有机物含量较高，或水中含游离氯较高时，为确保进入交换除盐系统水中 COD 小于 2mg/L 和游离氯小于 0.1mg/L，在除盐系统之前设置活性炭过滤。

给水处理中常使用的活性炭是果壳炭，但在少数场合也使用木质炭或煤质炭的。活性炭使用前应进行预处理。通常将粒状活性炭放入过滤设备内，构成活性炭滤床，水通过时完成吸附过程，过滤设备可以设计为压力式，也可以设计为重力式。通常粒状活性炭滤床对天然水中有机物（COD_{Mn}）的去除率一般在 $40\%\sim50\%$，投运初期可达 $70\%\sim80\%$，运行终点的去除率以不低于 20% 为限。利用活性炭吸附水中有机物或游离氯时，有的运行周期可达数年，也有的仅为几个月就失效，活性炭运行周期的长短主要取决于进水中吸附质含量的多少。失效的活性炭一是废弃，二是再生恢复其吸附能力重新使用。

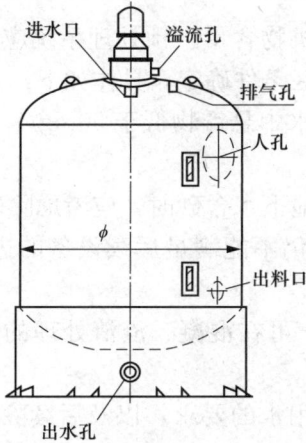

图 3-3　纤维球过滤器结构示意

图 3-4　过滤器的实物

活性炭的再生方法很多，一般可分为高温再生法、化学药剂再生法及生物再生法。虽然再生法很多，但能有效地将活性炭吸附能力完全恢复的方法并不多。

此外，生产实践证明，采用定期气-水清洗是保持活性炭吸附能力的一种简单而行之有效的方法。该清洗方式为：调整水位—空气擦洗—水反洗。清洗参数：空气擦洗强度 $\leqslant20L/(m^2\cdot s)$，时间 $15\sim20min$；水反洗强度 $7\sim14L/(m^2\cdot s)$，时间 $20\sim30min$。

五、大孔径吸附树脂在水处理中的应用

在水处理领域内，为了除去水中的有机物，除了采用活性炭以外，有时也采用大孔吸附树脂。这类高分子大孔吸附树脂是人工合成的，分子结构是一些酚-醛聚合物及聚苯乙烯、聚丙烯酸脂、聚丙烯酰胺类的聚合物，其中分为带活性基团的极性吸附树脂和不带活性基团的非极性吸附树脂。在电厂水处理中实际应用的目前只有 DX-906 大孔苯乙烯和大孔丙烯酸两种吸附树脂。

DX-906 大孔苯乙烯吸附树脂在运行流速 $20\sim30m/h$ 条件下，对水中有机物除去率平均值为 35% 以上，对 COD_{Mn} 的吸附容量大约在 $4g/L$（树脂）。其运行床的失效终点通常按 COD_{Mn} 除去率不小于 20% 为标准，失效后可用 $3\sim4$ 倍床层体积的 $8\%NaCl$ 和 $4\%NaOH$ 的混合液复苏再生，恢复能力达 85%。

大孔丙烯酸吸附树脂使用指标：①pH 范围：$0\sim9$；②允许使用温度：$\leqslant38℃$；③转型膨胀率：$\approx20\%$（$-OH^-\longrightarrow-Cl$）；④树脂层高度：$0.8\sim2.5m$；⑤再生溶液浓度：$2\%\sim4\%NaOH$；⑥再生剂用量：$50\sim70kg/m^3$（按 100%）；⑦再生流速度：$4\sim6m/h$；⑧再生接触时间：$30\sim50min$；⑨正洗流速：$15\sim25m/h$；⑩正洗时间：$25\sim45min$；⑪运行流速：$15\sim25m/h$；⑫工作交换容量（湿）：$\geqslant1200mol/m^3$（树脂）。

应该说明，运行中废弃的强碱阴树脂也可以作为吸附剂除去水中有机物，这种吸附床称为有机物清除器，对水中有机物的除去率可达 50% 以上，其周期制水量大约为床层体积的

1000～1500 倍。

第三节　预处理系统及运行

一、预处理方案选择

水处理的目的是除去水中的悬浮物、胶体和降低有机物含量，预处理系统应根据原水的水质特点、处理水量、处理后的水质要求，并结合本地区条件确定，具体如下：

（1）表面水预处理一般采用混凝、澄清、过滤，当水中悬浮物低于 50mg/L 时，或胶体硅较多时，可采用混凝过滤处理。

（2）地表水含漂浮物较多时，预处理前应设滤网；地下水含砂时，应考虑除砂措施。

（3）原水有机物含量较高，而采用混凝、澄清处理仍不能满足后续设备的进水要求时，或水中游离氯较高时，可采用活性炭吸附处理。

（4）原水碳酸盐硬度较高（如大于 3mmol/L）时，可在混凝、澄清处理的同时，进行石灰沉淀处理。

在火力发电厂中，经预处理的水应满足工业、消防用水的要求，以及后续除盐设备的进水要求。例如，对于离子交换除盐装置，应满足下述水质要求：悬浮物$<2\sim5$mg/L，游离氯<0.1mg/L（以 Cl_2 计），化学耗氧量（COD_{Mn}）<2mg/L（以 O_2 计），铁<0.3mg/L。

二、系统及主要设备

水的预处理包括混凝、沉淀澄清、过滤等处理工艺，主要包括混合器、反应池和沉淀池或澄清池、滤池、水池、水泵以及辅助设备等，如混凝剂加药单元、助凝剂加药单元等。例如，以水库水为水源的某电厂，预处理系统的工艺流程如图 3-5 所示。

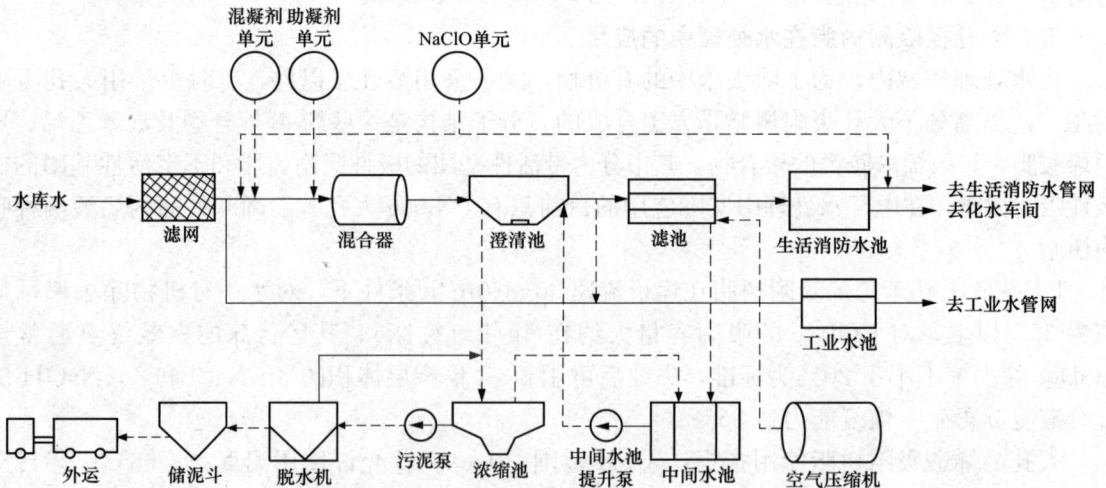

图 3-5　预处理系统的工艺流程

三、运行工况

预处理系统运行工况要点如下：

（1）在通常情况下，原水经滤网除去水中的漂浮杂质。在进入澄清池前，首先与混凝剂、助凝剂在管式混合器中进行充分混合，并在澄清池中完成反应、絮凝及分离。经澄清处理后水的浊度降至 20mg/L 以下，一部分进入工业水池，由工业水泵送入工业水道网。

（2）经上述澄清处理后的另一部分水再经过滤，将浊度降至 3mg/L 以下，进入生活消防水池，用作生活水、消防水和化学车间用水。

（3）当原水悬浮物含量较低时（如小于 20mg/L），则可直接进入工业水池。

（4）澄清池的排污水排至泥渣浓缩池，经浓缩后，上部的水排入中间水池，下部的泥渣由污泥泵送入脱水机，脱水后的泥渣储存于储泥斗中定期外运，脱出的水排至泥渣浓缩池。

（5）滤池的反冲洗排水，经排水沟进入中间水池，连同泥渣浓缩池排入的水由中间水池提升泵送至澄清池中，进行回收处理。

（6）考虑到原水有机物含量较高，所以系统中设有 NaClO 加药单元，一是对生活水进行消毒处理，二是加药于混合器之前，用来破坏有机物，以提高混凝处理的效果。

（7）滤池的擦洗空气来自本站配置的空气压缩机；空动门的气源来自专门的压缩空气储气罐。

第四节　补给水的化学除盐

除去水中溶解盐类，目前主要有离子交换法、膜分离法和蒸馏法三种方法。在水处理领域内以离子交换法最为普遍。离子交换法是指某些物质遇水时，能将本身具有的离子与水中带同类电荷的离子进行交换反应的方法。这些物质称为离子交换剂。采用离子交换法可制得软化水、除碱水和除盐水。

一、离子交换树脂概述

目前普遍应用于水处理中的离子交换剂是离子树脂。本小节介绍离子交换树脂的结构、分类、命名以及合成。

1. 离子交换树脂的结构

离子交换树脂是一种带有活性基团的网状结构高分子化合物。在它的分子结构中，可以人为地分成两部分：一部分称为离子交换树脂的骨架，它是高分子化合物的基体，具有庞大的空间结构，支撑着整个化合物；另一部分是带有可交换离子的活性基团，它化合在高分子骨架上，起提供可交换离子的作用。活性基团也是由两部分组成：一是固定部分，与骨架牢靠结合，不能自由移动，称为固定离子；二是活动部分，遇水可以电离，并能在一定范围内自由移动，可与周围水中的其他带同类电荷的离子进行交换反应，称为可交换离子。

2. 离子交换树脂的分类

（1）按活性基团的性质分类。根据离子交换树脂所带活性基团的性质，可分为阳离子交换树脂和阴离子交换树脂。带有酸性活性基团，与水中阳离子进行交换的称为阳离子交换树脂；带有碱性活性基团，能与水中阴离子进行交换的称阴离子交换树脂。按活性基团上 H^+ 或 OH^- 电离的强弱程度，又可分为强酸性阳离子交换树脂和弱酸性阳离子交换树脂、强碱性阴离子交换树脂和弱碱性阴离子交换树脂。此外，按活性基团的性质还可以分为螯合性、两性以及氧化还原性树脂。

（2）按离子交换树脂的孔型分类。

1）凝胶型树脂。这种树脂是由苯乙烯和二乙烯苯混合物在引发剂存在下进行悬浮聚合得到的具有交联网状结构的聚合物，因这种聚合物呈透明或半透明状态的凝胶结构，所以称凝胶型树脂，凝胶型树脂的网孔通常很小，平均孔径约 $1\sim2nm$，且大小不一。在干的状态下，这些网孔并不存在，当浸入水呈湿态时，它们才显示出来。

因凝胶型树脂孔径小，不利于离子运动，直径较大的分子通过时，容易堵塞网孔，再生时也不容易洗脱，所以凝胶性树脂易被有机物污染。

2）大孔径树脂。这类树脂的制备方法和凝胶型树脂的不同主要是高分子聚合物骨架的制备。制备大孔径结构高分子聚合物骨架时，要在单体混合物中加入致孔剂，待聚合反应完成以后，再将致孔剂抽提出来，这样便留下了永久性网孔，称物理孔。

大孔径树脂的特点是在整个树脂内部无论干或湿、压缩或溶胀都存在比凝胶型树脂更多、更大的孔（孔径一般在 $20\sim100nm$），因此比表面积大（几百到数百平方米每克），所以，它具有抗有机物污染的能力，被截流在网孔中的有机物容易在再生过程中被洗脱下来。大孔径树脂由于孔隙占据一定的空间，离子交换基团含量相应的减少，所以交换容量比凝胶型低一些。

大孔径树脂的交联度通常比凝胶型的大，所以它的抗氧化能力强，机械强度较高。通常，凝胶型树脂的交联度在 7% 左右，而大孔径树脂的交联度可高达 $16\%\sim20\%$。

（3）按单体种类分类。按合成树脂的单体种类不同，离子交换树脂还可以分为苯乙烯系、丙烯酸系等。

3. 离子交换树脂的命名方法

离子交换树脂的型号是根据国家标准 GB 1631—2008《离子交换树脂命名系统和基本规范》而制定的。

（1）名称。离子交换树脂的全名称由分类名称、骨架（基团）名称、基本名称依次排列组成。基本名称为离子交换树脂。大孔径树脂在全名称前加"大孔"两字。分类属酸性的在基本名称前加"阳"字；分类属碱性的，在基本名称前加"阴"字。

（2）型号。离子交换树脂的型号以三位阿拉伯数字组成，第一位数字代表产品分类，第二位数字代表骨架组成，第三位数字为顺序号，用以区别活性基团或交联剂的差异。代号数字的意义见表 3-5 和表 3-6。

表 3-5　　　　　　　　　　　　　　　　分类代号（第一位）

代号	0	1	2	3	4	5	6
活性基团	强酸性	弱酸性	强碱性	弱碱性	螯合性	两性	氧化还原性

表 3-6　　　　　　　　　　　　　　　　骨架代号（第二位）

代号	0	1	2	3	4	5	6
骨架类型	苯乙烯系	丙烯酸系	酚醛系	环氧系	乙烯吡啶系	脲醛系	氯乙烯系

凡属大孔径树脂，在型号前加"大"字的汉语拼音首位字母"D"；凡属凝胶型树脂，在型号前不加任何字母，交联值可在型号后用"×"符号连接阿拉伯数字表示。

根据以上原则，水处理中常用的四种离子交换树脂全名称及型号：强酸性苯乙烯系阳离子交换树脂，型号为 001×7；强碱性苯乙烯系阴离子交换树脂，型号为 201×7；大孔径弱酸性丙烯酸系阳离子交换树脂，型号为 D111、D113；大孔径弱碱性苯乙烯系阴离子交换树脂，型号为 D301、D302。

二、离子交换树脂的性能

1. 外观

在水处理应用中，离子交换树脂一般都是制成小球状，球状颗粒的树脂量占总量的百分数称为圆球率。水处理工艺要求圆球率越高越好，因为这有利于树脂层中水流分布均匀和减少水流阻力。离子交换树脂的圆球率应在90%以上。

离子交换树脂有透明、半透明和不透明几种类型。通常，凝胶型是透明的或半透明的，大孔径是不透明的。离子交换树脂依其组成的不同，呈现的颜色也各有差异，凝胶型苯乙烯系树脂大都呈淡黄色；大孔苯乙烯系阳树脂一般呈淡灰褐色；大孔苯乙烯系阴树脂为白色或淡黄褐色；丙烯酸系树脂呈白色或乳白色。此外，根据需要也可以做成某种特定的颜色。

2. 粒度

离子交换树脂应颗粒大小适中、粒度分布均匀。若颗粒太小，则水流阻力大；若颗粒太大，则交换速度慢。若颗粒大小不均，小颗粒夹在大颗粒之间，会使水流阻力增加，不利于树脂的反洗，因为若反洗强度大，会冲走小颗粒；反洗强度小，又不能松动大颗粒。

3. 孔径、孔度、孔容和比表面积

离子交换树脂的活性基团不仅仅在树脂颗粒的表面，大量的是在树脂颗粒内部，所以要发挥它与水中离子的交换作用，就必须提供离子扩散的通道。因此树脂颗粒中的网孔具有重要意义。事实上溶胀的离子交换树脂内部是布满网孔的，正因为如此，才使得树脂颗粒内部所有的活性基团都能发挥交换作用，因而具有较高的交换能力。

孔径是用来表示微孔的大小，孔度是指单位体积离子交换树脂内部孔的容积，而孔容是指单位质量离子交换树脂内部孔的容积，单位分别是 mL/mL、mL/g。

凝胶型树脂的孔径取决于交联度，交联度高则结构紧密，孔径和孔容小，而且只有在溶胀状态下才存在几纳米的孔，当树脂干燥时就收缩或消失；而大孔径树脂，除上述的凝胶型的微孔外，还存在着无论在干湿状态下都存在的永久孔道，而且孔径可控制在数千至数万纳米。

树脂颗粒内部网孔的比表面积也是描述孔结构的一个参数，它是指单位质量的离子交换树脂具有的比表面积，其单位为 m^2/g。树脂应用中，在孔径大小合适的基础上，比表面积越大，越有利于交换，大孔径树脂的比表面积在制造过程中是可以控制调节的。

4. 密度

离子交换树脂的密度是指单位体积树脂所具有的质量，单位常用 g/mL 表示。因为离子交换树脂是多孔的粒状物质，所以有真密度和视密度之分。所谓真密度是相对树脂的真体积而言，视密度是相对树脂的堆积体积而言。由于在水处理工艺中，树脂都是在湿状态下使用的，所以与水处理工艺有密切关系的是树脂的湿真密度和湿视密度。

（1）湿真密度。湿真密度是指树脂在水中经充分溶胀后的真密度。

$$湿真密度(\rho_z) = \frac{湿树脂质量}{湿树脂的真体积}$$

湿树脂的真体积是指树脂在湿状态下的颗粒体积，此过程包括颗粒内网孔的体积，但颗粒和颗粒间的孔隙体积不应计入。

树脂的湿真密度与其在水中所表现的水力学特征有密切关系，它直接影响到树脂在水中的沉降速度和反洗膨胀率，是树脂的一项重要实用性能，其值一般在 $1.04 \sim 1.30 g/mL$，阳树脂的湿真密度常比阴树脂的大。树脂的湿真密度随其交换基团的离子型不同而改变，但对于同一批树脂，其湿真密度与树脂的粒径大小无关，这说明同一批树脂中，不同粒径树脂的内在结构是一样的。

（2）湿视密度。湿视密度是指树脂在水中充分溶胀后的堆积密度。

$$湿视密度(\rho_s) = \frac{湿树脂质量}{湿树脂的堆积体积}$$

湿视密度可用来计算离子交换器中装载的湿树脂质量，此值一般为 $0.60 \sim 0.85 \mathrm{g/mL}$。树脂的湿视密度不仅与其离子型有关，还与树脂的堆积状态有关，即与大小颗粒混合的程度以及堆积密实程度有关。显然，混匀敲实体积要小于反洗筛分体积，而且树脂粒度均匀性越差，则二者相差越大。

树脂的密度与交联度有关，交联度越高，则树脂的结构紧密，所以密度越大。

5. 含水率

含水率是离子交换树脂固有的性质。为了使交换离子在树脂颗粒内部能自由运动，树脂颗粒内须含有一定的水分。离子交换树脂中的水分一部分是与活性基团相结合的化合水，另一部分是吸附在树脂表面或滞留在网孔的游离水，树脂的含水率是指单位质量的湿树脂（除去表面水后）所含水的百分数，一般在 50% 左右。

对于含有一定活性基团的离子交换树脂来说，因为它们的化合水大致相同，所以含水率可以反映树脂的交联度和孔隙率的大小，树脂含水率大则表示它的孔隙率大和交联度低。

6. 溶胀和转型体积改变率

当将干的离子交换树脂浸入水中时，其体积会膨胀，这种现象称为溶胀。树脂的溶胀性决定于以下因素：

（1）树脂的交联度。交联度越大，溶胀性越小。

（2）活性基团。此基团越易电离，则树脂的溶胀性就越强；此基团越多，或吸水性越强，溶胀性也越大。

（3）溶液中的离子浓度。溶液中的离子浓度越大，则因树脂颗粒内部与外围水溶液之间的渗透压越小，所以树脂的溶胀性就越小。

（4）可交换离子。可交换离子价数越高，溶胀性越小；对于同价离子，水合能力越强，溶胀性就越大。强酸性阳离子交换树脂，对于不同的交换离子其溶胀性大小顺序为

$$H^+ > Na^+ > NH_4^+ > K^+ > Ag^+; \qquad H^+ > Mg^{2+} > Na^+ > Ca^{2+}$$

强酸 011×7 阳树脂由 Na^+ 型转为 H^+ 型时，体积增大 $5\% \sim 8\%$；由 Ca^{2+} 型转化为 H^+ 型时，体积增大 $12\% \sim 13\%$。

强碱性阴离子交换树脂，对于不同的交换离子其溶胀性大小顺序为

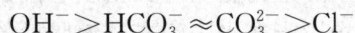

$$OH^- > HCO_3^- \approx CO_3^{2-} > Cl^-$$

强碱 201×7 阴树脂由 Cl^- 型转为 OH^- 型时，体积增大 $15\% \sim 20\%$；弱型树脂转型体积改变也明显，尤其是弱酸树脂，由 H^+ 型转为 Na^+ 型时，体积一般可增大 $70\% \sim 80\%$；由 H^+ 型转为 Ca^{2+}、Mg^{2+} 型时，可增大 $10\% \sim 30\%$。

因此，当树脂由一种离子型转为另一种离子型时，其体积就会发生改变，此时树脂体积改变的百分数称树脂转型体积改变率。

此外，溶剂的不同对树脂的溶胀性也有很大影响。由于离子交换树脂是带有活性基团的极性物质，所以它在强极性溶剂中的溶胀性较大，在非极性溶剂中不溶胀。

离子交换树脂的溶胀性对它的使用工艺有很大影响，例如，干树脂直接浸泡于纯水中时，由于颗粒的强烈溶胀性，会发生颗粒破裂的现象。又如，在交换器运行的制水和再生过

程中，由于树脂离子形态的反复变化，会引起颗粒的不断膨胀和收缩，多次的膨胀、收缩会促使颗粒破裂、发生裂纹和机械强度降低。

7. 离子交换树脂的选择性

离子交换树脂吸着各种离子的能力不同，有些离子易被树脂吸着，吸着后较难把它置换下来；而另一些离子较难被吸着，但却比较容易被置换下来，这种性能就是离子交换树脂的选择性。在离子交换水处理工艺中，离子交换树脂的选择性影响着树脂的制水和再生过程，是树脂应用中的一个重要性能。

离子交换树脂的选择性主要取决于被交换离子的结构。这有两个规律：一是离子带的电荷越多，则越易被树脂吸着，这是因为电荷越多，与树脂活性基团固定离子的静电引力越大，因而亲和力也越大；二是对于带有相同电荷的离子，原子序数大者较易被吸着。

树脂的交联度对树脂的选择性也有重要影响。交联度越大，树脂对不同离子之间选择性差异越大；交联度越小，这种选择性差异也越小。此外，离子交换树脂的选择性还与溶液浓度有关。

在离子交换水处理中，往往需要知道水中何种离子优先被树脂吸着，何种离子较难被吸着，即所谓选择性顺序。选择性顺序关系到各种离子在树脂中的排列情况，根据这个顺序，可以判断水通过交换器时何种离子最容易泄漏于水中。

强酸性阳树脂，在稀溶液中对常见阳离子的选择顺序为

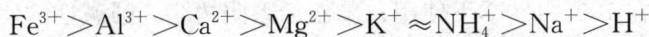

$$Fe^{3+}>Al^{3+}>Ca^{2+}>Mg^{2+}>K^+\approx NH_4^+>Na^+>H^+$$

而弱酸性阳树脂，例如羟酸型阳树脂，对 H^+ 有特别强的亲和力，对 H^+ 的选择性比 Fe^{3+} 还强，其选择顺序为

$$H^+>Fe^{3+}>Al^{3+}>Ca^{2+}>Mg^{2+}>K^+\approx NH_4^+>Na^+$$

强碱性阴树脂在稀溶液中对常见阴离子的选择性顺序为

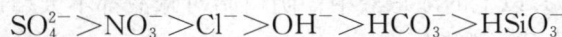

$$SO_4^{2-}>NO_3^->Cl^->OH^->HCO_3^->HSiO_3^-$$

而弱碱性阴离子的选择性顺序为

$$OH^->SO_4^{2-}>NO_3^->Cl^->HCO_3^-$$

对 HCO_3^- 交换能力差，对 $HSiO_3^-$ 甚至不交换。

8. 交换容量

交换容量是表示离子交换树脂交换能力大小的一项性能指标。按树脂计量方式的不同，其单位有两种表示方法：一种是质量表示方法，即单位质量离子交换树脂中可交换的离子量，通常用 mmol/g 表示；另一种是体积表示法，即单位体积离子交换树脂中可交换的离子量，这里的体积是指湿状态下的树脂的堆积体积，通常用 mol/m^3 或 mmol/L 表示。

作为树脂基本性能的交换容量分为全交换容量、中性盐分解容量和弱酸（弱碱）基团交换容量。全交换容量是指单位质量或体积的离子交换树脂中所有可交换离子的总量。所谓中性盐分解容量是指树脂能与中性盐进行交换反应的交换容量。全交换容量与中性盐分解容量之差，即为弱酸（弱碱）基团交换容量。

树脂的交换容量与其离子型有关，这是因为树脂交换不同离子型时，其质量和体积是不相同的。作为树脂工艺性能的交换容量是工作交换容量，所谓工作交换容量是指树脂在具体工艺条件下实际发挥的交换容量。

9. 稳定性

(1) 物理稳定性。

1) 机械强度。指树脂在各种机械力作用下，抵抗破坏的能力，包括它的耐磨性、抗渗透冲击性等。国际规定采用磨后圆球率和渗磨圆球率来判断树脂的机械强度。此法是按规定称取一定量的湿树脂，放入装有瓷球的滚筒中滚磨，磨后的树脂圆颗粒占样品总量的百分数即为树脂的磨后圆球率；若将树脂用酸、碱反复转型，然后用前述方法测得树脂的磨后圆球率，称为树脂的渗磨圆球率，该指标表示树脂的耐渗透压能力，目前一般用来评价大孔径树脂的机械强度。

电厂锅炉补给水除盐处理中常用的树脂是国产 001×7、001×7MB 强酸性苯乙烯系阳离子交换树脂和 201×7、201×7MB 强碱性苯乙烯系阴离子交换树脂以及 D301 大孔弱碱性苯乙烯系阴离子交换树脂和 D113 大孔弱酸性丙烯酸系阳离子交换树脂。磨后圆球率和渗磨圆球率≥90％。

2) 耐热性。各种树脂所能承受的温度都有一定的最高极限，超过此温度，树脂的热分解很严重。不同树脂的热稳定性不一样，一般规律是，阳树脂比阴树脂耐热性强，盐型树脂要比游离酸或碱型树脂耐热性强，Ⅰ型强碱树脂比Ⅱ型强碱树脂耐热性强，弱碱基团比强碱基团耐热性强。

一般阳树脂可耐 100℃或更高些的温度，如 Na^+ 型苯乙烯系弱酸型阳树脂可在 150℃以下使用，而 H^+ 型应在 100～120℃下使用；苯乙烯系阴树脂，强碱性的使用温度不超过 50～60℃，弱碱性的可在 80℃下使用；丙烯酸系强碱阴树脂的使用温度应低于 38℃。

(2) 化学稳定性。

1) 对酸、碱的稳定性。离子交换树脂对酸、碱是稳定的，特别对非氧化性的酸更稳定。相对来说，树脂对碱的稳定性不如对酸高，尤其是缩聚型阳树脂对强碱是不稳定的，故这类树脂不宜长期浸于 2mol/L 以上的浓碱液中；阴树脂对碱液都不太稳定，特别是浓碱液，因此阴树脂应以比较稳定的 Cl^- 型储存。

一般来说，阳树脂盐型比 H^+ 型稳定，阴树脂 Cl^- 型比 OH^- 型稳定。

2) 抗氧化性。不同类型树脂抗氧化性能不一样。通常，交联度高的树脂抗氧化性好，大孔径树脂比凝胶型树脂抗氧化性好。

三、离子交换反应

离子交换反应之所以在水处理工艺中能得到广泛应用，就是因为它具有离子交换的性能。类似于电解质，离子交换树脂也有酸碱性，具有可发生中和反应和水解反应等特性。

1. 交换反应的可逆性

离子交换反应是可逆的，但这种可逆反应并不是在均相溶液中进行的，而是在非均相的固-液相中进行的。例如用含 Ca^{2+} 的水通过 Na^+ 型树脂时，其交换反应为

$$2RNa + Ca^{2+} \longrightarrow R_2Ca + 2Na^+$$

当此反应进行到离子交换树脂大都转化为 Ca^{2+} 型，以致它已不能继续使水中 Ca^{2+} 交换成 Na^+ 时，可以用 NaCl 溶液通过此 Ca^{2+} 型树脂，利用上式的逆反应，使树脂重新恢复成 Na^+ 型，其交换反应为

$$R_2Ca + 2Na^+ \longrightarrow 2RNa + Ca^{2+}$$

上述两个反应，实质上就是下面的可逆离子交换反应式的平衡移动，即

$$2RNa + Ca^{2+} \rightleftharpoons R_2Ca + 2Na^+$$

因此，当水中 Ca^{2+} 浓度大，且树脂中 Na^+ 型也多时，上述反应向右进行；反之，溶液中 Na^+ 浓度大，且树脂中 Ca^{2+} 型多时，反应向左进行。

离子交换反应的可逆性是离子交换树脂可以反复使用的重要性质。

2. 酸、碱性和中性盐分解能力

H^+ 型阳离子交换树脂和 OH^- 型阴离子交换树脂，如同酸和碱那样，在水中可以电离出 H^+ 和 OH^-，这种性质被称之为树脂的酸、碱性。根据电离出 H^+ 和 OH^- 能力的大小，它们又有强、弱之分。水处理工艺中，常用的强、弱型树脂有

磺酸型强酸性阳离子交换树脂：$R—SO_3H$

羧酸型弱酸性阳离子交换树脂：$R—COOH$

季铵型强碱性阴离子交换树脂：$R\equiv NOH$

叔、仲、伯型弱碱性阴离子树脂表示为 $R\equiv NHOH$、$R=NH_2OH$、$R—NH_3OH$

离子交换树脂酸性或碱性的强弱，在水处理应用中很重要。强酸 H^+ 型阳树脂在水中电离出 H^+ 的能力较大，所以它很容易和水中其他阳离子进行交换反应；而弱酸 H^+ 型阳树脂在水中电离 H^+ 的能力小，故当水中存在一定量 H^+ 时，交换反应就难以进行。

强碱 OH^- 型和弱碱 OH^- 型阴树脂与中性盐（如 $NaCl$、Na_2SO_4 等）进行离子交换时，其交换 Cl^- 或 SO_4^{2-} 并向溶液中释放出 OH^- 的能力也有很大差别，离子树脂与中性盐进行离子交换反应，同时在溶液中游离酸或碱的能力，称之为树脂的中性盐分解能力。显然，强酸性阳树脂和强碱性阴树脂具有中性盐分解能力，而弱酸性阳树脂和弱碱性阴树脂基本上无中性盐分解能力。

3. 中和与水解

在离子交换过程中可以发生类似于电解质水溶液中的中和及水解反应。H^+ 型阳树脂可与碱溶液进行中和反应，OH^- 型阴树脂则可与酸溶液进行中和反应，由于在溶液中的反应产物是水，所以不论树脂酸性、碱性强弱如何，反应都容易进行。

具有弱酸性基团和弱碱性基团的盐型离子交换树脂，容易水解。结合有弱酸阴离子的盐型强碱性阴树脂，如 HCO_3^-、CO_3^{2-}、$HSiO_3^-$ 等，也可以发生水解反应。

四、离子交换速度

1. 离子交换动力学过程

离子交换过程，是在水中离子与离子交换树脂的可交换基团间进行的。树脂的可交换基团不仅处于树脂颗粒的表面，而且大量的是处在树脂颗粒的内部。当树脂与水接触时，会在树脂颗粒表面形成一层很薄不流动的边界水膜。因此，离子交换过程是比较复杂的，它不单是离子间的交换位置，还有离子在水中和树脂颗粒内部的扩散过程。离子交换速度实质上是表示水溶液中离子浓度改变的速度，是一种动力学过程。

离子交换动力学过程一般分为七个步骤（以 RA 树脂与水中 B 离子的交换为例）：

（1）水中 B 离子在水溶液中向树脂颗粒表面扩散，达到边界水膜层；

（2）B 离子通过边界水膜扩散；

（3）B 离子在树脂颗粒网孔内扩散；

（4）B 离子和交换基团上的 A 离子相互交换；

（5）被交换下来的 A 离子在树脂颗粒网孔内向颗粒表面扩散；

（6）A 离子通过边界水膜扩散；

（7）A 离子从树脂表面边界水膜水溶液扩散。

（5）、（6）、（7）三步骤分别与（3）、（2）、（1）相似，只是被交换的 A 离子由树脂颗粒网孔内向水溶液中的扩散。（2）、（6）步是交换离子在边界水膜中的扩散，称为膜扩散；（3）、（5）步是交换离子在树脂颗粒内网孔中的扩散，称为颗粒扩散或内扩散。

2. 离子交换速度的控制步骤

由于离子交换必须相继地通过上述七个步骤才能完成，所以其中若有某一步骤的速度特别慢，则进行离子交换反应的大部分时间是消耗在这一步骤上，这个步骤称为速度控制步骤。

在前述的七个步骤中，（4）步属于离子间的化学反应，通常是快的，它不是速度控制步骤。在水溶液是流动或搅动的条件下，离子在主体溶液中的扩散通常也比较快。所以，实际运行中离子交换的速度控制步骤常常是膜扩散或者颗粒扩散过程。此外，也可能有两种过程都影响交换速度的中间状态。离子交换速度是膜扩散控制还是颗粒扩散控制，取决于交换离子的浓度、树脂颗粒的大小、膜厚度及扩散系数等。

实践证明，当速度控制步骤由溶液浓度决定的，若溶液浓度较低，则趋于膜扩散控制；若溶液浓度较高，则趋于颗粒扩散控制。

3. 工艺条件对离子交换速度的影响

离子交换速度受许多工艺条件的影响，若速度控制步骤不同，则各条件对交换速度的影响也不同。由于离子交换多数是在交换器中进行的，这里只讨论离子交换器运行工况对离子交换速度的影响。

（1）水中离子浓度。水中离子浓度是影响扩散速度的重要因素，离子浓度越大，扩散速度越快。水中离子浓度对颗粒扩散和膜扩散有不同程度的影响，当水中离子浓度较大，例如在 0.1mol/L 以上时，膜扩散的速度已相当快，颗粒扩散的速度却不能提高到与之相当的程度，这时交换速度主要受颗粒扩散支配，即颗粒扩散为控制步骤，这相当于交换器再生时的情况。若水中离子浓度较小，如在 0.003mol/L 以下时，膜扩散的速度就变得相当慢，支配着交换速度，成为控制步骤，就相当于交换器运行时的情况。

（2）树脂的交联度。树脂交联度对离子交换速度的影响是，交联度越大，交换速度越慢。交联度对颗粒扩散的影响比对膜扩散的大，因为它对树脂网孔的大小有很大影响；对膜扩散，只是因为它影响树脂的溶胀率，而使颗粒外表面有所改变。所以，交联度大的树脂其交换速度通常受颗粒扩散的影响。

（3）树脂颗粒大小。当树脂颗粒减小时，不论是颗粒扩散还是膜扩散都会加快。颗粒越小，它的比表面积越大，水膜的面积也就越大，所以膜扩散速度相应增加。颗粒扩散速度受颗粒大小的影响更大，因为颗粒越小，离子在颗粒内的扩散距离会相应地缩短。因此，这两方面的因素都会加快离子交换速度。但颗粒也不宜太小，否则会增大水流过树脂层的阻力。

（4）流速与搅拌速度。树脂颗粒表面的水膜厚度，与水的搅动或流动状态有关，水搅动越激烈，水膜就越薄。因此，交换过程中提高水的流速或加强搅拌，可以加快膜扩散速度，但不影响颗粒扩散。在离子交换器运行中，提高水的流速不仅可以提高设备出力，还可以加快离子交换速度。但是，水的速度也不是越大越好，流速太大时，水流阻力也会迅速增加。由于再生过程是颗粒扩散控制，所以增加再生流速并不能加快速度，却减少了再生液与树脂的接触时间。因此，再生过程多在较低的流速下进行。

（5）水温。提高温度能提高离子的热运动速度和降低水的黏度，同时加快膜扩散速度和颗粒扩散速度，因此提高水温对提高离子交换速度是有利的。但水温也不宜太高，因为水温过高会影响树脂的热稳定性，尤其对于强碱性阴树脂。

五、动态离子交换过程

生产中水的离子交换处理是在离子交换器中连续进行的，即水在流动的情况下完成交换过程。这样不但可以连续制水，而且由于交换反应的生成物不断被排除，因此离子交换反应进行得较为完全。下面以阳离子交换为例，讨论动态离子交换过程。

运行制水和交换剂的再生是离子交换水处理的两个主要阶段，运行制水是交换剂交换容量的发挥过程，再生是交换剂交换容量的恢复过程。

1. 运行制水时树脂层中的离子交换

这里先介绍只含有 NaCl 的水通过装有 RH 树脂交换器时的交换。水通过交换器的初期，水中 Na^+ 首先与表层树脂中的 H^+ 进行交换，水中一部分 Na^+ 转入树脂中，树脂中一部分 H^+ 转入水中。当水继续向下流动时，这种交换继续进行，因此水中 Na^+ 不断减少，H^+ 不断增加。在流经一定距离后，水中原有的 Na^+ 全部交换成 H^+。之后，继续向下流的水及其流过的树脂的组成都不发生变化，交换器出水全为 H^+，而 Na^+ 含量等于零。

随着水不断地流过，因上部进水端的树脂很快全部转为 RNa，故失去了继续交换的能力，交换进入下一层。这时在树脂层中形成三个层区：上部层区为失效层，树脂全为 Na^+ 型，水流经这一层区时，Na^+ 含量不变；中部层区为工作层，在这一层区中，Na^+ 型树脂逐渐减少至零，H^+ 型树脂则逐渐增加到 100%，交换反应在这一层区中进行，水流过工作层以后，其中 Na^+ 全部被交换除去；下部层区为未工作层，树脂仍全为 H^+ 型，水通过这一层区时，水质不发生任何变化。

随着流过水量的增加，树脂层中 H^+ 型树脂不断减小，Na^+ 型树脂不断增加。在树脂层态表现为失效层逐渐加厚，工作层下移，未工作层逐渐缩小。当未工作层最终消失，即工作层移至最下部出水端时，出水便开始有 Na^+，之后出水中 Na^+ 上升。当出水中 Na^+ 浓度达到规定的值时，即运行终点（这就是常说的失效），停止通水。假如运行失效后继续通水，则出水中 Na^+ 迅速上升，直至与进水中 Na^+ 含量相等，且不再变化。此时树脂全部呈 Na^+ 型，不再具有与水中 Na^+ 交换的能力。

天然水中通常含有 Ca^{2+}、Mg^{2+}、Na^+ 等多种阳离子及 HCO_3^-、$HSiO_3^-$、Cl^- 等多种阴离子，因此离子交换过程就不像只含有一种离子那么简单。下面讨论同时含有上述多种离子的水，由上而下通过装有 RH 树脂交换器的离子交换过程。

通水初期，水中各种阳离子都与树脂中 H^+ 进行交换，依据它们被树脂吸着的能力的大小，最上层以最易被吸着的 Ca^{2+} 为主，自上而下依次排列的顺序大致为 Ca^{2+}、Mg^{2+}、Na^+。随着通过水量的增加，进水中的 Ca^{2+} 也与生成的 Mg^{2+} 型树脂进行交换，使 Ca^{2+} 型树脂层不断扩大；当被交换下来的 Mg^{2+} 连同进水中的 Mg^{2+} 一起进入 Na^+ 型树脂层时，又会将 Na^+ 型树脂中的 Na^+ 交换出来，结果 Mg^{2+} 型树脂层也会不断地扩大和下移；同理，Na^+ 型树脂也会不断地扩大和下移，逐渐形成 $R_2Mg\text{-}Ca$、$RNa\text{-}Mg$、$RH\text{-}Na$ 的交换区域。当 $RH\text{-}Na$ 交换区域移至最下端后再继续通水时，则进水中选择性顺序居于最末的 Na^+ 首先泄漏于出水中，但树脂对 Ca^{2+}、Mg^{2+} 的交换仍是完全的。之后，$RNa\text{-}Mg$ 交换区域移至最下端，Mg^{2+} 泄漏于出水中，最后泄漏的是 Ca^{2+}。

在 H^+ 交换阶段，出水呈酸性；在 Na^+ 交换阶段，水中的碱度不变。

2. 工作层

工作层是指进行离子交换的树脂层区。由前面讨论知道，交换器运行过程中，工作层不断向水流方向推移。当它移至出水端时，欲除去的离子便开始泄漏于出水中，为了保证出水水质，此时交换器应停止运行。因此，出水端总有一部分树脂未能完全发挥其交换容量。工作层越厚，交换器内树脂的交换容量利用率就越低。由此可知，生产中交换器停止运行时，树脂并没有 100% 失效。

影响工作层厚度的因素很多，这些因素大致可分为两个方面：一方面是影响水流沿交换器过水断面均匀分布的因素，若能使水流均匀，则可降低工作层厚度；另一方面是影响离子交换速度的因素，若能使此速度加快，则离子交换越易达到平衡，工作层厚度便越薄。

树脂层颗粒小或提高水温，都因加快了离子交换速度而使工作层变薄；进水离子比值，例如，氢离子交换器进水中 HCO_3^- 比值越大，由于 HCO_3^- 中和了交换产物中的 H^+ 而促进了反应的进行，故可使工作层变得薄些；相反，当进水中强酸阴离子比值大时，会使工作层厚度增加。此外。出水水质的控制标准严格，工作层也就厚些。

对于给定的树脂，工作层厚度主要取决于水通过树脂层时的流速和水中离子浓度，若流速增大或水中离子浓度增加，则工作层厚度也将增加。

六、离子交换软化系统

1. Na 离子交换软化

除去水中硬度离子的处理工艺称软化，强酸性阳树脂的 H^+ 交换，尽管在除去水中全部阳离子的同时也除去了水中的 Ca^{2+}、Mg^{2+} 硬度离子，但如前所述，H^+ 交换的结果是产生了强酸酸度，出水呈酸性，无法使用。

因此，如果离子交换水处理的目的只是为了软化，即除去水中 Ca^{2+}、Mg^{2+}，那么只需要用 Na^+ 型树脂进行 Na^+ 交换即可，无须从 H^+ 型树脂开始。这样，既能使水得到软化，又不会产生酸性水，且工艺简单。

钠离子交换将水中 Ca^{2+}、Mg^{2+} 转成了等量的 Na^+，降低了水的硬度，但阴离子成分没有任何改变，所以碱度不变。

2. H-Na 离子交换软化降碱

水中 HCO_3^- 在热力系统中受热分解产生 CO_2，在凝结水系统中造成 CO_2 腐蚀。所以用作锅炉的补给水，在除去水中硬度的同时，若水的碱度较高，则需降低水的碱度。

为此，可采用阳树脂的 H 离子交换和 Na 离子交换联合处理，因为它们除具有交换水中硬度的能力外，还可以利用 H 离子交换出水中的酸中和 Na 离子交换出水中的碱度，这就是阳离子交换树脂的 H-Na 离子交换软化降碱工艺。

（1）强酸阳树脂的 H-Na 离子交换。可以是 H^+ 交换器和 Na^+ 交换器并联或串联的系统，如图 3-6 所示。在并联系统中，进水分成两路分别流过 H^+ 和 Na^+ 两个交换器，使水软化。然后利用 H^+ 交换器出水中的酸（H_2SO_4，HCl）来中和 Na^+ 交换器出水中的 HCO_3^-，以降低水的碱度。反应生成的 CO_2 和经 H 离子交换反应产生的 CO_2 由除碳器脱除，从而达到软化降碱的目的。

在串联系统中，进水的一部分通过 H^+ 交换器，其出水在与另一部分未经 H^+ 交换器的原水混合的同时，中和了其中的 HCO_3^-，降低了水的碱度。生成的 CO_2 由除碳器脱除，除碳后的水经 Na^+ 交换器进行软化处理。

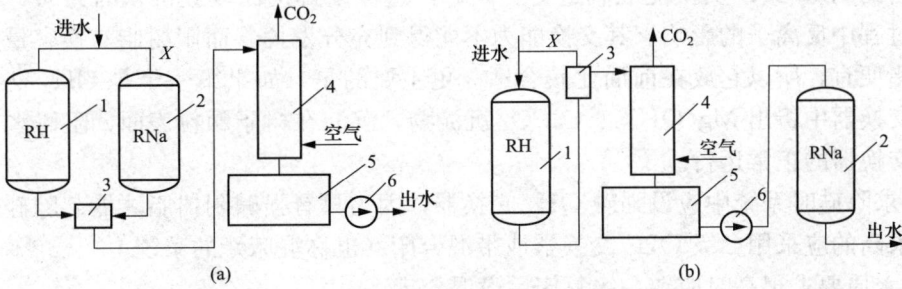

图 3-6　强酸树脂的 H-Na 软化降碱系统

(a) 并联；(b) 串联

1—H^+ 交换器；2—Na^+ 交换器；3—混合器；4—除碳器；5—水箱；6—水泵

为了将碱度降至预定值，并防止出现酸性水，应合理分配流过 H^+ 交换器的水量。设未经 H^+ 交换器的水量百分数为 X，那么

1）当 H^+ 交换器以 Na^+ 穿透为运行终点时，X 可表示为

$$X = \frac{C_Q + B_C}{C_0} \times 100\% \tag{3-1}$$

2）当 H^+ 交换器以硬度穿透为运行终点时，X 可表示为

$$X = \frac{H_F + B_C}{H} \times 100\% \tag{3-2}$$

上两式中：C_0、C_Q、H、H_F 分别为进水的离子总浓度、强酸阴离子浓度、总硬度、非碳酸盐硬度，mmol/L；B_C 为出水预定的残留碱度，当 H^+ 交换器以硬度穿透为运行终点时，B_C 为一个周期平均残留碱度，mmol/L。

（2）弱酸树脂和强酸树脂的 H-Na 离子交换。

此工艺只按串联方式组成系统，如图 3-7 所示。在此系统中，弱酸树脂 H^+ 型运行，强酸树脂 Na^+ 型运行。原水先后全部经过 H^+、Na^+ 两个交换器，水经弱酸 H^+ 交换器除去了其中的碳酸盐硬度，交换产生的 CO_2 在除碳器中脱除。水中非碳酸盐硬度和少量残留的碳酸盐硬度，在水经过 Na^+ 型交换器时，被交换除去，从而达到软化降碱的目的。

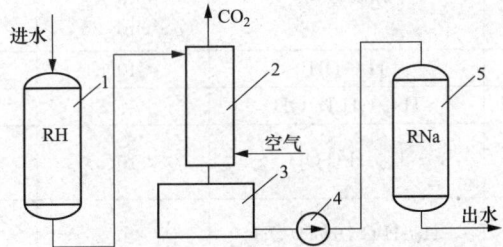

图 3-7　弱酸树脂和强酸树脂的 H-Na 软化降碱系统

1—弱酸 H^+ 交换器；2—除碳器；3—水箱；
4—水泵；5—强碱 Na^+ 交换器

交换器中树脂失效后，H^+ 交换器用酸液再生，Na^+ 交换器用 NaCl 溶液再生。

七、离子交换除盐系统

1. 主系统

为了充分利用各种离子工艺的特点和各种离子交换设备的功能，在水处理应用中，常将它们组成各种除盐系统。

（1）组成除盐系统的原则。

1）系统的第一个交换器是 H^+ 交换器。这是为了提高系统中碱度 OH^- 交换器的除硅效果或使其后的弱碱 OH^- 交换能顺利进行。同时，这样设置也比较经济，因为第一个交换器由于交换过程中反离子的影响，其交换能力不能得到充分发挥，而阳树脂交换容量大，且价格比阴树脂便宜，所以它放在前面比较合适。更主要的是，如果第一个是 OH^- 交换器，运行时会在交换器中析出 $Mg(OH)_2$、$CaCO_3$ 沉淀物，沉淀在树脂颗粒表面，阻碍水与树脂接触，影响交换器的正常运行。

2）要求除硅时系统中应设强碱 OH^- 交换器，因为只有强碱阴树脂才能起除硅作用。对于除硅要求高的应采用二级 OH^- 交换器或带混合床（也称混床）的系统。

3）对水质要求很高时应在一级复床后设混合床。

4）除碳器应设在 H^+ 交换器之后，强碱 OH^- 交换器之前。这样可以有效地将水中 HCO_3^- 以 CO_2 形式除去，以减轻强碱 OH^- 交换器的负担和降低碱耗。

5）当原水中强酸阴离子含量较高时在系统增设弱碱 OH^- 交换器，利用弱碱树脂交换容量大、容易再生的特点，提高系统的经济性。弱碱 OH^- 交换器应放在强碱 OH^- 交换器之前。由于弱碱性阴树脂对水中 CO_2 基本上不起交换作用，因此它可置于除碳器之后，也可置于除碳器之前。不过将其放置在除碳之前，对弱碱性阴树脂交换容量的发挥更为有利。

6）当原水碳酸盐硬度较高时，除盐系统中增设弱酸 H^+ 交换器，弱酸 H^+ 交换器应置于强酸 H^+ 交换器之前。

7）强、弱型树脂联合应用时，视情况可采用双层床、双室双层床、双室双层浮动床或复床串联。

（2）常用的离子交换除盐系统。

表3-7列出了常用的离子交换除盐系统及适用情况，并对表中各系统的特点做出分析。

表 3-7 常用的离子交换除盐系统

序号	系统组成	出水水质		适用情况
		电导率/ （$\mu S/cm$，25℃）	SiO_2/ （mg/L）	
1	H-C-OH	<10(5)	<0.1	补给水率较高的中压锅炉
2	H-C-OH-H/OH	<0.2	<0.02	高压及以上汽包炉、直流炉
3	H_W-H-C-OH	<10(5)	<0.1	1. 同本表系统1； 2. 进水碳酸盐硬度>3mmol/L
4	H_W-H-C-OH-H/OH	<0.2	<0.02	1. 同本表系统2； 2. 进水碳酸盐硬度>3mmol/L
5	H-C-OH-H-OH	<1	<0.02	高含盐量水，前级阴床可用强碱Ⅱ树脂
6	H-C-OH-H-OH-H/OH	<0.2	<0.02	同本表系统2、5
7	H-OH$_W$-C-OH 或 H-C-OH$_W$-OH	<10(5)	<0.1	1. 同本表系统1； 2. 进水强酸阴离子>2mmol/L 或进水有机物较高
8	H-C-OH$_W$-H/OH 或 H-OH$_W$-C-H/OH	<0.2	<0.05	进水强酸阴离子含量较高，但 SiO_2 含量低

序号	系统组成	出水水质		适用情况
		电导率/ (μS/cm，25℃)	SiO$_2$/ (mg/L)	
9	H-C-OH$_W$-OH-H/OH 或 H-OH$_W$-C-OH-H/OH	<1.0	<0.02	1. 同本表系统2；2. 进水强酸阴离子>2mmol/L 或进水有机物较高
10	H$_W$-H-OH$_W$-C-OH 或 H$_W$-H-C-OH$_W$-OH	<10(5)	<0.1	1. 同本表系统1；2. 进水碳酸盐硬度、强酸阴离子都高
11	H$_W$-H-OH$_W$-C-OH-H/OH 或 H$_W$-H-C-OH$_W$-OH-H/OH	<0.2	<0.02	1. 高压及以上汽包炉、直流炉；2. 进水碳酸盐硬度、强酸阴离子都高
12	RO-O/OH	<0.1	<0.02	较高含盐量
13	RO 或 ED-H-C-OH-H/OH	<0.1	<0.02	高含盐量水或苦咸水

注　1. 表中符号：H—强酸 H$^+$ 离子交换器；H$_W$—弱酸 H$^+$ 离子交换器；OH—强酸 OH$^-$ 离子交换器；OH$_W$—弱碱 OH 离子交换器；H/OH—混合离子交换器；C—除碳器；RO—反渗透器；ED—电渗析器。
　　2. 凡有括号内、外者，括号外为顺流再生工艺的出水电导率，括号内为对流再生工艺的出水电导率。

　　表中系统1、3、7、10属一级复床除盐系统，其中系统1是由一个强酸 H$^+$ 交换器、除碳器和一个强碱 OH$^-$ 交换器组成的典型一级复床除盐系统。系统3、7、10是在系统1的基础上增设了弱酸或（和）弱碱离子交换器，如系统3和系统1相比，增设了弱酸 H$^+$ 交换器，故系统3适用于处理碳酸盐硬度较高的水；系统7是在系统1上增设了弱碱 OH$^-$ 交换器，故系统7适用于处理强酸阴离子及有机物含量较高的水；系统10是系统1同时增设了弱酸 H$^+$ 交换器和弱碱 OH$^-$ 交换器，因而适用于处理碳酸盐硬度以及强酸阴离子都高的水。

　　系统2、4、6、8、9、11都设有混床，所以出水质量高。系统2是典型的一级复床＋混床系统，系统4、9、11分别是在系统3、7、10基础上加了混床，因此它们除了适用处理系统3、7、10所适用的水质外，还具有出水水质优的特点。系统5、6的特点是适用于处理高含盐量水，系统6由于加了混床，所以水质会更好些。系统8的前级中仅有弱碱 OH$^-$ 交换器，所以此系统适用于处理强酸阴离子含量较高，而 SiO$_2$ 含量低的水。系统12、13设置了电渗析或反渗透装置，起预脱盐的作用，所以适用于处理含盐量高的水，系统13的后续处理采用了一级复床＋混床系统，所以该系统适用于处理含盐量高的水（如苦咸水），而且还可制得高质量的水。

　　2. 再生系统

　　离子交换除盐装置的再生剂是酸和碱，所以，在离子交换法除盐时，必须有一套用来储存、配制、输送和投加酸、碱的再生系统。常用的酸有工业盐酸和工业硫酸，常用的碱是工业烧碱。

　　由于酸和碱对于设备和人身有侵蚀性。因此，对酸、碱系统的选取要考虑到防腐和安全问题。酸、碱在厂内的输送方式有多种，如压力法、真空法、泵、喷射器和人工等。用坛、罐之类依靠人工（手推车）等来输送的，只适用于酸、碱用量比较小的情况下。而发电厂中对酸、碱的用量一般比较大，故较少采用这种方法，常用的是压力法、真空法、泵、喷射器等。现介绍如下：

　　压力法就是将压缩空气通到密闭的酸、碱储存罐中，使其中的酸液或碱液借压力输送出去。这种方式，由于储存罐要在压力下运行，万一设备发生漏损，就有溢出酸、碱的危险。

采用真空法输送时，就是将接受酸或碱的设备抽成真空，使酸、碱液在大气压力下自动流入。抽真空的办法可以用真空泵或喷射器，喷射器的动力可用压缩空气或压力水。真空法可以避免用压力设备，这在安全方面比压力法要好，但仍需设备密闭，而且因受大气压的限制，输送高度不能太高。

用泵输送是比较简易的方法，但泵必须能耐酸或耐碱。至于用水力喷射器抽取酸液或碱液的输送方法大都是直接用在加药的时候，因为在用水力喷射器抽取的同时又进行了稀释。

3. 运行中的离子交换反应及水质变化

（1）除去水中阳离子的交换反应。

强酸性阳树脂的—SO_3H 基团对水中所有阳离子均有较强的交换能力，与水中主要阳离子 Ca^{2+}、Mg^{2+}、Na^+ 的交换反应为

$$2R—SO_3H + Ca(HCO_3)_2 \longrightarrow (R—SO_3)_2Ca + 2H_2CO_3$$
$$2R—SO_3H + Mg(HCO_3)_2 \longrightarrow (R—SO_3)_2Mg + 2H_2CO_3$$
$$2R—SO_3H + Na_2SO_4 \longrightarrow 2R—SO_3Na + H_2SO_4$$
$$R—SO_3H + NaCl \longrightarrow R—SO_3Na + HCl$$

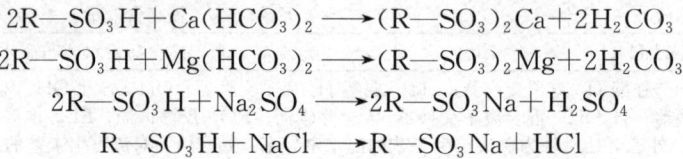

对于非碱性水，还进行以下的交换反应

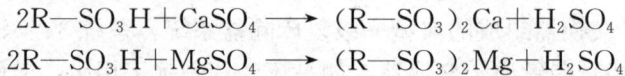

$$2R—SO_3H + CaSO_4 \longrightarrow (R—SO_3)_2Ca + H_2SO_4$$
$$2R—SO_3H + MgSO_4 \longrightarrow (R—SO_3)_2Mg + H_2SO_4$$

当水中有过剩碱时，其交换反应为

$$R—SO_3H + NaHCO_3 \longrightarrow R—SO_3Na + H_2CO_3$$

实际上，含有多种离子的水通过强酸性 H^+ 型阳树脂层时，尽管通水初期水中阳离子都参与交换，但之后由于水中 Ca^{2+}、Mg^{2+} 等高价离子已在水流的上游处被交换，并等量转为 Na^+，所以沿水流方向最前沿的离子交换仍是 H^+ 型树脂与水中 Na^+ 的交换，即

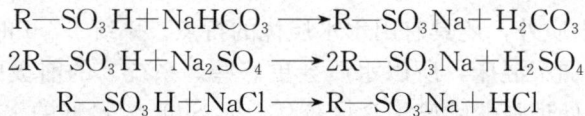

$$R—SO_3H + NaHCO_3 \longrightarrow R—SO_3Na + H_2CO_3$$
$$2R—SO_3H + Na_2SO_4 \longrightarrow 2R—SO_3Na + H_2SO_4$$
$$R—SO_3H + NaCl \longrightarrow R—SO_3Na + HCl$$

经 H^+ 离子交换后，水中各种阳离子都被交换成 H^+，其中的碳酸盐转变成弱酸 H_2CO_3（即 $CO_2 + H_2O$），中性盐转变成相应的强酸。

在生产实践中，树脂并未完全被再生成 H^+ 型，因此运行时出水中总还残留有少量阳离子。由于树脂对 Na^+ 的选择性最小，所以出水中残留的主要是 Na^+。随 Na^+ 的升高，H^+ 等量下降，但由于 Na^+ 的导电能力低于 H^+，所以共同作用的结果是水的电导率下降。当 H^+ 降至与进水中 HCO_3^- 等量时，出水电导率最低。之后，由于交换产生的 H^+ 不足以中和水中的 HCO_3^-，所以随 Na^+ 和 HCO_3^- 的升高，电导率又升高。

因此为了除去水中 H^+ 以外的所有阳离子，除盐系统中强酸 H^+ 交换器必须在 Na^+ 泄漏时，停止运行，然后用酸溶液进行再生。一级复床除盐系统中的 H^+ 离子交换，还可以包括弱酸树脂的 H^+ 离子交换，构成强酸树脂和弱酸树脂联合应用的形式。

（2）脱除 CO_2。

水经 H^+ 离子交换后，阴离子转变成相应的酸。其中的 HCO_3^- 转变成了游离 CO_2，连同进水中原有的游离 CO_2，可很容易地由除碳器除掉，以减轻 OH^- 交换器的负担，这就是在离子交换除盐系统中设置除碳器的目的。经脱碳处理后，水中游离 CO_2 的含量一般都可降到

5mg/L 左右。

在原水碱度很低时（比如低于 0.5mmol/L）或在水的预处理中设置有石灰处理时，或之前设有反渗透预脱盐时，该系统中可不设除碳器，水中这部分碱度经 H^+ 离子交换后生成的少量 CO_2，在经强碱 OH^- 交换器时以 HCO_3^- 形式被交换除去。

（3）除去水中阴离子的交换反应。

在一级复床除盐系统中，强碱 OH^- 交换器是用来除去水中 OH^- 以外所有阴离子的。强碱 OH^- 交换器总是设置在 H^+ 交换器和除碳器之后，此时水中阴离子以酸的形式存在，因此强碱 OH^- 离子交换实质上是 OH^- 型树脂（简写成 ROH）与水中无机酸的交换，其交换反应为

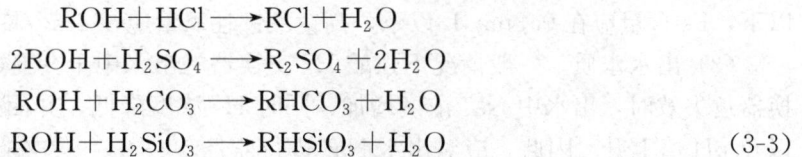

$$ROH + HCl \longrightarrow RCl + H_2O$$
$$2ROH + H_2SO_4 \longrightarrow R_2SO_4 + 2H_2O$$
$$ROH + H_2CO_3 \longrightarrow RHCO_3 + H_2O$$
$$ROH + H_2SiO_3 \longrightarrow RHSiO_3 + H_2O \tag{3-3}$$

由于经 H^+ 离子交换的出水中含有微量的 Na^+，因此进入强碱 OH^- 交换器的水中除无机酸外，还有微量的钠盐，所以还有树脂与微量钠盐进行的可逆交换，其反应为

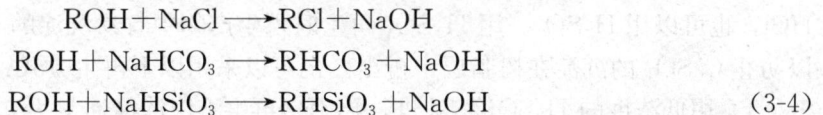

$$ROH + NaCl \longrightarrow RCl + NaOH$$
$$ROH + NaHCO_3 \longrightarrow RHCO_3 + NaOH$$
$$ROH + NaHSiO_3 \longrightarrow RHSiO_3 + NaOH \tag{3-4}$$

由于强碱 OH^- 型树脂对原水中强酸离子（SO_4^{2-}、Cl^-）的交换强于对弱酸阴离子（HCO_3^-、$HSiO_3^-$）的交换，对 $HSiO_3^-$ 的交换能力最差。而且由于存在如式（3-4）所示的可逆交换，因此出水中有少量 $HSiO_3^-$（$<100\mu g/L$），并呈微碱性，pH 值约 7～8。

要提高强碱 OH^- 交换器的出水水质和水量，就必须创造条件提高除硅效果，以减少出水中硅的泄漏，这些条件包括进水水质方面的和再生方面的。由上述可知，如果进水中硅化合物呈 $NaHSiO_3$ 形式，则用强碱 OH^- 型树脂是不能将其完全去除的，因为交换反应的生成物是强碱 NaOH，逆反应很强，如式（3-4）所示；如果进水中阳离子只有 H^+，交换反应就像式（3-3）的中和反应那样生成电离度很小的水，故除硅较完全。因此，组织好强酸 H^+ 交换器的运行，减少出水中 Na^+ 泄漏量，即减少强碱 OH^- 交换器进水 Na^+ 含量，就可提高除硅效果。

一级复床除盐系统中，强碱 OH^- 交换器运行末期出水水质变化有两种不同的情况，一是 H^+ 交换器先失效，另一种是 OH^- 交换器先失效。

当 H^+ 交换器先失效时，相当于 OH^- 交换器进水中 Na^+ 含量增大，于是 OH^- 交换器的出水中 NaOH 含量上升，其结果是出水中的 pH 值、电导率、SiO_2 和 Na^+ 含量均增大。

当 OH^- 交换器先失效时，表现出的现象是出水中 SiO_2 含量增大，因 H_2SiO_3 是很弱的酸，所以在失效的初期，对出水的 pH 值影响不很明显，但紧接着随 H_2CO_3 或 HCl 漏出，pH 值就会明显下降。至于出水的电导率往往会在失效点处先呈微小的下降，然后上升，这是因为 OH^- 交换器正常运行时，其出水 pH 值通常为 7～8，而当其失效时，交换产生的 OH^- 减少，所以电导率有微小下降。当 OH^- 减少到与进水 H^+ 正好等量（pH＝7）时，电导率最低。之后，由于出水中 H^+ 的增加而使电导率增大。一级复床除盐系统中的 OH^- 离子交换，还可以包括弱碱树脂的 OH^- 离子交换。

4. 运行监督

(1) 流量和进出口压力差。交换器应在规定的流速范围内运行，流量大意味着流速高。交换器进出口压力差主要是由水通过树脂层的压力损失所决定的，水流速度越高、水温越低或树脂层越厚，则水通过树脂层的压力损失越大。在正常情况下，进出口压力差是有一定规律的。当进出口压力差有不正常升高时，则往往是树脂层积污过多、进气或析出沉淀（如硫酸再生时析出 $CaSO_4$）等不正常情况发生。

(2) 进水水质。进水中悬浮物应尽可能在水的预处理中清除干净，进入除盐系统的水，其浊度应小于 5mg/L（当 H^+ 交换器为顺流再生时）或小于 2mg/L（当 H^+ 交换器为对流再生时）。此外，为了防止离子交换树脂氧化和被污染，还应满足：游离氯含量应在 0.1mg/L 以下，Fe 含量应在 0.3mg/L 以下，高锰酸钾耗氧量应在 2mg/L 以下。

(3) 出水水质。一般情况下强酸 H^+ 交换器的出水中不会有硬度，仅有微量 Na^+。当交换器近失效时，出水中 Na^+ 浓度增加，同时 H^+ 浓度降低，并因此出现水酸度和电导率下降以及 pH 值上升。因此，应对出水 Na^+ 进行监督。

5. 交换器的再生

(1) 强酸 H^+ 交换器的再生。强酸 H^+ 交换器失效后，必须用强酸进行再生，可以用 HCl，也可以用 H_2SO_4。用 H_2SO_4 再生时再生产物中有易沉淀的 $CaSO_4$，因此应采取措施，以防止 $CaSO_4$ 的沉淀在树脂层中析出。也可以采用以下再生方式：

1) 用低浓度的 H_2SO_4 溶液进行再生。再生溶液浓度通常为 0.5%～2.0%，这种方法比较简单，但要用大量稀的 H_2SO_4，再生时间长、自用水量大，再生效果较差。

2) 分步再生。先用低浓度的 H_2SO_4 溶液以高流速通过交换液，然后用较高浓度的 H_2SO_4 溶液以较低的流速通过交换器。先用低浓度的目的是降低再生液中 $CaSO_4$ 的过饱和度，使它不易析出；先采用高流速的原因是因为 $CaSO_4$ 从过饱和到析出需要经过一段时间，故加快流速可以防止 $CaSO_4$ 沉淀在树脂层中的析出。分步再生可分为二步法、三步法、四步法。

此外，也可采用将 H_2SO_4 浓度不断增大的办法，以达到先稀后浓的目的。

相对来说，由于 HCl 再生时不会有沉淀物析出，所以操作比较简单。再生浓度一般为 2%～4%，再生流速一般为 5m/h 左右。

(2) 强碱 OH^- 交换器的再生。失效的强碱阴树脂一般都采用 NaOH 再生。为了有效除硅，强碱 OH^- 交换器除了再生剂必须用强碱（NaOH、KOH）外，还必须满足：再生剂用量应充足、提高再生液温度、增加接触时间。

实验表明，当再生剂用量达到某一定值后，硅的洗脱效果才明显，因此增加再生剂用量，不仅能提高除硅效果，而且能提高树脂的交换容量；提高再生温度，可以改善对硅的置换效果，并缩短再生时间，但由于树脂热稳定性的限制，故再生温度也不宜过高，通常对于 I 型强碱性阴树脂再生温度为 40℃ 左右，II 型为 35±3℃；提高再生接触时间是保证硅酸型树脂得到良好再生的一个重要条件，一般不得低于 40min，而且随硅酸型树脂含量增加，再生接触时间应越长。

强碱 OH^- 交换树脂再生液浓度一般为 1%～3%（浮动床 0.5%～2%），流速≤5m/h（浮动床 4～6m/h）。此外，再生剂不纯度也对强碱性阴树脂的再生效果影响很大。工业碱中的杂质主要是 NaCl 和铁的化合物，强碱性阴树脂对 Cl^- 有较大的亲和力，Cl^- 不仅易被树脂吸着，而且吸着后不易被洗脱下来。所以当用含 NaCl 较高的工业碱再生时，会大大降低树脂的再生度，导致工作交换容量降低，出水质量下降。

6. 技术经济指标

（1）出水水质。强酸 H^+ 交换器的出水水量是指周期平均出水 Na^+ 浓度，一般小于 $100\mu g/L$。强碱 OH^- 交换器出水水质是指平均出水 SiO_2 浓度，一级复床除盐系统中强碱 OH^- 交换器出水水质一般电导率为 $1\sim 8\mu S/cm$，SiO_2 为 $10\sim 30\mu g/L$，pH 值在 7～8 之间。

（2）水耗。离子交换器失效后，须经过反洗、再生、置换、正洗等，这些操作都要消耗一定的水量。通常，每次上述操作所耗水的体积与树脂体积之比，称为水耗。水耗的多少主要是由正洗水量决定的。

强酸 H^+ 交换器的正洗水耗一般为对流再生时：1～3，顺流再生时：5～6。强碱 OH^- 交换器的正洗水耗一般为对流再生时：1～5，顺流再生时：10～12。水耗不仅会使自用水量增加，而且水洗量大还会拖延非运行时间和消耗树脂的交换容量，以至减少制水量和减少交换器有效的运行时间。

（3）工作交换容量和再生剂比耗的影响因素。影响强酸性阳离子交换树脂工作交换容量和再生剂比耗（一次再生所用的纯再生剂量与该再生剂量再生后的制水阶段中所交换的离子总量之比）的影响因素有水质条件、运行条件、再生条件以及树脂层高度。其中水质条件包括进水离子总浓度、强酸阴离子浓度分率、进水硬度分率以及钙硬和总硬度的比值；运行条件包括流速、水温以及终点时 Na^+ 浓度；再生条件包括再生剂用量、再生流速、再生液浓度等。

增加再生剂用量，由于提高了树脂的再生度，所以会提高树脂的工作交换容量。由于运行制水时树脂基本按进水的离子比进行交换（忽略微量漏 Na^+），所以若进水硬度分率大，则失效树脂中硬度离子分率也大；而树脂的再生是不彻底的，由于树脂对 Ca^{2+}、Mg^{2+}、Na^+ 选择性的差别，Ca^{2+}、Mg^{2+} 型树脂的再生比 Na^+ 型树脂困难得多，所以树脂中 Ca^{2+}、Mg^{2+} 离子分率越大，再生度就越低，工作交换容量也越低。同样道理，进水钙硬与总硬度之比较高时，也会使工作容量降低。增加树脂层高度，也就增加了再生液流过树脂层的距离，从而提高了再生剂的利用率；若运行时工作层厚度不变，增加树脂层高度意味着工作层厚度所占比例减少，所以工作交换容量有所提高。但在通常范围内，它们对工作交换容量的影响都不大。

生产上对流再生设备的比耗一般在 1.0～1.5，顺流再生的一般在 1.5～2.5，H_2SO_4 再生的比耗高于 HCl。比耗的倒数以百分率表示，就是再生剂利用率。

对流再生强碱 OH^- 交换器的比耗一般在 1.3～1.8，顺流再生比耗一般在 1.8～3.0。

工作交换容量和再生剂比耗是两个重要的技术经济指标。在进水水质和运行条件不变的情况下，工作交换容量越大，周期制水量也越多。比耗越高，再生剂的利用率就越低，经济性越差。

第五节　离子交换装置及运行管理

一、离子交换装置及运行操作

生产实践中，水的离子交换处理是在离子交换器中进行的。也有将装有交换剂的交换器称床，交换器内的交换剂层称床层。离子交换装置的种类很多，固定床离子交换器是火力发电厂水处理中应用最广泛的一种装置。所谓固定床是指交换剂在一个设备中先后完成制水、再生等过程的装置。

固定离子交换器按水和再生液的流动方向分为顺流再生式、对流再生式（包括逆流再生离子交换器和浮床式离子交换器）和分流再生式。按交换器内树脂的状态又分为单层（树脂）床、双层床、双室双层浮动床、满室床以及混合床。按设备的功能又分为阳离子交换器（包括钠离子交换器和氢离子交换器）、阴离子交换器和混合离子交换器。

1. 顺流再生离子交换器

顺流再生离子交换器是离子交换装置中应用最早的床型，这种设备运行时，水流自上而下通过树脂层；再生时，再生液也是自上而下通过树脂层，即水和再生液的流向是相同的。

（1）交换器的结构。交换器的主体是一个密封的圆柱形压力容器，器体上设有入孔、树脂装卸孔和用以观察树脂状态的窥视孔。体内设有进水装置、排水装置和再生液分配装置。交换器中装有一定高度的树脂，树脂层上留有一定的反洗空间，这是为了在反洗时使树脂层有膨胀的余地，并防止细小颗粒被反洗水带走，其高度一般相当于树脂层高度的 60%～80%。当这一空间充满水时，称水垫层，水垫层在一定程度上可以防止进水直冲树脂层面造成凹凸不平，从而使水流在交换器断面上均匀分布。顺流再生离子交换器的内部结构如图 3-8 所示，外部管路系统如图 3-9 所示。

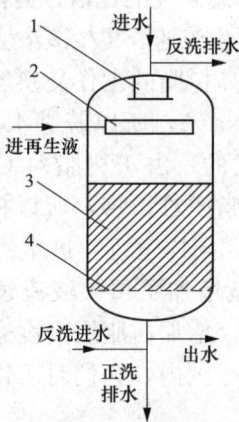

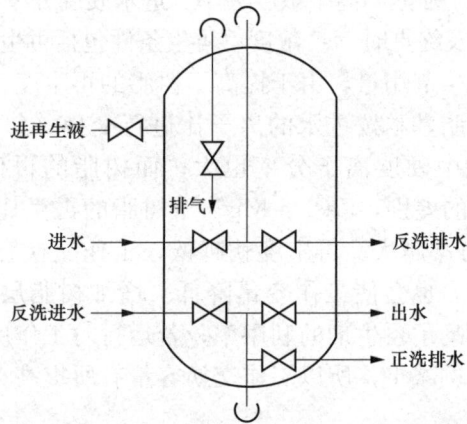

图 3-8　顺流再生离子交换器的内部结构　　图 3-9　顺流再生离子交换器的外部管路系统
1—进水装置；2—再生液分配装置；
3—树脂层；4—排水装置

（2）交换器的运行。顺流再生离子交换器的运行通常分为五步，从交换器失效后算起包括：反洗、进再生液、置换、正洗和制水。这五个步骤组成交换器的一个运行循环，称运行周期。

1）反洗。交换器中的树脂失效后，在进再生液之前，常先用水自下而上进行短时间的强烈反洗。反洗的目的是松动树脂层，清除树脂上层中的悬浮物、碎粒。

反洗水的水质应不污染树脂，所以应澄清。对于阳离子交换器可用清水，阴离子交换器则用阳离子交换器的出水，或者采用该交换器上次再生时收集起来的正洗水。

反洗时使树脂层膨胀 50%～60% 效果较好。反洗要一直进行到排水不浑为止，一般需10～15min。

2）进再生液。进再生液前，先将交换器内的水放至树脂层以上 100～200mm 处，然后使一定浓度的再生液以一定流速自上而下流过树脂层。再生是离子交换器运行操作中很重要的一环。影响再生效果的因素很多，如再生剂的种类、纯度、用量、浓度、流速、温度等。

3）置换。当全部再生液送完后，树脂层中仍有正在反应的再生液，而树脂层面至计量箱之间的再生液则尚未进入树脂层。为了使这些再生液全部通过树脂层，须用水按再生液流过树脂的流程及流速通过交换器，这一过程称为置换。它实际上是再生过程的继续。置换水一般用配再生液的水，水量约为树脂层体积的 1.5～2 倍，以排出液离子总浓度下降到再生液浓度的 10%～20% 为宜。

4）正洗。置换结束后，为了清洗交换器内残留的再生产物，应用运行时的进水自上而下清洗树脂层，流速为 10～15m/h。正洗一直进行到出水水质合格为止。正洗水量一般为树脂体积的 3～10 倍，因设备和树脂不同而有所差别。

5）制水。正洗合格后即可投入制水。

顺流再生离子交换器的设备结构简单，运行操作方便，工艺控制容易，对进水悬浮物含量要求不很严格（浊度≤5mg/L）。通常适用范围：①对经济性要求不高的小容量除盐装置；②原水水质较好的情况，以及 Na^+ 比值较低的水质；③采用弱酸树脂或弱碱树脂时。

2. 逆流再生离子交换器

为了克服顺流再生工艺出水端树脂再生度低的缺点，现在广泛采用对流再生工艺，即运行时水流方向和再生时再生液流动方向相对进行的水处理工艺。习惯上将运行时水向下流动、再生时再生液向上流动的对流水处理工艺称逆流再生工艺，采用逆流再生工艺的装置称逆流再生离子交换器；将运行时水向上流动、再生时再生液向下流动的对流水处理工艺称浮动床水处理工艺。这里先介绍逆流再生离子交换器。

由于逆流再生工艺中再生液及置换水都是从下而上流动的，如果不采取措施，流速稍大时，就会发生和反洗那样使树脂层扰动的现象，有利于再生的层态会被打乱，这通常称乱层。若再生后期发生乱层，那么会将上层再生差的树脂或多或少地翻到底部，这样就必然失去逆流再生工艺的优点。为此，在采用逆流再生工艺时，必须从设备结构和运行操作采取措施，以防止溶液向上流动时发生树脂乱层。

（1）交换器的结构。逆流再生离子交换器的结构和管路系统如图 3-10 和图 3-11 所示。与顺流再生离子交换器结构不同的地方：在树脂层表面设有中间排液装置，主要作用是：①使向上流动的再生液和清洗水能均匀地从此装置中排走，不会因为有水流流向树脂层上面的空间而扰动树脂层；②它还兼作小反洗的进水装置和小正洗的排水装置；③在树脂层上面加压脂层，一是过滤掉水中的悬浮物，使它不进入下部树脂层中，这样便于将其洗去而不影响下部的树脂层态；二是可以使顶压空气或水通过压脂层均匀地作用于整个树脂层表面，从而起到防止树脂向上窜动的作用。

压脂层的材料目前一般都用树脂，即与下面层树脂相同的材料，其厚度为 150～200mm。由于运行中树脂被压实，加上失效转型后体积缩小（强酸树脂及强碱树脂），所以压脂层厚度应是在树脂失效后的压实状态下，能维持在中间排液管以上的厚度。

（2）交换器运行。在逆流再生离子交换器的运行操作中，制水过程和顺流式没有区别。再生操作是随防止乱层措施的不同而异，下面以采用压缩空气顶压的方法为例说明其再生操作，如图 3-12 所示。

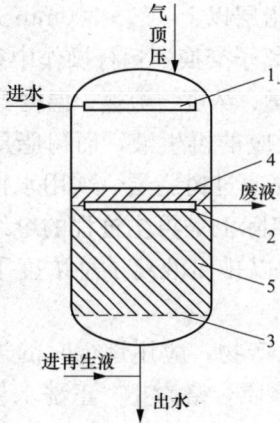

图 3-10　逆流再生离子交换器结构　　　　　图 3-11　气顶压逆流再生离子交换器管道系统
1—进水装置；2—中间排液装置；
3—排水装置；4—压脂层；5—树脂层；

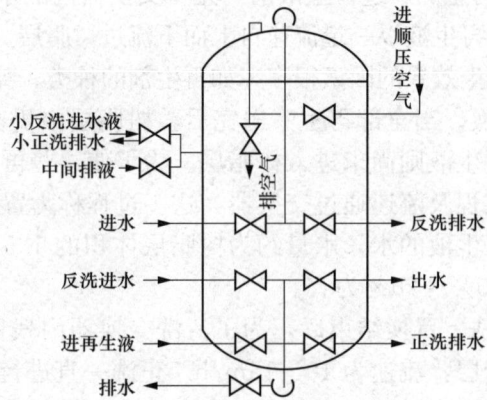

1）小反洗［见图 3-12（a）］。为了保持有利于再生的失效层不乱，不能像顺流再生那样，每次再生前对整个树脂层进行反洗，而是只对中间排液管上面的压脂层进行反洗，以冲洗掉运行时积聚在压脂层中的污物。小反洗用水为该级交换器的进口水，流速按压脂层膨胀 50%～60% 控制，反洗一直到排水澄清为止。系统中的第一交换器，一般为 15～20min，串联其后的交换器一般为 5～10min。

2）放水［见图 3-12（b）］。小反洗后，待树脂沉降下来以后，打开中排放水门，放掉中间排液装置以上的水，使树脂处于无水状态。

3）顶压［见图 3-12（c）］。从交换器顶部送入压缩空气，使气压维持在 0.03～0.05MPa。用来顶压的空气应经除油净化。

4）进再生液［见图 3-12（d）］。在顶压的情况下，将再生液送入交换器内，控制再生液浓度和再生速度，进行再生。

5）逆流清洗［见图 3-12（e）］。当再生液进完后，关闭再生液计量器出口门，按再生液的流速和流程继续用除盐水进行清洗。清洗时间一般为 30～40min，清洗水量为树脂体积的1.5～2 倍。

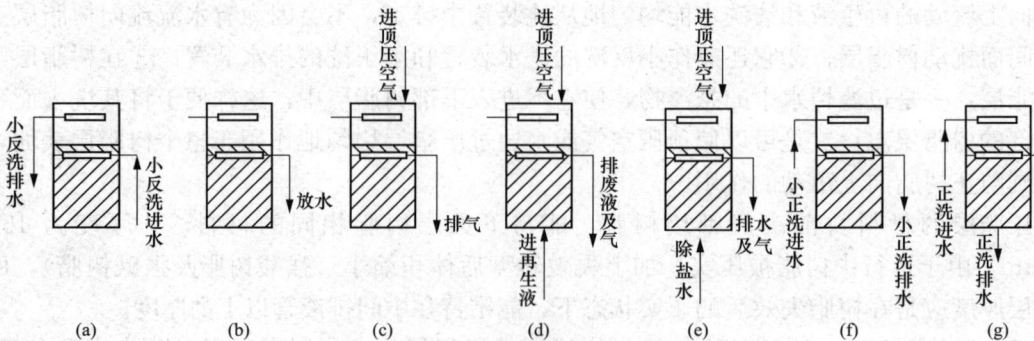

图 3-12　逆流再生装置操作过程示意
（a）小反洗；（b）放水；（c）顶压；（d）进再生液；（e）逆流清洗；（f）小正洗；（g）正洗

逆流清洗结束后，应先关闭进水门停止进水，然后再停止顶压，防止乱层。在逆流清洗过程中，应使气压稳定。

6）小正洗［见图 3-12(f)］。再生后压脂层中往往有部分残留的再生废液，如不清洗干净，将影响运行时的出水水质。小正洗时，水从上部进入，从中间排液管排出，流速一般阳树脂为 10～15m/h，阴树脂为 7～10m/h，时间为 5～10min。小正洗用水为运行时进口水。此步也可以用小反洗的方式进行。

7）正洗［见图 3-12(g)］。最后按一般运行方式用进水自上而下进行正洗，流速 10～15m/h，直到出水水质合格，即可投入运行。

交换器经过多周期运行后，下部树脂层也会受到一定程度污染，因此必须定期对整个树脂层进行大反洗。由于大反洗扰乱了树脂层，所以大反洗后再生时，再生剂用量应比平时增加 50%～100%。大反洗的周期应视进水的浊度而定，一般为 10～20 个周期。大反洗用水为运行时的进口水。

大反洗前应进行小反洗松动压脂层和去除其中的悬浮物。进行大反洗的流速应由小到大，逐步增加，以防中间排液装置损坏。

水顶压就是用压力水代替压缩空气，使树脂处于压实状态。再生时将压力 0.05MPa 的水以再生流量的 0.4～1 倍引入交换器顶部，通过压脂层后，与再生废液一起由中间排液管排出。水顶压法的操作与气顶压法基本相同。

（3）无顶压逆流再生。如果将逆流再生离子交换器的中间排液装置上的孔开得足够大，使这些孔的水流阻力较小，并且在中间排液装置以上仍装有一定厚度的压脂层，那么在无顶压情况下逆流再生操作时就不会出现水面超过压脂层的现象，因而树脂层就不会发生扰动，这就是无顶压逆流再生。

研究结果表明，对于阳离子交换器来说，只要将中间排液装置的小孔流速控制在 0.1～0.15m/s 和压脂层厚度保持在 100～200mm，就可在再生液的上升流速为 7m/h 时不需任何顶压措施，树脂层也能保持稳定，并能达到逆流再生的效果。对于阴离子交换器来说，因阴树脂的湿真密度比阳树脂小，小孔流速控制在不超过 0.1m/s，那么再生液上升流速为 4m/h 时，树脂性也是稳定的。但是，由于孔阻力减小，其排液均匀性差一些，因此无顶压逆流再生的中间排液装置的水平性更为重要。

无顶压逆流再生装置的操作步骤与顶压再生操作步骤基本相同，只是不进行顶压。与顺流再生相比，逆流再生工艺具有以下优点：

1）对水质适应性强。当进水含盐量较高或 Na^+ 比值较大而顺流工艺达不到水质要求时，可采用逆流再生工艺。

2）出水水质好。由逆流再生离子交换器组成的除盐系统，强酸 H^+ 交换器出水 Na^+ 含量低于 $100\mu g/L$，一般在 $20～30\mu g/L$；强碱 OH^- 交换器出水 SiO_2 低于 $100\mu g/L$，一般在 $10～20\mu g/L$，电导率通常低于 $2\mu S/cm$。

3）再生剂比耗低。一般为 1.5 左右。视水质条件的不同，再生剂用量比顺流再生节约 50%～100%，因而排废酸、废碱量也少。

4）自用水率低。一般比顺流的低 30%～40%。

但逆流再生设备和运行操作更复杂一些，对进水浊度要求较严，一般浊度≤2mg/L，以减少大反洗次数。

3. 分流再生离子交换器

（1）交换器结构。分流再生离子交换器的结构和逆流再生离子交换器基本相似，只是将中间排液装置设置在树脂层表面下 400～600mm 处，不设压脂层。

（2）工作过程。交换器失效后，先进行上部反洗，水由中间排液装置进入，由交换器顶部排出，使中排管以上的树脂得以反洗。然后进行再生，再生液分两股，小部分自上部、大部分自下部同时进入交换器，废液均从中间排液装置排出。置换的流程与进再生液相同。运行时水自上而下流过整个树脂层。在这种交换器中，下部树脂层为对流再生，上部树脂层为顺流再生。因此这种再生方式又称顺流再生法，简称 CCCR 法。

（3）工艺特点。

1）分流再生流过上部的再生液可以起到顶压作用，所以无须另外用水或空气顶压；中排管以上的树脂起到压脂层的作用，并且也能获得再生，所以交换器中树脂的交换容量利用率较高。

2）由于再生液由交换器的上、下端进入，所以两端树脂都能够得到较好的再生，最下端树脂的再生度最高，从而保证了运行出水的水质。尽管每周期对中排管以上的树脂进行反洗，但中排管以下树脂层仍保持着逆流再生的有利层态，所以可取得较好的再生效果。

3）用 H_2SO_4 进行再生时，这种再生方式可以有效地防止 $CaSO_4$ 沉淀在树脂层中析出。因为分流再生时，可以用两种不同浓度的再生液同时对上、下树脂层进行再生，由于上部树脂层中主要是 Ca^{2+} 型树脂，最易析出 $CaSO_4$ 沉淀，为此用较低浓度的 H_2SO_4 溶液以较高的流速进行再生除去 Ca^{2+}，加之含有 Ca^{2+} 的水流过树脂层的距离短，所以可防止 $CaSO_4$ 沉淀在这一层树脂中析出。而下部树脂层中主要是 Mg^{2+} 型和 Na^+ 型树脂，故可以用最佳浓度的 H_2SO_4 溶液和最佳的流速进行再生，保证了再生效果。

4. 浮床式离子交换器

浮动床的运行是在整个树脂层被托起的状态下（称为成床）进行的，离子交换反应是在水向上流动的过程中完成。树脂失效后，停止进水，使整个树脂层下落（称为落床），于是可进行自上而下的再生。

（1）交换器的结构。浮动床本体结构如图 3-13 所示，管路系统如图 3-14 所示。

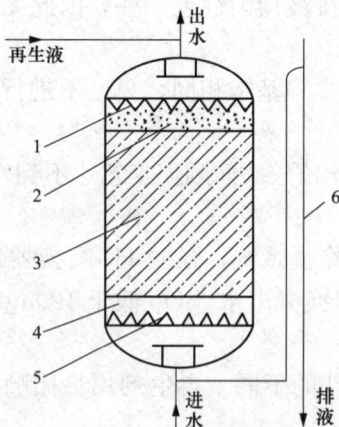

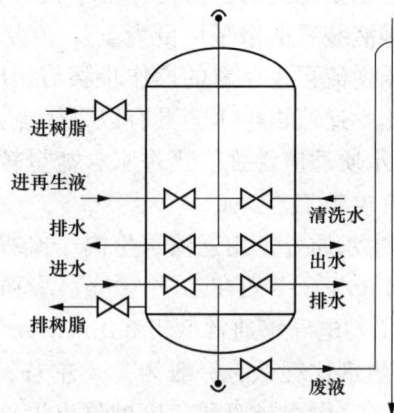

图 3-13　浮动床本体结构示意　　　　图 3-14　浮动床管路系统

1—顶部出水装置；2—惰性树脂层；3—树脂层；

4—水垫层；5—下部进水装置；6—倒 U 形排液管

1) 底部进水装置。该装置起分配进水和汇集再生废液的作用，常用形式有穹形孔板石英砂垫层式、多孔板加水帽式。大、中型设备用得最多的是穹形孔板石英砂垫层式，石英砂层在流速 80m/h 以下不会乱层，但当进水浊度较高时，会因截污过多，清洗困难。

2) 顶部出水装置。该装置起收集处理好的水、分配再生液和清洗水的作用。常用形式有多孔板夹滤网式、多孔板加水帽式和弧形母管支管式。前两者多用于小直径浮动床，大直径浮动床多采用弧形母管支管式的出水装置。

多数浮动床以出水装置兼作再生液分配装置，但由于再生液流量比进水流量小得多，故这种方式很难使再生液分配均匀。为此，通常在树脂层面以上填充约 200mm 高、密度不小于水、粒径为 1.0～1.5mm 的惰性树脂层，以改善再生液分布的均匀性。

3) 树脂层和水垫层。运行时，树脂层在上部，水垫层在下部；再生时，树脂层在下部，水垫层在上部。

为防止床或落床时树脂层乱层，浮动床内树脂基本上是装满水的，水垫层很薄。

水垫层的作用：一是作为树脂层体积变化时的缓冲高度；二是使水流和再生液分配均匀。水垫层不宜过厚，否则在成床或落床时，树脂会乱层，这是浮动床最忌讳的；若水垫层厚度不足，则树脂层体积增大时会因为没有足够的缓冲高度，而使树脂受压、挤碎以及水流阻力增大。合理的水垫层厚度，应是树脂在最大体积（水压实）状态下，以 0～50mm 为宜。

4) 倒 U 形排液管。浮动床再生时，如废液直接由底部排出容易造成交换器内负压而进入空气。由于交换器内树脂层以上空间很小，空气会进入上部树脂层并聚集，使这里的树脂不能与再生液充分接触。为解决这一问题，常在再生排液管上加装倒 U 形管，并在倒 U 形管顶开孔通大气，以破坏可能造成的虹吸，倒 U 形管顶应高出交换器上封头。

(2) 运行。浮动床的运行过程：制水→落床→进再生液→置换→下流清洗→成床、上流清洗，再转入制水。上述过程构成一个运行周期。

1) 落床。当运行至出水水质达到失效标准时，停止制水，靠树脂本身重力从下部起逐层下落，在这一过程中同时还可以起到疏松树脂层、排除气泡的作用。

2) 进再生液。一般采用水射器输送。先启动再生专用水泵（也称自用水泵），调整再生流速；再开启再生计量箱出口门，调整再生液浓度，进行再生。

3) 置换。待再生液进完后，关闭计量箱出口门，继续按再生流速和流向进行置换，置换水量约为树脂体积的 1.5～2 倍。

4) 下流清洗。置换结束后，开清洗水门，调整流速至 10～15m/h 进行下流清洗，一般需 15～30min。

5) 成床、上流清洗。用进水以 20～30m/h 的较高流速将树脂层托起，并进行上流清洗，直至出水水质达到标准时，即可转入制水。

(3) 树脂的体外清洗。由于浮动床内树脂是基本装满的，没有反洗空间，故无法进行体内反洗。当树脂需要反洗时，需将部分或全部树脂移至专用清洗装置内进行清洗。经清洗后的树脂送回交换器后再进行下一个周期的运行。清洗周期取决于进水中悬浮物含量的多少和设备在工艺流程中的位置，一般是 10～20 个周期清洗一次。清洗方法有下述两种：

1) 水力清洗法。它是将约一半的树脂输送到体外清洗罐中，然后在清洗罐和交换器串联的情况下进行水反洗，反洗时间通常为 40～60min。

2) 气-水清洗法。它是将树脂全部送到体外清洗罐中，先用经净化的压缩空气擦洗 5～

10min，然后再用水以 7～10m/h 流速反洗至排水透明为止。该清洗法效果好，但清洗罐容积要比交换器大一倍左右。

清洗后的再生，也应像逆流再生离子交换器那样增加 50％～100％的再生剂用量。

（4）工艺特点。

1）浮动床成床时，其流速应突然增大，不宜缓慢上升，以便成床状态良好。在制水过程中，应保持足够的水流速度，不得过低，以避免出现树脂层下落的现象。为了防止低流速时树脂层下落，可在交换器出口设回流管，当系统出力较低时，可将部分出水回流到该级之前的水箱中。此外，浮动床制水周期中不宜停床，尤其是后半周期，否则会导致交换器提前失效。

2）由于浮动床制水时和再生时的液流方向相反，因此，与逆流再生离子交换器一样，可以获得较好的再生效果。再生后树脂层中的离子分布，对保证运行时出水水质是非常有利的。

3）浮动床除了具有对流再生工艺的优点之外，还具有水流过树脂层时压头损失小的特点。这是因为它的水流方向和重力方向相反，在相同流速条件下，与水流从上而下的流向相比，树脂层的压实程度小，因而水流阻力也小，这也是浮动床可以高流速运行和树脂层可以较高的原因。

4）浮动床体外清洗增加了设备和操作的复杂性，为了不使体外清洗次数过于频繁，对进水浊度应要求严格，一般浊度≤2mg/L。

（5）浮动床清洗方式的变革。为了解决浮动床不能体外清洗这一问题，有人提出了另外的床型，如提升床和清洗床。下面简单介绍提升床。

提升床的交换器分上、下两室，上室几乎填满树脂，下室留有 50％～100％的反洗空间。两室之间有一块装有双向水帽的隔板，以沟通上下水流，在交换器外有一根带阀门的连通管，把上下两室连通，用于输送树脂。交换器顶部装有带水帽的隔板，隔板下装填一层密度比水小的惰性树脂，以保护水帽不被堵塞。

提升床交换器的运行和再生与普通浮动床大体相同，所不同的是反洗方式。该设备下室可以经常反洗，这对于运行中截留悬浮物较多的下室是必要的。当上室需要进行反洗时，按下述操作进行：开启连通门，将部分树脂由上室通过连通管卸至下室，然后对上室树脂进行反洗，反洗结束后，再将下室部分树脂移回到上室，至装满为止。上室树脂反洗后第一次再生时，须增加 50％～100％的再生剂用量，以保证出水水质。

提升床运行中间可以停床，即使下室树脂乱层运行，但由于上室树脂是装满的，所以对出水水质影响不大。

5. 双层床和双室床

双层床和双室床都是属于强、弱型树脂联合应用的离子交换装置。

（1）双层床。在复床除盐系统中的弱型树脂总是与相应的强型树脂联合使用，为了简化设备可以将它们分层装填在同一个交换器中，组成双层床的形式。装填弱酸性阳树脂和强酸性阳树脂的称阳双层床，装填弱碱性阴树脂和强碱性阴树脂的称阴双层床。

在双层床式的离子交换器中，通常是利用弱型树脂的密度比相应的强型树脂小的特点，使其处于上层，强型树脂处于下层。在交换器运行时，水的流向自上而下先通过弱型树脂层，后通过强型树脂层；而再生时，再生液的流向自下而上先通过强型树脂层，后通过弱型树脂层。所以，双层床离子交换器属逆流再生工艺，具备逆流再生工艺的特点。

为了使双层床中强型树脂和弱型树脂都能发挥它们的长处，离子交换树脂应能有好的分层。为此，对所用树脂的密度、颗粒大小都有一定要求。树脂生产厂家提供有适用于双层床的专用配套离子交换树脂。

双层床的运行和再生操作与逆流再生离子交换器相同。

（2）双室双层床。双层床的弱、强两种树脂虽然由于密度的差异，能基本做到分层，但要做到完全分层是困难的。若在两种树脂交界处有少量树脂相混杂，对运行效果的影响不大；若混层范围大，则混入强型树脂层中的弱型树脂不能发挥交换作用，混入弱型树脂层中的强型树脂得不到再生，使得运行效果大大下降。

双室双层床是将交换器分隔成上、下两室，弱、强树脂各处一室，强型树脂在下室，弱型树脂在上室，这样就避免了因树脂混层带来的问题。上、下两室间通常装有带双向水帽的多孔板，以沟通上、下两室的水流。为了防止细碎的强型树脂堵塞水帽的缝隙，可在强型树脂的上面填充密度小而颗粒大的惰性树脂层。

在此种设备中，由于下室中是装满树脂的，所以不能在体内进行清洗，需另设体外清洗装置。双室双层床的运行和再生操作与双层床相同。

（3）双室双层浮动床。在双室双层床中，如果将弱型树脂放下室，强型树脂放上室，运行时采用水流自上而下的浮动床方式，则该设备称为双室双层浮动床。

在这种设备中，由于上、下室中是基本装满树脂的，所以不能在体内进行清洗，需另设专用的树脂清洗装置。双室双层浮动床的运行和再生操作与普通浮动床相同。

二、除碳器

1. 除 CO_2 原理

CO_2 气体在水中的溶解服从于亨利定律，即在一定温度下气体在溶液中的溶解度与溶面上该气体的分压成正比。所以，只要降低与水相接触气体中 CO_2 的分压，溶于水中的游离 CO_2 便会从水中解吸出来，从而将水中游离 CO_2 除去。除碳器就是根据这一原理设计的。

降低 CO_2 气体分压的办法：一是在除碳器中鼓入空气，即大气式除碳；二是从除碳器的上部抽真空，即真空式除碳。

2. 大气式除碳器

除碳器工作时，水从上部进入，经布水装置淋下，通过填料层后，从下部排入水箱。用来除 CO_2 的空气是由风机从除碳器底部送入，通过填层后由顶部排出。

在除碳器中，由于填料的阻挡作用，从上面流下来的水被分散成许多小股水流、水滴或水膜，以增大空气与水的接触面积。由于空气中 CO_2 的量很少，它的分压约为大气压的 0.03%，所以当空气和水接触时，水中 CO_2 便会析出并被空气带走，排至大气。

在 $20℃$，当水中 CO_2 和空气中 CO_2 达平衡时，水中 CO_2 含量应等于 $0.5mg/L$，但实际设备中它们尚未达到平衡，所以通过大气式除碳器后，一般可将水中的 CO_2 含量降至 $5mg/L$ 左右。

3. 真空式除碳器

真空式除碳器是利用真空泵或喷射器从除碳器上部抽真空，使水达到沸点而除去溶于水中的气体，所以也称除气器。这种方式不仅能除去水中的 CO_2，而且能够除去溶于水中的 O_2 和其他气体，因此能防止后面的阴树脂氧化和管道的氧腐蚀。

通过真空式除碳器后，水中 CO_2 可降至 3mg/L 以下，残余 O_2 低于 0.03mg/L。真空式除碳器所用的填料与大气式的相同。采用喷淋成雾或在填料表面形成薄水膜的办法来增大水、气接触面积；增加填料层高度；提高真空度、尽快抽除水中解吸出来的气体；在可能的情况下提高水温，有利于提高除碳效果。

三、混合床除盐

经过一级复床除盐处理过的水，虽然水质已经很好，但通常还达不到非常纯的程度，其主要原因是位于系统首位的 H 离子交换器的出水中有强酸，离子交换的逆反应倾向比较显著，以致出水中仍残留少量的 Na^+。当对水质要求更高时，尽管可采取增加级数的办法来提高水质，但增加了设备的台数和系统的复杂性。为了解决这个问题，采用混合床除盐是一种有效的办法。

所谓混合床就是将阴、阳树脂按一定比例均匀混合装在同一交换器中，水通过混合床时就能完成许多级阴、阳离子交换过程。

对于由不同类别树脂组成的混合床，其出水水质是不同的，强酸强碱混合床出水电导率为 $0.1\mu S/cm$，出水 SiO_2 含量为 $0.02\sim0.1mg/L$；强酸弱碱混床出水电导率为 $1\sim10\mu S/cm$，出水 SiO_2 含量不变；弱酸强碱混床出水电导率为 $1\mu S/cm$，出水 SiO_2 含量为 $0.02\sim0.15mg/L$。

对水质要求很高时，混合床中所用树脂必须都是强型的，弱酸弱碱树脂的混合床出水水质很差，一般不采用。

混合床按再生方式分体内再生和体外再生两种。下面主要介绍的混合床均是指体内再生的由强酸性树脂和强碱性树脂组成的混合床。

1. 除盐原理

混合床离子交换除盐，就是把阴、阳离子交换树脂放在同一个交换器中，在运行前，先把它们分别再生成 OH^- 型和 H^+ 型，然后混合均匀。所以，混合床可以看作是由许许多多阴、阳树脂交错排列而组成的多级式复床。

在混合床中，由于运行时阴、阳树脂是相互混匀的，所以其阴、阳离子的交换过程几乎是同时进行的。或者说，水中阳离子交换和阴离子交换是多次交错进行的，因此经 H 离子交换所产生 H^+ 和经 OH^- 离子交换所产生的 OH^- 都不会累计起来，而是马上相互中和生成 H_2O，这就使反应进行得十分彻底，出水水质很好。

混合床中树脂失效后，应先将两种树脂分离，然后分别进行再生和清洗。再生清洗后，再将两种树脂混合均匀，又投入运行。

在高参数、大容量锅炉的发电厂中，由于锅炉补给水的用量较大和原水含盐量较高，如单独使用混合床，再生将过于频繁，所以混合床都是串联在复床除盐系统之后使用的。只有在处理凝结水时，由于被处理水的离子浓度低，才单独使用混合床。

2. 混合床中的树脂

为了便于混合床中阴、阳树脂分离，两种树脂的湿真密度差应大于 15%。为了适应高流速运行的需要，混合床使用的树脂应该是机械强度高、颗粒大小均匀。

确定混合床中阴、阳树脂比例的原则是使两种树脂同时失效，以获得树脂交换容量的最大利用率。由于不同树脂的工作交换容量不同，进水水质条件和对进水水质要求的差异，应根据具体情况确定混合床中阴、阳树脂的比例。

一般来说，混合床中阳树脂的工作交换容量是阴树脂的 $2\sim3$ 倍。因此，如果单独采用混合床除盐，则阴、阳树脂的体积比应为（2～3）：1；若用于一级复床之后，因其进水 pH 值在 7～8，则阳树脂的比例应单独混床时高些，目前国内采用的强碱阴树脂与强酸阳树脂的体积比通常为 2：1。

3. 运行操作

（1）反洗分层。混合床除盐装置运行操作中的关键问题之一，就是如何将失效的阴阳树脂分开，以便分别通入再生液进行再生。在火力发电厂水处理中，目前都是用水力筛分法对阴阳树脂进行分层。这种方法就是借反洗的水力将树脂悬浮起来，使树脂层达到一定的膨胀率，利用阴、阳树脂的湿真密度差，达到分层的目的。阴树脂的密度较阳树脂的小，分层后阴树脂在上，阳树脂在下。所以只要控制适当，可以做到两层树脂之间有一明显的分界面。

反洗开始时，流速宜小，待树脂层松动后，逐渐加大流速到 10m/h 左右，使整个树脂层的膨胀率在 50%～70%，维持 10～15min，一般即可达到较好的分离效果。

两种树脂是否能分层明显，除与阴、阳树脂的湿真密度差、反洗水流速有关外，还与树脂的失效程度有关。树脂失效程度大的容易分层，否则就比较困难，这是由于树脂在吸着不同离子后，密度不同，沉降速度不同所致。

对于阳树脂，不同离子型的密度排列顺序：$H^+ < NH_4^+ < Ca^{2+} < Na^+ < K^+$。

阴树脂不同离子型的密度排列顺序：$OH^- < Cl^- < CO_3^{2-} < HCO_3^- < NO_3^- < SO_4^{2-}$。

由上述排列顺序可知，失效程度大者容易分层，反之困难。

此外，有一种称作三层混床的，可以改善分离效果。即加入一种湿真密度介于阴、阳树脂之间的惰性树脂，只要粒度和密度合适，就可做到反洗后惰性树脂正好处于阴、阳树脂之间的中排管位置处，这样就可以避免再生时阴、阳树脂因接触对方的再生液而造成的交叉污染，以提高混床的出水水质。

新的 H^+ 型和 OH^- 型树脂有时还有抱团现象（即相互黏结成团），也使分层困难。为此，可在分层前先通入 NaOH 溶液以破坏抱团现象，同时还可使阳树脂转变为 Na^+ 型，将阴树脂再生成 OH^- 型，从而加大阴、阳树脂的湿真密度差，这对提高阴、阳树脂的分层效果有利。

（2）再生。这里只介绍体内再生法，即树脂在交换器内进行再生的方法。根据进酸、进碱和清洗步骤的不同，可分为两步法和同时再生法。

1）两步法。两步法指酸、碱再生液不同时进入交换器，而是分先后进入。它又可分为碱液流过阴、阳树脂的两步法和碱、酸先后分别通过阴、阳树脂的两步法。

在大型装置中，一般采用后者，其操作过程如图 3-15 所示。其具体做法是在反洗分层后，放水至树脂表面上约 100mm 处，从上部送入碱液再生阴树脂，废液从阴、阳树脂分界处的中排管排出，接着按同样的流程清洗阴树脂，直到排水的 OH^- 降至 0.5mmol/L 以下。在上述过程中，也可以用少量水自下部通过阳树脂层，以减轻碱液对阳树脂的污染。然后，由底部进酸再生阳树脂，废液也由中排管排出。同时，为防止酸液进入已再生好的阴树脂层中，需继续自上部通以小流量的水清洗阴树脂。阳树脂的清洗流程也和再生时相同，清洗至排水的酸度降到 0.5mmol/L 以下为止，最后进行整体正洗，即从上部进水，底部排水，直至出水电导率小于 $1.5\mu S/cm$ 为止。在正洗过程中，有时为了提高正洗效果，可以进行一次 2～3min 的短时间反洗，以消除死角残液。

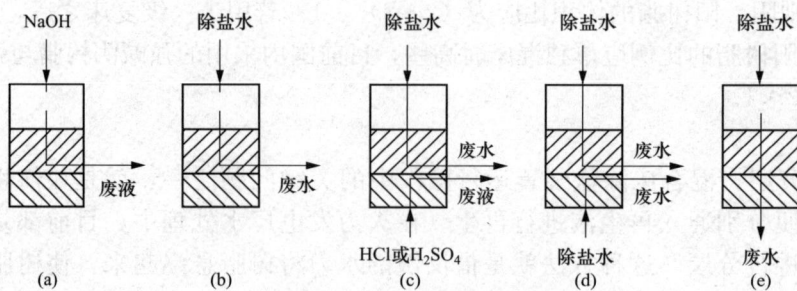

图 3-15　混合床两步再生法示意
(a) 阴树脂再生；(b) 阴树脂清洗；(c) 阳树脂再生，阴树脂清洗；
(d) 阴、阳树脂各自清洗；(e) 正洗

2) 同时再生法。再生时，由混床上、下同时送入碱液和酸液，并接着进清洗水，使之分别经阴、阳树脂层后，由中排管同时排出。采用此法时，若酸液进完后，碱液还未进完时，下部仍以同样流速通清洗水，以防碱液串入下部污染已再生好的阳树脂。

（3）阴、阳树脂的混合。树脂经再生和清洗后，在投入运行前必须将分层的树脂重新混合均匀。通常采用从底部通入压缩空气的办法搅拌混合。这里所用的压缩空气应经过净化处理，以防止其中有油类杂质污染树脂。

（4）正洗。混合后的树脂层，还要用盐水以 10～20m/h 的流速进行正洗，直至出水合格后（如 SiO_2 含量低于 20g/L，电导率低于 $0.2\mu S/cm$），方可投入运行。正洗初期，由于排水浑浊，可将其排入地沟，待排水变清后，可回收利用。

（5）制水。混合床的运行制水可以采用更高的流速，通常对凝胶型树脂可取 40～60m/h，如用大孔型树脂可高达 100m/h 以上。

混合床的运行失效标准：当其用于一级除盐设备之后时，出水电导率为 $0.2\mu S/cm$ 或 SiO_2 含量为 $20\mu g/L$；也可按预定的运行时间或产水量控制，即在前级除盐装置出水 $\leqslant 0.2\mu S/cm$，$SiO_2\leqslant20\mu g/L$ 的水质条件下，混合床产水比按 10000～15000m/m 树脂计，来估算运行时间或产水量。此外，也有按进出口压力差控制的。

4. 混合床运行的特点

（1）出水水质优良。用强酸性和强碱性树脂组成的混床，其出水残留的含盐量在 1.0mg/L 以下，电导率在 $0.2\mu S/cm$ 以下，残留的 SiO_2 含量在 $20\mu g/L$ 以下，pH 值接近中性。

（2）出水水质稳定。混合床经再生清洗后开始制水时，出水电导率下降极快，在工作条件有变化时，一般对出水水质影响不大。

（3）间断运行对出水水质影响较小。无论是混床或是复床，当停止制水后再投入时，开始的出水水质都会下降，要经短时间后才能恢复到原来的水平。但恢复到正常所需的时间，混床只要 3～5min，而复床则需要 10min 以上。

（4）终点明显。混床在运行末期失效前，出水电导率上升很快，这有利于运行监督。

（5）混床设备较少。混床设备比复床少，且布置集中。主要缺点：①树脂交换容量的利用率低；②树脂损耗大；③再生操作复杂，需要的时间长；④为保证出水水质，常需投入较多的再生剂。

混床的应用见图 3-16 和图 3-17。

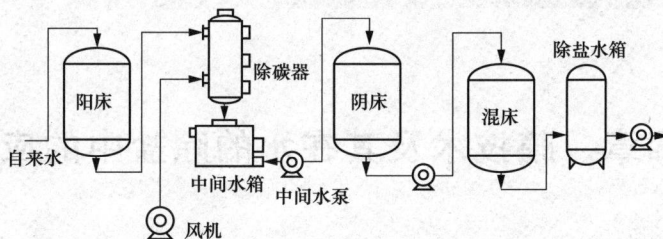

图 3-16　某电厂以自来水为水源的化学水处理系统工艺流程

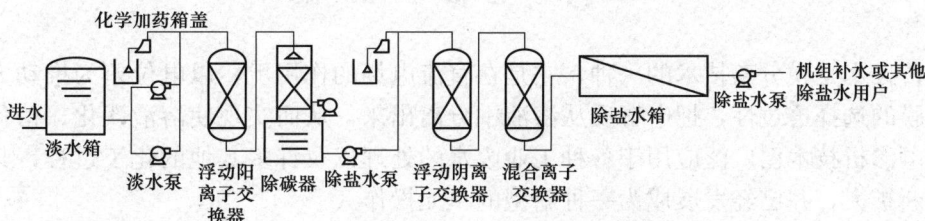

图 3-17　某电厂的化学水处理系统工艺流程

习　题

1. 名词解释

碳酸盐硬度、非碳酸盐硬度、碱度、COD、BOD、湿真密度、交换容量、工作层。

2. 简述混凝处理在补给水处理中的作用。

3. 讨论阴阳树脂混杂时，如何将它们分开？

4. 简述混床除盐原理。

5. 试述一级复床除盐处理的原理。

6. 讨论为什么单元制一级复床除盐系统中，阴床先失效时，除盐水电导率先下后上升。

7. 讨论固定床逆流再生为什么比顺流再生效果更好。

8. 试述什么是离子交换树脂的选择性，它与除盐装置的选择有什么关系？

9. 试述逆流再生固定床有何优缺点。

10. 讨论强酸树脂和弱酸树脂有何区别。

第四章　膜技术及其在水的除盐中的应用

第一节　电渗析除盐

电渗析技术是膜分离技术的一种，它是在直流电场的作用下，以电位差为推动力，利用离子交换膜的选择透过性，把电解质从溶液中分离出来，从而实现使溶液淡化、精化或纯化的目的。电渗析技术已广泛应用于各种工业废水的处理以及许多其他的化工过程，其应用范围还在不断扩大，并已经发展成为一种新型的单元操作。

1. 电渗析器基本结构

电渗析器装置主要由电渗析器本体设备和辅助设备两大部分组成。电渗析器本体设备又可分成膜堆、极区和夹紧装置三部分。辅助设备包括整流器、水泵、流量计、过滤器、水箱和仪器仪表等（见图 4-1）。

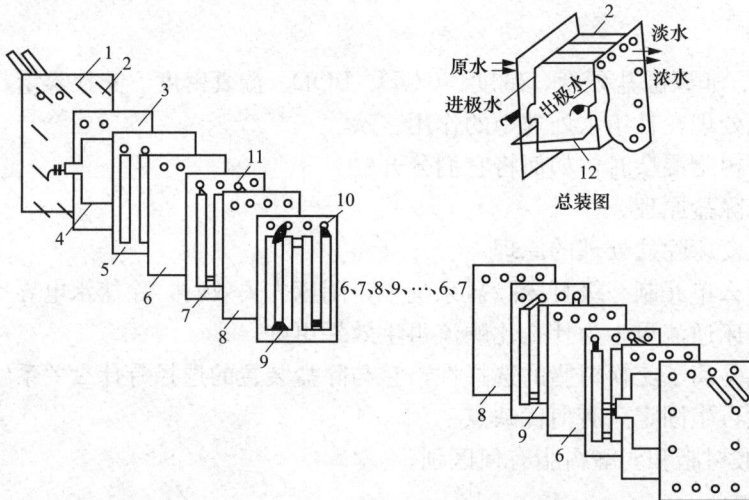

图 4-1　电渗析器装置主体设备结构示意

1—夹板；2—螺杆；3—极板；4—正电极；5—极框；6—阳膜；7—隔板甲；
8—阴膜；9—隔板乙；10—淡水汇合孔；11—浓水汇合孔；12—连管

2. 电渗析器的主要部件

（1）离子交换膜。电渗析器所用的膜为离子交换膜。离子交换膜是一种具有离子交换性能的高分子材料制成的薄膜，选择透过性是它的主要机理。离子交换膜可以分为阳膜和阴膜两类。阳膜只允许水中的阳离子透过而阻挡阴离子，相反，阴膜只允许水中阴离子透过而阻挡阳离子。离子交换膜的性能对电渗析效果影响很大。工业废水的成分与水质状况相当复杂，研制与选用适宜于废水处理的膜十分重要。目前，电渗析膜技术已逐步趋于成熟，另外，电渗析器产水量和脱除率也大幅度提高，现在较大型的单台电渗析器脱除率可达80%～90%，当采用多级多段膜堆串联并自动频繁倒极时，脱除率可达99%以上。

大型锅炉烟气水膜除尘器循环水中有害物质主要离子为硫酸根，亚硫酸根，经过电渗析后出口的水可以使废水中有害物淡化，该方法具有装置简单、设备投资省、操作管理方便、处理水成本低、所需能量较小、出水质量稳定及有较好的经济和社会效益等优点，反应后还可把浓度较大的废水提取出来再废物利用，不会造成二次污染、腐蚀，处理效果较好。

（2）隔板。隔板的作用是支撑和隔离膜、形成浓缩室和淡水室，增加水流紊动。隔板材料有聚氯乙烯、聚丙烯、橡胶类等，厚度一般为0.5～1.5mm，隔板最大尺寸为800mm×1600mm。

（3）电极。电极材料有石墨、铅、不锈钢、铅银合金等。石墨电极可作阳极和阴极，厚度一般为20～30mm，它具有价格低和无毒的优点，但易脆。铅电极也可作阳极和阴极，厚度一般为3～5mm，加工容易，但易腐蚀，有毒性。不锈钢电极一般用作阴极，厚度一般为2～3mm，加工容易。

（4）极框。极框是放置在电极与膜堆之间供极水流通的隔板。它应该有足够的机械强度，起支撑膜堆和排气、排垢作用，要求水流通畅，无水流死角。

（5）保护室。在极水室隔板和膜堆之间设保护室，由一块隔板、一张抗氧膜和一块多孔板组成。

（6）夹紧装置。为防止电渗析内漏外泄，用钢板或铸铁板两端对夹，四周用螺杆锁紧。

3. 电渗析器常见异常及处理方法

电渗析器常见异常及处理方法见表4-1。

表 4-1　　　　　　　　　电渗析器常见异常现象及处理方法

异常现象	产生原因	处理方法
膜堆偏移	锁紧螺杆时，用力不均	拆开重装
本体漏水	① 螺杆未锁紧； ② 隔板边框处有杂物或隔板破裂； ③ 隔板和离子膜厚薄不均，中间厚，两边薄，无法锁紧	① 重新锁紧； ② 用石棉绳或纱丝填；拆开重装并更换坏隔板； ③ 拆开重装，在薄处加塑料薄膜垫片
试车时压力过高	① 本体组装时，隔板进出孔未对准； ② 部分隔板框收缩变形； ③ 隔板网厚度匹配不好	① 拆开重装； ② 更换收缩变形隔板框； ③ 重新匹配
有压力，但本体不出水	级段间水流导向时，进出水孔堵错	重新组装
膜堆凸凹不平	在夹紧段中膜数太多	每段膜数不应超过150对，可设小膜或分组
运行一段时间后，压力上升，流量降低，水质降低	① 原水处理不好； ② 膜堆和极室沉淀积垢严重	① 加强原水预处理工作； ② 拆开清洗隔板、离子交换膜和极室，并重新组装，控制电渗析器在极限电流下运行
膜堆发热	① 断水时继续通电，引起沉淀，结垢而发热； ② 水流分布不均	① 严格监视电压和电流的变化； ② 控制通水速度，必要时应减少膜对数

异常现象	产生原因	消除方法
脱盐率降低	① 隔板或部分阴、阳膜装错； ② 离子膜破裂； ③ 电路系统接触不良； ④ 离子膜受有机物或金属污染； ⑤ 局部极化使膜性能下降； ⑥ 浓、淡水管装错或浓水阀关不紧	① 拆开重装； ② 换掉损坏的离子膜； ③ 检查电路系统，保持电路各接点接触良好； ④ 定期用酸、碱液清洗离子膜； ⑤ 采取预防极化措施、酸洗； ⑥ 注意浓、淡水管的组装，关紧浓水阀
本体变形	① 开车时，阀门开启太快，使电渗析器骤然升压，将隔板冲击外凸变形； ② 停车时，阀门关闭太快，使本体失压，促使膜堆内凹变形	① 开车时注意压力、流量变化，缓慢调整； ② 停车时，缓慢关闭阀门，务使本体失压过分显著；另外，在本体最高处置一放空门，破坏真空

第二节　反 渗 透 除 盐

一、反渗透概述

反渗透是当代先进的水处理脱盐技术，其脱盐率一般为 95% 以上，主要用于含盐量较高的水质。反渗透（RO）系统包括水的预处理、反渗透处理、后处理三部分。其基本原理为在浓溶液一侧外加大于渗透压的压力，浓溶液中的水就会通过半透膜流向稀溶液，使得浓溶液的浓度更大，这一同渗透相反的过程，称为反渗透。

二、反渗透预处理

1. 预处理的目的

反渗透装置对进水水质有其特定的要求，必须设计预处理。预处理一般采用混凝、澄清、过滤，或采用可反洗的超滤。预处理目标分以下两个方面：

（1）为了去除原水中的悬浮物和胶体杂质，当水经过反渗透器前面的处理工艺——$5\mu m$ 保安过滤器后，其出水污染指数 SDI 对卷式醋酸纤维膜、复合膜小于 4，对中空纤维式芳香族聚酰胺膜小于 3。为达到这一目标，要求澄清器、过滤器出水水质如下：

1）澄清器出水浊度小于 1FTU，最好小于 0.5FTU。

2）过滤器的出水浊度小于 0.5FTU，COD_{Mn} 小于 1.5mg/L，含铁量小于 0.05mg/L。

（2）为了防止由于反渗透系统中水的浓缩，造成某种难溶盐在膜上的沉积，需要进行化学加药处理。

2. 反渗透膜

在反渗透水处理工程中，应用最广泛的膜有醋酸纤维素膜（CA 膜）和芳香聚酰胺膜两大类。应用的组件主要是卷式和中空纤维式组件。

（1）CA 膜的脱盐率较低（95%～98%），化学稳定性较差，易水解，膜性能衰减快，操作压力较高；但 CA 膜表面光滑、不带电荷、抗污染物沉积的能力较强，因此常应用于处理污染较为严重的地表水及废水。

（2）复合膜的脱盐率高（>99%），化学稳定性好，耐生物降解，并且操作压力低；复合膜允许的 pH 值范围比较宽，运行时为 3～10，清洗时为 2～11；复合膜允许的运行温度最高为 45℃（CA 膜为 35℃）。因此对于地下水和污染较轻的地表水，应优先选用复合膜。

3. 反渗透进水水质

（1）卷式醋酸纤维素膜对反渗透进水水质的要求见表 4-2。

表 4-2　　　　　　　　　卷式醋酸纤维素膜对反渗透进水水质的要求

项目	SDI$_{15}$	浊度/（FTU）	含铁量/（mg/L）	游离氯/（mg/L）	水温/℃	水压/MPa	pH 值
建议值	<4	<0.2	<0.1	0.2～1	25	2.5～3.1	5～6
最大值	4	1	0.1	1	40	4.1	6.5

（2）中空纤维式聚酰胺膜对反渗透进水水质的要求见表 4-3。

表 4-3　　　　　　　　　中空纤维式聚酰胺膜对反渗透进水水质的要求

项目	SDI$_{15}$	浊度/（FTU）	含铁量/（mg/L）	游离氯/（mg/L）	水温/℃	水压/MPa	pH 值
建议值	3	0.2	<0.1	0	25	2.4～2.8	4～11
最大值	3	0.5	0.1	0.1	40	2.8	11

（3）常规卷式复合膜对反渗透进水水质的要求见表 4-4。

表 4-4　　　　　　　　　卷式复合膜对反渗透进水水质的要求

项目	SDI$_{15}$	浊度/（FTU）	含铁量/（mg/L）	游离氯/（mg/L）	水温/℃	水压/MPa	pH 值
建议值	<4	<0.2	<0.1	0	15～30	1.0～1.6	3～10
最大值	5	1	0.1	0.1	45	4.1	11

（4）超低压卷式复合膜对反渗透进水水质的要求见表 4-5。

表 4-5　　　　　　　　　超低压卷式复合膜对反渗透进水水质的要求

项目	SDI$_{15}$	浊度/（FTU）	含铁量/（mg/L）	游离氯/（mg/L）	水温/℃	水压/MPa	pH 值
建议值	<4	<0.2	<0.1	0	15～30	1.05	3～10
最大值	5	1	0.1	0.1	45	4.1	11

4. 预处理方法

根据水源特点，预处理的工艺一般有如下几种：

（1）地表水中悬浮物含量小于 50mg/L 时，可采用直流混凝过滤方法。

（2）地表水中悬浮物含量大于 50mg/L 时，可采用混凝、澄清、过滤方法。

（3）地下水含铁量小于 0.3mg/L，悬浮物含量小于 20mg/L 时，可采用直接过滤方法。

（4）地下水含铁量小于 0.3mg/L，悬浮物含量小于 20mg/L 时，可采用直接混凝过滤方法。

（5）当原水有机物含量较多时，可采用加氯、混凝、澄清、过滤处理；当原水中碳酸盐硬度较高时，应作加阻垢剂处理。

三、反渗透装置运行与维护

1. 启动与投运

（1）按表 4-6 操作内容进行启动前的各项准备。

（2）确认保安过滤器、超滤器和还原剂投加装置运行正常。

（3）启动阻垢剂计量泵，开始投加阻垢剂。

（4）依次打开反渗透装置浓水排放电动阀、浓水回收阀和不合格淡水的排放阀。

（5）启动高压泵，微开高压泵出口阀，打开高压泵出口电动慢开阀，手动调节高压泵出口阀，使反渗透进水流量达到设计流量。

（6）调整反渗透装置浓水排放阀，观察第 1 段反渗透装置进水压力表，使其压力逐渐升高，直到浓水流量达到 $25m^3/h$。

（7）调整阻垢剂计量泵流量至规定值。

（8）当反渗透淡水质量达到要求后，打开淡水阀，关闭不合格淡水排放阀，向淡水箱供水。

（9）反渗透装置投入运行后，监测有关指标，如余氯量、SDI、氧化还原电位、压力、流量、温度等，不合格时应及时调整，使运行处于平稳状态。

表 4-6　　　　　　　　　　　　　反渗透装置启动前的检查

序号	操作内容	序号	操作内容
1	清水箱液位高于 1/2，淡水箱液位高于 2/3	12	检查反渗透装置的压力表、流量表、电导表的安装是否正确
2	阻垢剂溶液箱液位 2/3 以上	13	检查给水一段、二段的浓水，一段产品水和总产品水的取样点是否有代表性
3	预处理设备正常投运	14	检查管件和压力容器严密无泄漏
4	进水水质合格 SDI<5，温度<45℃，余氯<0.1mg/L，浊度<1NTU	15	保证浓水流量控制门处于打开位置，其开度处于待调整状态
5	压力表、流量表、电导表良好备用	16	清水箱出口门，高压泵入口阀门处于打开位置
6	压缩空气压力>0.4MPa	17	高压泵出口门处于关闭位置
7	反渗透装置保护良好	18	反渗透装置清洗液的入口门和出口门、反渗透装置浓水排放调节门处于关闭位置
8	高压泵良好备用		
9	检查高压泵的盘车及润滑情况	19	浓盐水回收水箱入口门处于打开位置
10	核对高低压力开关连锁报警是否正常	20	阻垢剂溶液出口门，阻垢剂计量泵入口门和出口门处于打开位置
11	在反渗透装置首次启动或维修后再启动前，检查反渗透压力容器与管道连接是否有误	21	阻垢剂溶液箱排污门处于关闭位置

2. 停运

（1）停运的确定。当遇到下列情况之一时，应停止运行反渗透装置：①RO 进水水质不合格；②保安过滤器、超滤器不能正常运行；③反渗透预处理系统发生了在短时间内不能排除的故障；④除盐设备不能正常运行或需要停运；⑤指令停运，如检修停运、清洗停运等。

（2）停运操作步骤。

1）关闭高压泵电动慢开阀。

2）当压力降至 0.5MPa 时停运高压泵。

3）关闭反渗透装置所有阀，如浓水排放阀、淡水阀，以保持膜组件有足够的水保养。

3. 停机冲洗

反渗透装置停运后应立即用淡水置换膜元件中浓水，防止浓水侧亚稳态过饱和溶液的结晶沉积。反渗透装置可设置程序启停装置，停用后能延时自动冲洗。反渗透装置停运时间较短（如少于 15～30d），应每 1～3d 低压冲洗一次，防止微生物滋生。

停机冲洗操作如下：

1）打开反渗透装置的浓水排放阀、不合格淡水排放阀和冲洗水进口阀。

2）启动冲洗水泵，并调整其出口阀至规定流量，同时注意将装置中的气体完全排出。

3）冲洗 30min 后关严反渗透装置的进出口所有阀门，防止气体进入系统。

4．膜元件的长期保护

（1）长期保护。反渗透装置长期停运时，应将保护液充满反渗透装置，抑制微生物生长，操作步骤如下：

1）用进水或淡水冲洗反渗透系统。

2）用淡水配制杀菌液，并用杀菌液冲洗反渗透系统。

3）当杀菌液充满反渗透系统后，关严相关阀门，确认不漏。

4）如果水温较低时（如低于 25℃），应每隔约 30d 更换一次保护液；反之，则应每隔约 15d 更换一次保护液。

5）在反渗透系统重新投入使用前，用低压给水冲洗系统 1h，然后用进水高压冲洗系统 5～10min。无论是低压冲洗或高压冲洗时，淡水排放阀应打开。如果淡水中含有杀菌剂，则应延长冲洗时间。

（2）膜元件的储存。

1）元件储存温度以 20～35℃为宜。

2）元件应避免阳光直射，不要接触氧化气体。

5．反渗透装置的清洗

根据经验，如果反渗透装置每隔 3 个月或者更长时间清洗 1 次，则表明预处理和反渗透系统设计是合理的；如果 1～3 个月清洗 1 次，则需要改进运行工况，提高预处理效果；如果不到 1 个月就得清洗 1 次，则需要增加处理设备。

（1）清洗的判断。一般，当反渗透装置出现下列情况之一时，则需要考虑对反渗透装置进行清洗，以恢复正常工作能力：

1）标准化的淡水产量下降了 10%～15%。

2）标准化的淡水水质降低 10%～15%或盐透过率增加了 10%～15%。

3）为了维持正常的淡水流量，经温度校正后的进水压力增加了 10%～15%或给水与浓水间的压降增加了 10%～15%。

4）已证实装置内部有严重污染物或结垢物。

5）反渗透装置长期停用前。

6）反渗透装置的例行维护。

（2）清洗步骤。

1）用泵将淡水从药剂配制箱送入压力容器中并排放几分钟。

2）用淡水在药剂配制箱中配制清洗液。

3）用清洗液对压力容器循环清洗 1h 或达到预定时间。

4）循环清洗完成后，再用淡水将药剂配制箱洗干净。

5）用淡水冲洗压力容器。

6）冲洗结束后，在淡水排出阀打开状态下运行反渗透系统，直到淡水清洁、无泡沫或无清洗液，通常需要 15～30min。

6. 水质、设备异常及处理办法

水质、设备异常及处理办法见表 4-7 和表 4-8。

表 4-7　　　　　　　　　　　　水质、设备异常及处理办法

现象	原因	处理方法
盐透过率正常、产水率低、压降正常	温度超过规定异常化学药品与膜反应，有机物污堵	调整运行温度； 根据污染情况进行清洗； 清洗并改进预处理
盐透过率高、产水量低、压降高	金属氧化物污染，胶体污染结垢	清洗金属氧化物； 用含酶洗涤剂进行清洗； 调整运行 pH 值、温度、系统回收率
盐透过率高、产水量正常到稍高、压降正常到稍高	浓差极化太高	增加浓水流速使浓水对产品水的比例； 在导则之内，更换浓水密封圈
盐透过率正常到稍高、产水量正常到稍低、压降高	给水流量太高	降低给水流量到导则之内，调整系统回收率或给水压力
盐透过率高、产品水流量正常到高、压降正常	O 圈漏膜胶粘线破裂或产品水管破裂	更换 O 圈； 更换新膜元件，保证产品或排水压力正常、运行流速、压降
高压泵入口压力低	保安过滤器堵管路未导通、泄漏误操作	停运清洗过滤器导通管路、消除漏点； 入口压力≤0.05MPa，应动作急停，若保护不动，手动急停
反渗透膜进口压力高	高压泵出口门开过大	调整高压泵出口门进口压力≥2.0MPa，应动作急停；若保护不动，手动急停

表 4-8　　　　　　　　　膜系统污染的种类和发生污染时系统运行的变化情况

污染类型	可能发生的位置	系统压降	进水压力	脱盐率
金属氧化物污染	第一段，最前端膜	迅速增加	迅速增加	迅速降低
胶体污染	第一段，最前端膜	逐渐增加	逐渐增加	轻微降低
无机物结垢	后段，最末段膜	逐步增加	轻微增加	显著降低
二氧化硅污染	后段，最末段膜	通常增加	增加	降低
生物污染	任何位置，通常前段	明显增加	明显增加	降低
有机物污染	多段	逐渐增加	增加	降低
膜氧化	第一段最严重	通常降低	降低	增加
膜表面磨损	第一段最严重（活性炭颗粒和沙粒等）	通常降低	降低	降低
膜元件泄漏	最末段膜元件	降低	降低	降低

膜表面产生的污垢将加速系统性能的下降，如压差升高、脱盐率降低等。一般只要措施合适及时，就可以很有效地进行系统清洗，最大限度地恢复膜系统的性能。但若拖延太久才进行清洗，则很难完全将污染物从膜表面上清洗掉。针对特定的污染，只有采取相应的清洗方法，才能达到较好的效果，若错误地选择清洗化学药品和方法，有时会使膜系统污染加剧。日常操作时必须测量和记录每一段压力容器间的压差（Δp），随着膜元件内进水通道被堵塞，Δp 将增加。需要注意的是，如果进水温度降低，膜元件产水量也会下降，这是正常现象并非膜的污染所致。

反渗透膜清洗系统应采用耐腐蚀材料制造。用于混合与循环用的清洗水箱必须用耐酸碱的聚丙烯或玻璃钢等材料制作。

清洗水泵的大小应根据流量和压力再加上管路和滤芯的压力损失选择，水泵的材质必须是 316 不锈钢或非金属聚酯复合材料。清洗系统中应设有必要的阀门、流量计和压力表，以控制清洗流量和清洗压力，清洗管道流速应小于 3m/s。

第三节　电　去　离　子

电去离子（电除盐 EDI）技术近两年来在我国多个电厂的锅炉补给水系统中得到应用，它取代传统的混床工艺，无须消耗酸碱就可连续制取高纯水，是一项环保的新技术。

EDI 是电渗析技术（ED）和离子交换技术（DI）有机结合，它既克服了电渗析不能深度脱盐的缺点，又弥补了离子交换不能连续工作、需消耗酸碱再生的不足，把离子交换、离子迁移、树脂再生融为一起，达到连续除盐的目的，而且运行维护简便，没有酸碱排放污染。

EDI 构造类似电渗析器，所不同的是在淡水室中充填有阴阳离子交换树脂。在高纯水中离子交换树脂的导电性能比与之相接触的水要高 2～3 个数量级，所以几乎全部的从溶液到树脂面的离子迁移都是通过树脂来完成的。水中的离子首先因交换作用吸附于树脂颗粒上，再在电场作用下经由树脂颗粒构成的"离子传播通道"迁移到膜表面并透过离子选择性膜进入浓水室。同时，在树脂、膜与水相接触的界面处，界面扩散中的极化使水解离为 H^+ 离子和 OH^- 根离子。它们除部分参与负载电流外，大多数又起到对树脂的再生作用，从而使离子交换、离子迁移、电再生 3 个过程相伴发生、相互促进，达到连续去离子的目的。

EDI 作为精除盐装置，进一步脱除水中的溶解盐类和活性硅，使系统产水水质达到要求。EDI 装置的产水电导率可以一直稳定在 $0.050～0.065\mu S/cm$，产水硅小于 $8\mu g/L$，水质优于常规水处理系统产水，完全符合电厂化学补给水的水质标准要求。

一、电除盐（EDI）概述

EDI 过程，实际上就是在电渗透器的除盐室中填充阴阳离子交换剂，将离子交换技术和离子电迁技术（电渗析）有机结合形成的。一般认为，EDI 过程去离子的基本原理主要包括离子交换、直流电场作用下离子的选择性迁移及树脂的电再生等三个方面。这三个方面相伴发生，相互促进，达到了连续去离子的目的。

由于树脂、膜、水的界面处因产生浓差极化而迫使水分解成 H^+ 和 OH^-，造成局部 pH 值变化，这种独特的工况使碳酸、硅酸、硼酸等弱电解质因局部 pH 值变化而发生电离，即 $HR \rightarrow H^+ + R^-$，电离后的离子在电场作用下可被去除。因此，EDI 对弱电解质也有较好的去除作用，它对硼、CO_2 的去除可分别达到 96%、99%，对硅的去除率甚至可达到 90%～99%。

EDI 装置属于精处理水系统，对进水水质要求较高，EDI 装置进水水质要求见表 4-9。

表 4-9　　　　　　　　　　　　　EDI 装置进水水质要求

项目	指标	项目	指标
$\rho_{TEA}/(mg/L)$	≤25	$\rho_{TOC}/(mg/L)$	≤0.5
pH 值	6～9	$\rho_{余氯}/(mg/L)$	≤0.05
硬度/(mg/L)	≤2	$\rho_{CO_2}/(mg/L)$	≤5
$\rho_{可溶硅}/(mg/L)$	≤0.5	$\rho_{油}/(mg/L)$	≈
温度/℃	5～40	$\rho_{Fe_总}/(mg/L)$	<0.01

注　TEA 为总阴离子，含 CO_2；硬度以 $CaCO_3$ 计。

随着 EDI 装置的不断改进，其出水水质有了较大提高，EDI 装置出水水质见表 4-10。

表 4-10　　　　　　　　　　　　　　　　EDI 装置出水水质

项目	参数	项目	参数
电阻率/(MΩ·cm)	≥15	TOC 去除率/%	>80
最大温升/℃	1.5	SiO_2 去除率/%	90～99

电去离子处理与单纯的电渗析或反渗透（RO）不同，由于离子交换作用的参与，在正常运行下不会出现出水含有硬度离子（Ca^{2+}、Mg^{2+}）的现象，可见 RO＋EDI 的产水不但完全可满足高压及临界压力锅炉补给水的水质要求，而且水质优于二级 RO。此外，EDI 出水水质稳定，不会出现类似混床的周期性变化。

EDI 膜堆是由夹在两个电极之间一定对数的单元组成。在每个单元内有两类不同的室：待除盐的淡水室和收集所去除杂质离子的浓水室。淡水室中用混匀的阴、阳离子交换树脂填满，这些树脂位于只允许阳离子透过的阳离子交换膜和只允许阴离子透过的阴离子交换膜之间。

EDI 模块的膜对放置在两个电极之间，这两个电极提供直流电场给模块。在直流电场的推动下，离子通过膜从淡水室被输送到浓水室。因此，当水通过淡水室流动时，逐步达到无离子状态，这股水流就是产水。

流入 EDI 模块的反渗透水被分成了三股独立的水流：①产水水流（高达 99％的水回收率）；②浓水水流（一般为 5％～10％，可以循环回流到反渗透进水）；③极水水流（0.5％～1％，阳极＋阴极统一排放）。这就形成了两个截然不同的、变换的流体腔体。嵌入高聚材料框架的离子选择性膜和装满的离子交换树脂形成了纯化室。

极水持续不断地流过阳极和阴极，阳极液首先流入阳极室（阳极室位于阳极和邻近的阴离子选择性膜之间），在该室 pH 值下降，产生 Cl_2 和 O_2。极水然后流入阴极室（阴极室位于阴极和一个邻近的阳离子选择性膜之间），在阴极室，产生 H_2。因此，极水室排出不想要的 Cl_2、O_2 和 H_2。

原水中含有钠、钙、镁、氯化物、硝酸盐、碳酸氢盐、硅酸盐等溶解盐，这些盐由带正负电荷的离子组成，98％以上的离子都可以通过反渗透技术处理得以去除。原水中还含有有机物、溶解气体、微量金属和其他微电离的无机化合物，这些杂质在工业应用过程当中必须去除（如硼和硅）。反渗透系统和其预处理系统也可以去除这些杂质。

EDI 进水的电导率理想范围一般为 4～20μS/cm，而根据应用领域的不同，超纯水或去离子水的电阻率一般在 2～18.2MΩ·cm。通常，EDI 进水离子越少，其产水质量越高。

EDI 工艺从水中去除不想要的离子，依靠在淡水室的树脂吸附离子，然后将它们迁移到浓水室中。离子交换反应在模块的淡水室中进行，在这里阴离子交换树脂释放出 OH^- 而从溶解盐中交换阴离子。同样，阳离子交换树脂释放出 H^+ 而从溶解盐中交换阳离子。

一个直流电场通过放置在组件一端的阳极和阴极实现。电压驱动这些被吸收的离子沿着树脂球的表面移动，然后穿过离子选择性膜进入浓水室。带负电的阴离子被吸引到阳极，同时被阴极排斥。这些离子穿过阴离子选择性膜，进入相邻的浓水室，并随浓水流出浓水室，而不会穿过相邻的阳离子选择性膜，滞留在浓水室。在淡水室中带正电的阳离子被吸引到阴极，并且被阳极排斥。这些离子穿过阳离子选择性膜进入邻近的浓水室，它们在那里被邻近的阴离子选择性膜阻挡，并随浓水流出浓水室。当水流流过两种不同类型的腔体时，淡水室中的离子就会完全被去除，同时被收集到邻近的浓水水流之中，这就可以从 EDI 模块中带走被去除的离子。

EDI 如与 RO 配合，可完全摆脱酸碱的使用，实现全过程无污染。不仅节省了再生用水及再生污水处理设施，减少了占地面积，而且增强了操作人员的安全感，它是一种清洁再生工艺。可见，RO＋EDI 工艺要优于 RO＋混床、RO＋RO 工艺。

二、RO＋EDI 工艺的特点

（1）作为一种可以连续工作的深度除盐手段，EDI 无须化学再生剂，因而不需要化学再生药剂储存罐及相关的中和池，而且无须对有害的化学废水进行收集、储存及处理，结果是 RO＋EDI 新工艺较传统工艺大大简化了。

（2）EDI 排出的浓水仅含有进水中的杂质成分，通常这种水的杂质比预处理系统的进水质要好，故浓水可以直接地排至 RO 的入口，这样就有效地消除了对废水的排放。

（3）RO＋EDI 的运行过程是连续的，其生产的水质稳定，它不像混床在每一个再生周期的开始及结束阶段因离子的泄漏而影响出水水质。这种连续运行的方式也简化了操作，无须设置与循环的再生工作相关的操作人员及操作程序。

（4）原水进入 RO＋EDI 系统之前为了防止污染树脂和膜，以及膜面结垢，保护膜性能，应先经过过滤、吸附、软化等预处理。对于坑口电厂因原水为地下水，一般硬度较高，应重点考虑预软化处理。

总之，RO＋EDI 工艺具有产水质量高、水回收率高、运行费用低、系统连续生产、操作管理方便、环境效益显著等优点。

三、EDI 模块的运行与维护

1. EDI 模块的运行

EDI 模块在运行时首先应注意以下几点：

（1）电压。对于每一种操作条件来说，都有一个最佳电压。对于具体的操作条件，所加电压可能太大，也可能太小。每种 EDI 模块都有一个典型的电压范围，优化最佳电压应该在以下范围之内。

1）如果电压太低，则驱动力太小，这就不能将足够多的离子从淡水室迁移到浓水室中，而且可能不会使足够多的水发生电解，从而使离子交换树脂不能进行有效的再生。

2）如果初始设置的电压值过低，EDI 模块中的离子交换树脂将被离子填充，直到达到一个稳定状态，这样进入 EDI 模块的离子就比离开 EDI 模块的离子要多，主要表现为浓水流中的离子比正常水平低，稳定状态可能要 8～24h 才能获得，在此期间，产水水质将会逐渐下降。

3）如果电压太高，就会有过多的水发生电解，驱动力的效率下降，主要表现为在极水中产生多余的气体，而后浓水中也会产生气体。过高的电压会产生浓度反扩散现象，在这种状态下，离子将被迫从浓水室扩散到邻近的淡水室以保持电中性。

4）如果初始设置的电压值过高，EDI 模块中的离子交换树脂就开始释放离子，直至达到稳定状态。在此期间，离开 EDI 模块的离子多于进入 EDI 模块的离子，主要表现为浓水水流电导率的增大，稳定状态可能要 8～24h 才能获得，产水水质将会逐渐提高。

（2）电流强度。EDI 模块底部的电流强度非常高，这是由于进水中主要离子的迁移所致。浓水有较高的电阻特性，因为浓水基本上是电导率为 $2\sim20\mu S/cm$ 的反渗透水。EDI 模块上部的浓水流中充满了从工作床中收集的离子，当回收率为 90% 时，浓水水流的电导率在 $20\sim200\mu S/cm$。因此，淡水室此时将有更高的压降（淡水室几乎没有进水离子），水的电导率更高，并且导致 H^+ 和 OH^- 的迁移率更高。只有 EDI 模块处于平衡状态而且没有过高的电流强度时，产水水质才能得以优化。

（3）离子平衡和 pH 值。在一个离子水平上必须维持在电中性状态，即使在分子或原子级别也要保持电中性，这样就不可能发生扩散的阳离子比阴离子多的情况。正因为如此，离子平衡显得至关重要。如果进水中的离子流形成了高迁移率的阳离子和低迁移率的阴离子，这时 EDI 模块的驱动力会自动调节迁移率最低的离子。此外，移动的 H^+ 和 OH^- 将在调节离子平衡的过程中扮演重要的角色。如果进水水流中的离子存在较大的不匹配性，则在产水水流和浓水水流之间将发生较大的 pH 值的变换。pH 值因此也极大地影响着产水水质。当 pH 值较低时，多余的 H^+ 将作为反离子扩散到进水水流的阴离子中去，进水水流中的阳离子将不能有效地去除。pH 值较高，H^+ 不再扮演反阳离子的角色，CO_2 带电量（碳酸氢盐）将会增加，迁移率也将增加，此时 SiO_2 的带电量和迁移率也将增加。建议理想的操作条件是 pH 值为 7.0。

2. EDI 模块的维护

EDI 系统的设计应最大限度地减少任何正常和持续的操作过程中模块所需的维护。但是 EDI 系统运行过程中，当不符合进水规范或者所加电压不够时，一定的维护还是必要的。EDI 模块的主要污染物是硬度沉淀、TOC 有机物、颗粒和铁。

（1）硬度沉淀。如果 ED 进水中含有较多的溶质，就可能在浓水室中形成盐的沉淀（如结垢），结果产水水质就会下降。如果进水硬度过大、溶解的 CO_2 较多和较高的 pH 值，将会使沉淀速度大大增加。要去除这些碳酸盐，浓水室必须用酸性溶液进行清洗。

（2）TOC 有机物污染。含有有机污染物的进水会污染阻塞离子交换树脂和离子选择性膜，形成的薄膜层严重影响离子迁移速率，从而影响产水水质。如果发生这种情况，淡水室就必须用有机物去除剂进行清洗。

（3）颗粒污染。粗的杂质颗粒在 EDI 进水时会造成进水水流部分阻塞，引起模块之间水流分配不均匀，从而导致模块性能降低。在 EDI 进水中，细小的颗粒会污染树脂和浓水室。如果 EDI 进水来自反渗透的产水箱而不是直接来自反渗透产水时，进入 EDI 模块之前特别需要一个非常微细的前置过滤器先将水过滤。在 EDI 模块安装之前，最好先用水将管道系统冲洗干净，以防颗粒杂质进入 EDI 模块。

第四节　超　滤　技　术

一、超滤概述

超滤与反渗透一样也依靠压力推动力和半透膜实现分离。两种方法的区别在于超滤受渗透压的影响较小，能在低压力下操作（一般为 $0.1\sim0.5MPa$），而反渗透的操作压力为 $2\sim10MPa$。超滤适用于分离分子量大于 500，直径为 $0.005\sim10\mu m$ 的大分子和胶体，如细菌、病毒、淀粉、树胶、蛋白质和油漆色料等，这类液体在中等浓度时，渗透压很小；而反渗透一般用来分离分子量低于 500，直径为 $0.0004\sim0.06\mu m$ 的糖、盐等渗透压较高的体系。

　　超滤过程在本质上是一种筛滤过程，膜表面的孔隙大小是主要的控制因素，溶质能否被膜孔截留取决于溶质粒子的大小、形状、柔韧性以及操作条件等，而与膜的化学性质关系不大。

　　超滤膜可用多种聚合物制造，如聚碳酸盐树脂、取代烯属烃和聚合电解质络合物等材料。一般超滤膜对有机溶剂的抵抗力强。

　　1. 影响超滤的因素

　　(1) 操作压力。操作压力直接影响超滤膜的透过速度。实际上，超滤在临界透过通量附近进行，此时操作压力为 0.5～0.6MPa。

　　(2) 流速。提高料液流速对防止浓差极化，增加设备利用率有利。但是，过大的流速，能耗大，不经济。对于湍流体系，流速为 1～3m/s；对于层流体系，流速通常小于 1m/s。卷式组件一般在层流区操作。为改善流动状态，控制浓差极化，可采用在液流通道中设置湍流促进材料，或采用振动的膜支撑物，或在流道中产生压力波等方法。

　　(3) 温度。为提高透过流量，增加传质效率，降低黏度，应在膜材和被处理物最高工作温度下操作。最高工作温度，酯为 25℃，蛋白质为 55℃。

　　(4) 操作时间。当超滤运行一定时间后，膜表面逐渐形成凝胶层，导致膜透过速度下降，需要进行清洗。

　　(5) 料液浓度。随着超滤的进行，料液浓度升高，凝胶层变厚，透过速度下降。

　　(6) 料液的预处理。适当的预处理是保证正常运行的重要条件。预处理方法一般有过滤、絮凝、pH 值调节、消毒和活性炭吸附等。

　　(7) 膜的寿命。膜寿命是膜在正常使用条件下的最短时间。一般在规定的料液和压力以及 pH 值范围内，温度不超过 60℃，应能使用 12～18 个月。

　　(8) 膜的清洗。为保持良好的运行状态，延长使用寿命，膜必须定期清洗。清洗方法有水或气反冲洗和化学清洗。

　　2. 超滤组件

　　工业用超滤组件和反渗透组件类似，有板框式、管式、螺旋卷式和中空纤维四种（中空纤维超滤组件见图 4-2）。

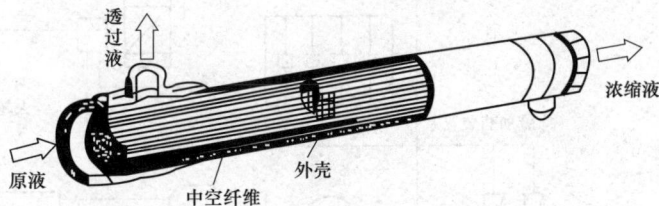

图 4-2　中空纤维超滤组件

　　3. 超滤作为反渗透的预处理

　　常规过滤属毛细管过滤，而超滤则是表面过滤。溶剂在透过膜时把微粒带向膜面，而当膜孔径小于粒子尺寸时，粒子仅停留在膜表面，在错流式横切流的作用下或及时的反冲洗过程中，它们在膜表面很难停留或聚集，而随水流带出系统。由于超滤膜阻挡所有不溶物，超滤对于悬浮物的去除能力远强于传统的过滤方法，而且完全避免了过滤介质泄漏对膜造成的危害，可给予反渗透设备以更好地保护。作为反渗透预处理的超滤膜一般截流直径为 0.0048～0.008μm 的颗粒，可完全去除水中的有害微粒。

超滤出水的 SDI 值一般在 0.2～1，浊度在 0.1NTU 以下，并且不会随进水浊度的提高而升高。而传统工艺一般浊度为 0.2～1NTU，SDI 值在某些情况下难以保证始终小于 4。因此，超滤对胶体的处理能力和稳定性更优，能将反渗透膜的胶体污染明显减少。15 万以上分子量的有机物容易在反渗透膜表面形成有机物污染。超滤对有机物的截留效果显著，可以有效地减少反渗透膜的清洗次数，大大延长使用周期和膜寿命。超滤的出水水质非常稳定，不受原水水质变化的影响。而且相比传统的过滤工艺，超滤系统操作简单、稳定，设备占地面积小，具有许多优势。作为预处理使用的超滤膜常用的材质是聚醚砜，因为聚醚砜的亲水性能好，抗污染性能强，而且聚醚砜可以耐受 100mg/L 浓度的余氯，可以通过加氯杀菌来防止膜的生物污染。超滤的运行方式有错流过滤（Cross-flow）和全量过滤（Direct-flow 或称 Deadend）两种。错流过滤方式类似于反渗透，运行时有少量浓水排放，常用于悬浮物含量高（例如浊度 10～100NTU）的原水，其水的利用率一般为 90%～95%。全量过滤过程接近滤芯过滤，在作为预处理使用时，通常用于低浊度（10NTU 以下）的原水，水的利用率约在 95%～98%。中空纤维膜是用作预处理时最常见的结构，在有些场合也可用卷式膜。卷式膜组件成本低，但比较容易堵塞，适用于低浊度原水；中空纤维膜组件较易于清洗，不易堵塞。超滤装置系统流程如图 4-3 所示。

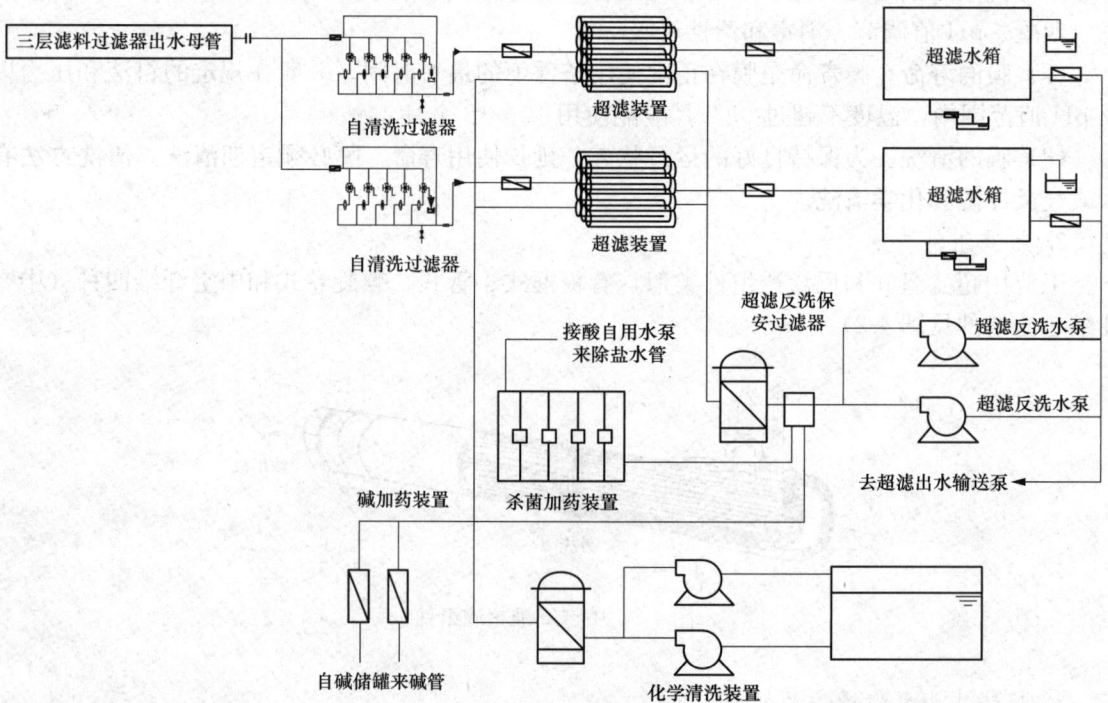

图 4-3　超滤装置系统流程

图 4-3 所示系统有超滤装置 2 套，采用美国 KOCH 公司的内压式 TARGAII10072 超滤膜组件，该超滤膜由亲水性的聚醚砜（PS）中空纤维组成，每一根超滤膜元件由成千上万根中空纤

维组成的纤维束组成，能耐各种强氧化剂，如次氯酸钠、双氧水等，适用的 pH 值范围广（pH 值为 1～13），能耐酸、碱等药剂的化学清洗，表面带负电荷，抗污染能力强，出水水质稳定。每套出力 $100m^3/h$，超滤出水浊度＜0.2NTU，SDI＜3，几乎能 100％去除细菌和病毒。

装置异常情况及处理方法：透膜压力高时，可能超滤膜受到了污染，可以采取适当的清洗、降低回收率、减小反洗间隔以及修改加药方案等措施；进出口压力高，可能为生水泵、反洗泵控制故障，需检查调整变频控制系统和反洗泵控制系统，也可能是压力表发生了故障；当进口压力低时，可能是生水泵或者阀门发生故障，需进行相应的检查；产水浊度高，可能是有空气进入浊度计，需排出空气；如果膜组件发生泄漏，要进行修补，必要时更换膜组件。

超滤系统的运行有全流过滤和错流过滤两种模式。全流过滤时，进水全部透过膜表面成为产水；而错流过滤时，一部分进水透过膜表面成为产水，另一部分则带杂质排出成为浓水。全流过滤能耗低、操作压力低，因而运行成本更低。错流过滤则能处理悬浮物含量更高的流体。当超滤的滤液通量较低时，超滤膜的过滤负荷低，膜面形成的污染物容易被清除，因而长期滤液通量稳定；当滤液通量较高时，超滤膜发生不可回复的污堵的倾向增大，清洗后的恢复率下降，不利于长期保持滤液通量的稳定。因此，针对每种具体的水质，超滤都存在一个临界滤液通量，运行中应保持滤液通量在临界滤液通量以下。

二、超滤膜的污染

膜污染是指料液中的颗粒、胶体或溶质大分子通过物理吸附、化学作用或机械截留等作用，在膜的表面吸附、沉积造成膜孔堵塞，使膜发生透过通量与分离特性明显变化的过程。

超滤过程中膜的吸附现象被认为是造成膜污染的关键，吸附污染与膜、溶剂和溶质三者的相互作用有关。由于膜组分的化学性质、结构不同，因此产生吸附作用的机理也不同，一般可分为静电作用、疏水作用等。

1. 静电作用

因静电吸引或排斥作用，膜容易被带异号电荷的杂质污染，而不易被带同号电荷的杂质污染。膜在与溶液相接触时，由于离子吸附、氢键等作用会使膜表面带上电荷，表面电荷能够影响表面附近溶液中的离子分布：带异性电荷的离子受到表面电荷的吸引而趋向膜的表面；带同性电荷的离子被表面电荷所排斥而远离膜的表面，使得膜表面附近溶液中的正负离子发生相互分离的趋势；同时，热运动又使得正负离子有恢复到均匀混合的趋势，在这两种相反趋势的综合作用下，过剩的异号离子以扩散的方式分布在带电膜表面附近的介质中，就形成了双电层。当膜所带电性与溶液电性相同时，污染吸附量较小；反之，污染吸附量较大。膜表面污染吸附量取决于上述两种作用的综合结果。

2. 疏水作用

一般疏水性膜易受疏水性杂质的污染，造成污染的原因是膜与污染物相互吸引，这种吸引作用源于分子间的范德瓦尔斯力。疏水性膜与溶质均会使膜表面更易受污染。当疏水作用的强度超过静电作用时，膜就会被污染，而且疏水作用越强，污染程度越严重。

三、超滤系统的清洗

在超滤过程中，由于分离物质及其他杂质在膜表面会逐渐积累，对膜造成污染和堵塞，因此膜的清洗是超滤系统中不可缺少的操作过程。膜的有效清洗是延长膜使用寿命的重要手段，超滤膜常用的清洗方法主要有物理清洗和化学清洗两大类，超滤系统的清洗包括水的正洗和反洗、气洗、化学清洗等。

第五节　微　滤　技　术

微滤技术是膜技术的一种，它以压力为推动力，通过膜对 $0.1\sim10\mu m$ 大小的颗粒、细菌、胶体进行筛分、过滤，使其与流体分离的过程，称为微孔过滤或精过滤（micro filtration，MF），简称微滤。流体通过滤膜时，由于膜的机械截流、内部截流作用以及微粒的架桥作用，比膜孔径大的微粒不能通过滤膜而被截流在膜孔或膜面上形成滤饼，而滤饼的形成又导致更精细过滤。它是深层过滤技术的发展，使过滤从一般性、粗糙性、相对性过渡到精密性、绝对性。在静压差作用下，小于膜孔的粒子通过滤膜，比滤膜孔径大的粒子被截留在膜面上，使大小不同的组分得以分离、纯化与浓缩。

微滤膜与普通的中空纤维、平板及卷式反渗透膜不同，多数为具有比较整齐、均匀的对称、多孔结构。常用的微滤膜材料有硝化纤维素（CN）、醋酸纤维素（CA）、混合纤维膜（CN-CA）、尼龙等。按形状可分为管式膜、板式膜、卷式膜等。它价格低，使用寿命较长。

虽然微滤膜具有分离迅速、节约能耗、提高回收率、减少污染、设备简单、连续操作等优点，但是一般的微滤膜都需要较严格的预处理。

一、Aquapure 微滤系统

Aquapure 微滤系统是微滤系统中的一种，它是集微絮凝技术、现代膜分离技术和 PLC（可编程控制器）控制技术于一身的水处理设备。即设备在运行中，原水通过加药、混合混凝、微滤膜的微孔分离，从而使原水达到凝聚、过滤净化的目的，设备运行控制可由 PLC 自动完成。

Aquapure 微滤系统的特点：处理工艺简单方便，对原水的水质适应性较好，可处理各种不同类型的原水，促进胶体二氯化硅及有机物的去除；整套设备全自动化运行，自动化程度高，维修方便；占地面积小，特别适合寒冷北方水厂的建设；组合式设备，由多套机组组合而成，每套机组可独立运作，方便水处理系统的扩容、增容，安装简便；安全性好，出水 SDI 可在 2 以下，不受原水水质的改变而变化，提高了整个系统安全供水的可靠性；微滤是一种静态过滤，随时间延长，膜表面上沉积的不溶物引起水流阻力增大、透水速率下降；当透水速率下降到一定程度时，进行反洗，可恢复膜的透水率。

Aquapure 微滤膜为管式膜结构，其机械强度高，拉伸强度好。膜管的内径为 5mm，不易堵塞且化学稳定性高，可以采用脉冲式气、水联合反冲洗。膜材料为超高分子聚乙烯（UHMW. PE）材料，使用寿命 8 年以上。且该膜材料耐氯气、高锰酸钾、臭氧等强氧化剂，因此具有可结合化学氧化除铁、锰；耐强酸、强碱，可用普通酸、碱进行化学清洗；抗生物污染能力强，不被生物降解；耐悬浮物能力强，单位过滤面积透过率高。

二、Aquapure 微滤系统常用的工艺流程

Aquapure 微滤系统由加药混凝、过滤、反洗、加氯消毒、化学清洗和自动控制等多个系统组成，微滤处理工艺如图 4-4 所示。

原水首先进入初沉池，投加混凝剂和消毒剂，经混合、絮凝后，泥沙等大颗粒、有机或无机可沉悬浮物和胶体混凝物在此处沉淀。出水经原水泵升压后，经絮凝筒进入微滤主机。过滤一个周期（15~60min）后，利用压缩空气与水进行联合反洗（反洗时间约 90s），反洗结束后进入下一个过滤周期，整个过程为全自动运行。

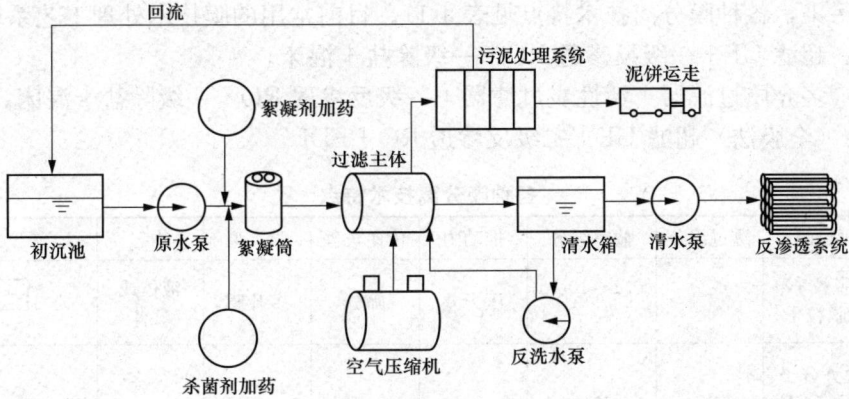

图 4-4　Aquapure 微滤系统工艺流程

其反渗透装置共有 2 套，选用日本东丽公司生产的 TML20DA400 高脱盐抗污染膜，每套反渗透装置设有 20 根压力容器，每套装置产水量 80m³/h，采用并列布置，膜组件为两段排列：第一段 13 列，第二段 7 列。反渗透装置脱盐率≥98％、系统回收水率≥75％。反渗透系统流程如图 4-5 所示。

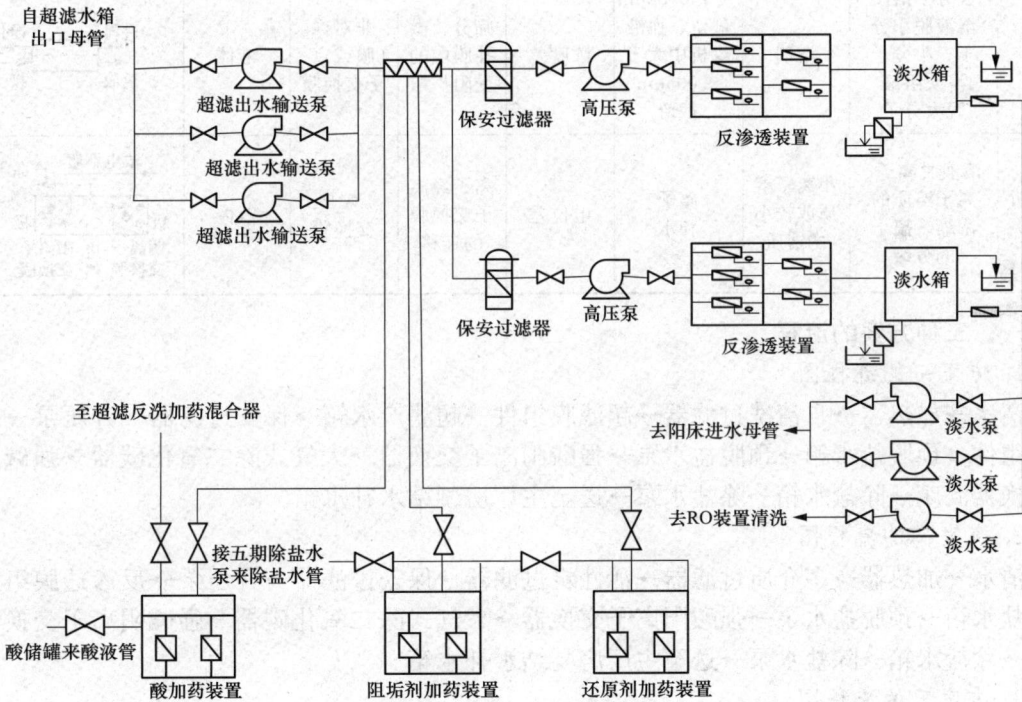

图 4-5　反渗透系统流程

第六节　膜技术在锅炉补给水处理中的应用

膜技术处理工艺的运用能节省大量的酸碱药品消耗量，大大减少由于酸碱废水的排放引

起对环境的污染,各种膜分离技术特点见表 4-11。目前常用的膜技术处理工艺系统如下:

方案一:超滤 UF+一级反渗透 RO+一级除盐+混床。

方案二:多介质过滤器+活性炭过滤器+一级反渗透 RO+一级除盐+混床。

方案三:(全膜法)超滤 UF+二级反渗透 RO+EDI。

表 4-11　　　　　　　　　　　　各种膜分离技术特点

过程	分离目的	透过组分	截留组分	推动力	传递机理	膜类型	物态	简图
微滤(MF)	溶液脱粒子、气体脱粒子		$0.1\sim10\mu m$ 粒子	压力差	筛分	多孔膜	液体或气体	
超滤(UF)	溶液脱大分子、大分子溶液脱小分子、大分子分级	溶液、气体	$1\sim50nm$ 大分子溶质	压力差	筛分	非对称膜	液体	
反渗透(RO)	溶剂脱溶质、含小分子溶质溶液浓缩	小分子溶液	$0.1\sim1nm$ 小分子溶质	压力差	优先吸附,毛细管流动,溶解扩散	非对称膜或复合膜	液体	
渗析(D)	大分子溶质溶液脱小分子、小分子溶质溶液脱大分子	溶剂	大于 $0.02\mu m$ 截留、血液渗析中大于 $0.005\mu m$ 截留	浓度差	筛分、微孔膜内的受阻扩散	非对称膜或离子交换膜	液体	
电渗析(ED)	溶液脱离子、离子溶质的浓缩、离子的分级	小离子溶质或较小的溶质	离子和水	电位差	离子经离子交换膜的迁移	离子交换膜	液体	

一、三种方案的流程

1. 方案一的流程图

清水→加热器→自清洗过滤器→超滤膜组件→超滤产水箱→保安过滤器→升压泵→反渗透膜组件→预脱盐水箱→预脱盐水泵→强酸阳离子交换器→大气式除二氧化碳器→强碱阴离子交换器混床→除盐水箱→除盐水泵→送至主厂房凝结水补水箱。

2. 方案二的流程图

清水→加热器→多介质过滤器→活性炭过滤器→保安过滤器→升压泵→反渗透膜组件→预脱盐水箱→预脱盐水泵→强酸阳离子交换器→大气式除二氧化碳器→强碱阴离子交换器→混床→除盐水箱→除盐水泵→送至主厂房凝结水补水箱。

3. 方案三的流程图

清水→加热器→自清洗过滤器→超滤膜组件→超滤产水箱→一级保安过滤器→一级升压泵→一级反渗透膜组→中间水箱→二级升压泵→二级反渗透膜组件→预脱盐水箱→预脱盐水泵→填充床电渗析→除盐水箱→除盐水泵→送至主厂房凝结水补水。

二、三种方案技术经济比较

1. 方案一和方案二的比较

(1) 技术方面比较。方案一使用超滤膜作为颗粒的过滤介质,超滤膜由亲水性的聚醚砜与聚乙烯砜砝酮共混物合成的中空纤维组成，每一根超滤膜元件是由数千根中空纤维组成的纤维束。现代膜制造技术的发展，使中空纤维做得非常细，中空纤维表面活化层孔隙率高，故纤维比表面积大，产水量高。

采用超滤技术作为反渗透的预处理，系统可适应较大范围的进水水质变化，其出水水质优良，占地面积小，且能更有效地保护反渗透装置，使反渗透膜免受污染，使用寿命可从 3～5 年延长至 4～7 年，甚至更长时间；同时可提高反渗透膜的设计水通量。从这些方面看，方案一技术上优于方案二。

（2）运行管理方面比较。方案一系统简单，运行操作方便，故障率低，设备投入和程控率高；方案二系统较复杂，运行操作点数多，故障率较高，设备投入和程控率相对较低。

由于膜对过滤的可靠性和固定性，方案一的调试时间短，成功率高；颗粒状介质需在被过滤水水量稳定、药剂加入量和反应时间恰到好处时才能发挥最大的效果，故方案二的调试时间长，出水达到设定值投入的人力物力多。超滤在膜组件达到寿命时只需抽出旧的膜元件，然后按相反的过程装上新的膜元件即可，整个过程时间短，劳动强度小；而过滤器特别是活性炭过滤器在调换介质时，由于介质数量多且易分散，现场劳动强度大时间长。就运行管理上看，方案一优于方案二。

现代水处理技术的发展，使得水处理系统对进水水质的依赖越来越小，出水水质越来越好，在运行上更为可靠，管理上更为简便。而超滤技术带来的种种好处和越来越普遍的应用，使得方案一具有明显的综合优势。

2. 方案一和方案三的比较

全膜法水处理是一种全新的水处理工艺，具有以下特点：

（1）无须酸碱再生，有利于环保要求——阳、阴床和混床中的树脂失效后是通过酸碱中的 H^+ 和 OH^- 进行再生，而全膜法是利用超滤和反渗透膜的特性和通过电将水电离为 H^+ 和 OH^-，从而对电渗析器中的树脂进行再生，进而大量节约酸碱，防止环境污染。

（2）占地面积小，无须备用装置，无须设置再生、酸碱储存、中和设备。

（3）便于实现自动化控制，控制点数大大少于传统工艺。

（4）操作人员减少，并可降低人为操作失误的可能性，无须进行酸碱再生的操作。

（5）设备维修、更换方便，采用单元模块式装配，可以局部进行更换。

（6）运行回收率高（即自耗用水量少），且排放的浓水可回收再利用。

（7）出水水质稳定，出水电导可达到 $0.1\mu S/cm$（25℃）以上，根据需要最好可以达到 $0.06\mu S/cm$（25℃）。

由于方案三 EDI 进入市场较晚，在电厂的应用不多，而且设备投资比较大，因此从技术、经济、运行、安全等方面综合考虑，方案一是最好的膜技术水处理工艺，而且方案一广泛应用于火电厂，技术成熟。

三、应用案例

1. 案例一

此案例中系统的水源为 3、4 号机组循环水溢、排水，运行中无阀滤池、双滤料过滤器和活性炭过滤器的排水回到反渗透生水池循环使用。循环水水质的控制方式为 1、2 号机循环水按高浓缩倍率运行，补充水为弱酸处理出水。3、4 号机组循环水排水经反渗透系统处理后淡水回用，浓水排至除尘系统作为灰场喷淋用水。反渗透系统流程如图 4-6 所示。

图 4-6 反渗透系统流程

2. 案例二：某电厂补给水系统

此案例中锅炉补给水系统可分为超滤系统、一级反渗透、二级反渗透和 EDI 系统，工艺流程如图 4-7 所示。清水池中的原水由生水泵提升至蒸汽加热器，加热后供给双介质过滤器，依次经过叠片过滤器、超滤装置排入超滤水箱。经过超滤后的水由一级 RO 给水泵供给到一级 RO 保安过滤器，再经一级 RO 高压泵加压处理后供给入一级反渗透装置，处理后收集入

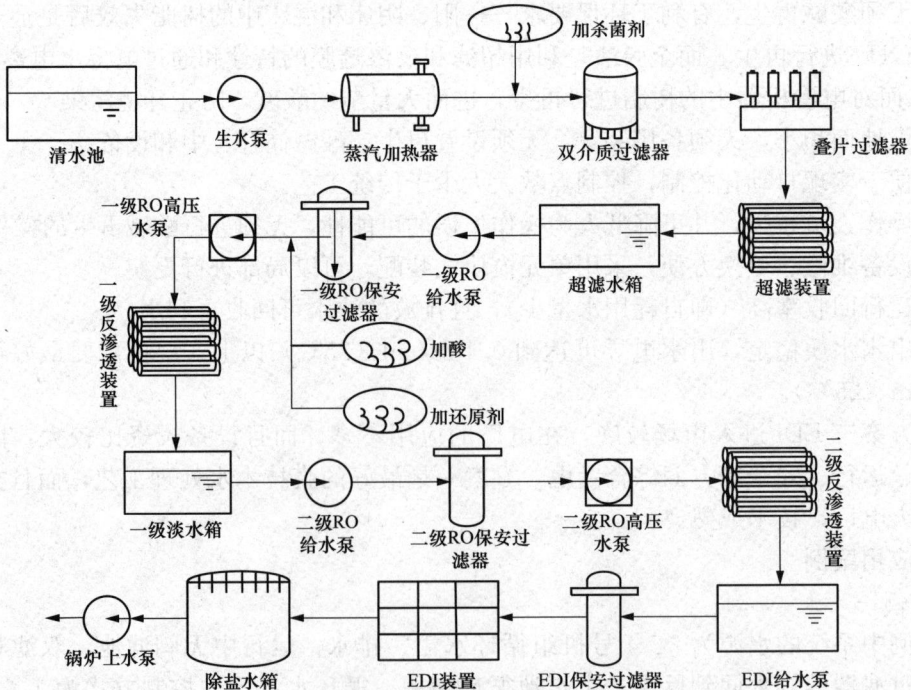

图 4-7 补给水工艺流程

一级淡水箱。同样，一级淡水箱中的水由二级 RO 给水泵供给二级 RO 保安过滤器，经二级 RO 高压水泵加压处理后供给入二级反渗透装置，处理后收集入二级淡水箱。预处理步骤完成后进入除盐处理，预除盐水由 EDI 给水泵供给 EDI 保安过滤器，经 EDI 装置到除盐水箱，最后经锅炉上水泵进入锅炉。

3. 案例三

随着现代新建电厂机组参数不断增高，无论是对水质要求还是对设备灵敏度的要求都在不断提高，大型机组尤其注重安全性、可靠性和对水资源的可持续发展，所以全膜法（UF＋RO＋EDI）处理工艺得到了充分的应用。图 4-8 所示为 1000MW 机组全膜法水处理工艺流程，与案例二电厂补给水处理系统基本相同，加药位置不同，在超滤装置处加氧化剂和加酸，一级反渗透装置加阻垢剂，以达到防垢、防腐、控制给水的 pH 值的目的。

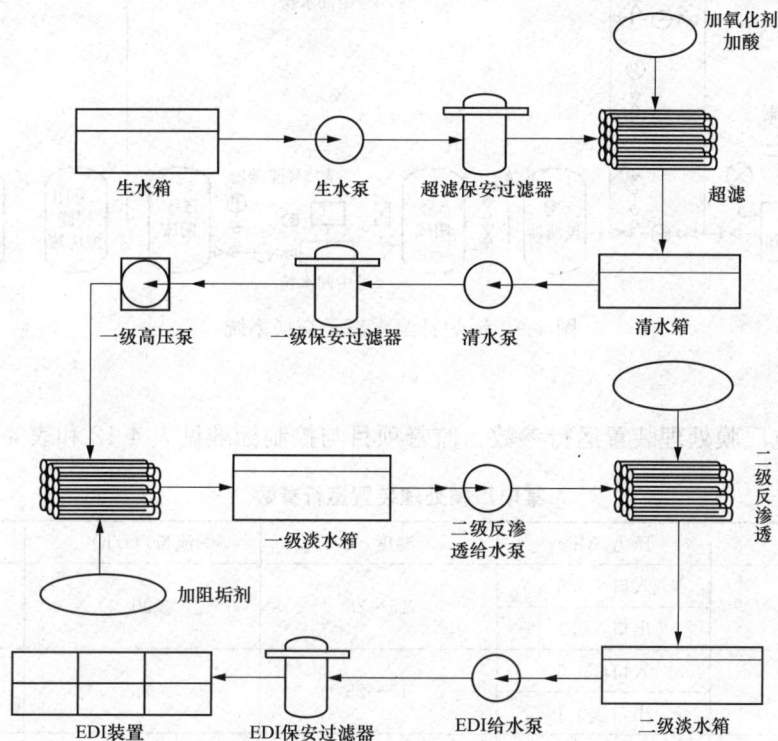

图 4-8　1000MW 机组全膜法水处理工艺流程

4. 案例四

北方地区某垃圾焚烧电厂装设 2 台国产 12MW 中温中压单抽凝汽式供热机组，化学补给水处理系统出力为 $2 \times 40 \mathrm{m^3/h}$，设计水源为附近某污水处理厂二级出水经深度处理后的中水，中水处理工艺为曝气生物滤池＋微絮凝＋高效纤维过滤器。由于中水处理站尚在建设调试当中，故目前水源采用电厂附近地下深井水。该电厂采用微滤（MF）＋反渗透（RO）＋电去离子（EDI）集成膜法制取化学补给水。

工艺流程：地下深井水→生水箱→自清洗过滤器→微滤装置→微滤水箱→一级反渗透装置→除二氧化碳器＋中间淡水箱→二级反渗透装置→二级淡水箱→EDI 装置→除盐水箱。化学补给水处理系统采用 PLC 程序控制，整体控制水平应达到无人值守的标准。

补给水处理工艺流程：中水回用水池来水（深井水或库水）→生水加热器→生水箱→生水泵→三层滤料过滤器→自清洗过滤器→超滤装置→超滤水箱→超滤提升水泵→反渗透保安过滤器→反渗透高压泵→反渗透装置→淡水箱→淡水泵→阳浮动床→除碳器→中间水箱→阴浮动床→混床→除盐水箱→除盐水泵→凝结水补水箱，锅炉补给水离子交换系统见图 4-9。

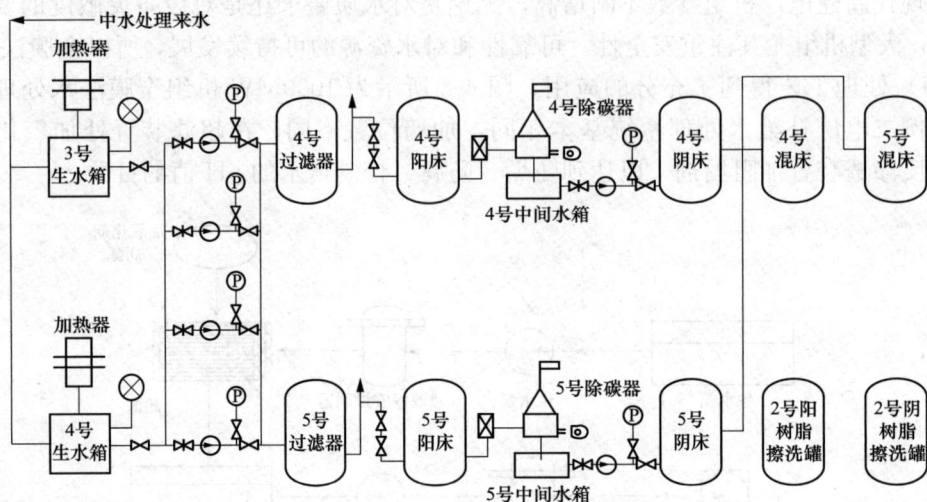

图 4-9　锅炉补给水离子交换系统

5. 案例五

此案例中电厂膜处理装置运行参数、监督项目与控制标准见表 4-12 和表 4-13。

表 4-12　　　　　　　　　　　　某电厂膜处理装置运行参数

名称	压力/MPa		温度/℃	流量/(t/h)	压差/MPa
叠片式过滤器	入口≤0.6		15~25	90	≤0.1
	出口≥0.1				
超滤装置	入口≤0.6		15~25	75	≤0.24
	出口≥0.1				
微过滤器			15~25	65	≤0.1
高压泵	入口>0.08		—	—	—
	出口<2.2				
反渗透装置	≤1.5		15~25	≤45	
阳离子交换器	入口≤0.6		15~25	≤80	
	出口≥0.1				
阴离子交换器	入口≤0.6		15~25	≤80	
	出口≥0.1				
阴阳混合离子交换器	入口≤0.6		15~25	≤80	
	出口≥0.1				

表 4-13 监督项目与控制标准

设备名称	监督项目	质量标准	取样位置	检测周期	备注
叠片过滤器	过滤精度	≤100μm	—	—	—
超滤装置	余氯	≤0.1mg/L	超滤装置出口	—	浊度≤1NTU
	SDI	≤2	超滤装置出口	每天班一次	—
	水温	25～45℃	—	1h	—
	pH 值	4～11	—	1h	—
	COD_{mm}	<1.5mg/L	—	24h	化验室做
反渗透装置	系统回收率	60%～75%	—	—	—
	三年内脱盐率	>98%	—	—	—
	三年后脱盐率	>97%	—	—	—
	入口水电导率	—	—	1h	—
	产水电导率	≤30μS/cm	—	1h	—
	pH 值	4～11	—	1h	—
阳床	Na^+	≤50μg/L	阳床出口	1h	—
阴床	DD	≤5μS/cm	阴床出口	1h	—
	SiO_2	≤100μg/L		1h	—
	pH 值	—		—	—
混床	SiO_2	≤20μg/L	混床出口	1h	—
	DD	≤0.2μS/cm		1h	—
	Na^+	—		1h	—
	pH 值	≈7		1h	—
除盐水	DD	≤0.4μS/cm	除盐水出水母管	1h	—
	SiO_2	≤20μg/L		1h	—
	Na^+	—		1h	—
	pH 值	≈7		1h	—
	YD	0		—	—
TPT0300 阻垢剂	配制浓度	加药量	频率	行程	备注
	10%	$3.5g/m^3$	45	50%	一套
PAC 聚凝剂	配制浓度	加药量	频率	行程	—
	5%	$0.2g/m^3$	10	16	两套
TJ-802 杀菌剂	配制浓度	加药量	频率	行程	—
	10%	$0.5～0.8mg/m^3$	20	25	一套

✏ 习　题

1. 名词解释

电渗析技术、选择透过性、反渗透技术、浓差极化、电除盐技术、超滤技术、微滤技术、纳滤技术。

2. 简述离子交换膜的性能要求。

3. 简述反渗透过程及其渗透过程发生的必要条件。

4. 试述电除盐工作原理和全膜法的特点是什么。

5. 讨论什么是膜的浓差极化及预防浓差极化的措施。

第五章 凝结水的除盐处理

第一节 凝 结 水 的 污 染

在进入高参数锅炉的水中，少量可溶解杂质有可能被浓缩，例如，在汽包锅炉中，浓度可在局部浓缩为 $1/10^6 \sim 1/10^4$，也就是说 $\mu g/L$ 级的杂质浓度可浓缩到 mg/L 级。对于直流锅炉，在水、汽转化点盐类也可能发生浓缩。

运行实践证明，有凝结水处理的机组，锅炉的腐蚀都比没有凝结水处理的轻。另有资料报道，有凝结水处理的超临界压力锅炉的腐蚀率，低于无凝结水处理的亚临界压力锅炉的腐蚀率。

未经处理的凝结水，一般含有一定量的杂质，这些杂质来自凝汽器泄漏及热力设备金属的腐蚀和锅炉补给水中残留的杂质等。

1. 凝汽器泄漏

凝汽器的泄漏可使冷却水中的悬浮物和盐类进入凝结水中。泄漏可分为大漏和轻微泄漏两种。前者多见于铜管破裂，近年来有六个电厂因凝汽器中除盐水、疏水直接冲击凝汽器管（无布水挡板或挡板焊接不牢而掉下），造成凝汽器管破裂，使大量冷却水漏入，造成凝结水水质严重恶化。凝汽器的大漏还多见于铜管发生应力破裂、管子与隔板摩擦而穿孔等。轻微泄漏多因凝汽器管子腐蚀穿孔或管子与管板连接处不严密，而使冷却水渗入凝结水中。即使凝汽器的制造和安装质量较好，在机组长期运行过程中，由于负荷和工况的变动，引起凝汽器的震动，也会使管子与管板连接处的严密性降低，造成轻微的泄漏。当用淡水做冷却水时，凝汽器的允许泄漏率一般应小于 0.02%。严密性较好的凝汽器，泄漏量小于此值，可低至 0.005%。当用海水做冷却水时，要求泄漏率小于 0.0004%。

在我国，随着机组容量的增大，凝汽器的管子数量也相应增多，泄漏的概率也随之增大，因凝汽器泄漏而造成炉管结垢爆裂的事件时有发生。

2. 金属腐蚀产物带入

火电厂水汽系统中的设备和管道，往往由于某些腐蚀性物质的作用而遭到腐蚀，致使凝结水中含有金属腐蚀产物，其中主要为铁和铜的氧化物。进入凝结水中金属腐蚀产物的量与很多因素有关，如机组的运行工况，设备停用时保护的好坏，凝结水的 pH 值，溶解气体（氧和二氧化碳）的含量等。一般在机组启动时和负荷波动时，凝结水中的铁、铜含量急剧上升。

目前，我国大机组的给水含铁量一般较高，有的甚至超过 $20\mu g/L$，因此锅炉水冷壁管的结垢速度也较快。例如，1 台亚临界压力锅炉的双面水冷壁管，垢量最多可达 $1500 g/m^2$，已发生过多次爆管。亚临界压力锅炉局部热负荷较高处的炉管结垢量超过 $200 \sim 300 g/m^2$ 时，便可能发生爆管。为了防止炉管爆破，必须对锅炉频繁进行酸洗，而酸洗一次费用可高达数十万元。

启动频繁或负荷波动比较大的机组，将有大量氧化铁进入锅炉，会加快炉管的结垢速度。解决上述问题的办法是设置凝结水处理设备。例如某电厂引进 300MW 机组，因设备问题，在五年的运行中，共启停 255 次。因设置了凝结水处理设备，当凝结水的含铁量低于 $1000\mu S/L$ 时，经处理后其含铁量一般不大于 $30\mu g/L$，水冷壁管每年结垢量仅 $52g/m^2$。

此外，设置凝结水处理设备，还可以降低机组启动时的用水量，缩短机组的启动时间。基于上述原因，凝结水处理的应用有增加的趋势。

3. 补充水带入的悬浮物和盐分

锅炉补充水虽经二级除盐处理，由于种种原因（如原水中有机物含量高等），除盐水在 25℃的电导率不能低于 $0.3\mu S/cm$。即使电导率小于 $0.1\mu S/cm$，补充水中仍含有一定量的残留盐分。此外，除盐水流过除盐水箱、除盐水泵和管道时，也会携带少量的悬浮物及溶解气体。

第二节　凝结水处理系统

一、凝结水处理系统

凝结水处理系统的选用是一个较复杂的技术经济问题。凝结水处理的工艺流程可分为两大类。一类称为有前置过滤器的系统。这种系统是在混合床除盐设备前面装有单独的过滤设备，此类系统有如下几种：

（1）凝结水→覆盖过滤器→混合床；

（2）凝结水→树脂粉覆盖过滤器→混合床；

（3）凝结水→电磁过滤器→混合床；

（4）凝结水→管式微孔过滤器；

（5）凝结水→氢型阳床→混合床。

另一类是不设前置过滤器的凝结水处理系统，如：

（1）凝结水→树脂粉覆盖过滤器；

（2）凝结水→空气擦洗高速混床。

二、凝结水的过滤

对凝结水中的悬浮物、胶态金属腐蚀产物，必须首先滤去，否则它们会影响凝结水除盐设备的正常工作。这些杂质会污染离子交换树脂，使其交换容量下降，因而工作周期缩短；它们还能堵塞离子交换树脂的上层，使阻力增大。特别是对于刚刚建成的或长期停用后启用的机组，由于在汽水循环系统中这些杂质的总量很多，所以其危害性显得更为突出。如果利用凝结水过滤设备使这些杂质能在运行过程中不断地除掉，那么就能使系统中的水质很快地恢复到正常水平，从而大大地缩短机组从启动到正常运行的时间。对各种凝结水过滤设备，分别介绍如下。

1. 覆盖过滤器

覆盖过滤器如图 5-1 所示，它的本体是一个圆筒，底部为圆锥形。在筒体内的上部，沿水平方向装有一块多孔板，多孔板的每个孔中固定一个滤元。

滤元本体可由不锈钢管或工程塑料管制成，管外刻有许多纵向齿槽，在每条齿槽中的管

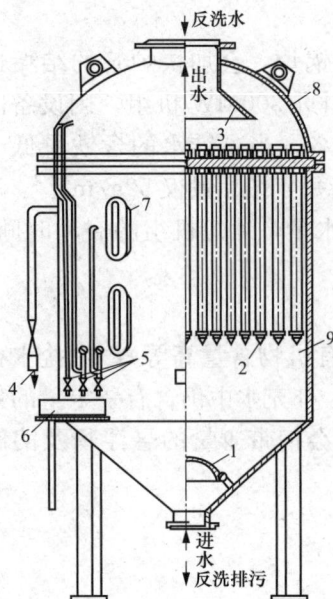

图 5-1　覆盖过滤器结构示意
1—水分配罩；2—滤元；3—集水漏斗；
4—放气管；5—取样管及压力表；
6—取样槽；7—观察孔；
8—上封头；9—本体

壁上开有许多小圆孔。为了使滤元各部分的进水均匀，在齿槽上部的孔距可大于下部的孔距。在齿棱上刻有螺纹，沿此螺纹绕不锈钢丝，即组成滤元。管上端有一部分不开齿槽，称为光管。在光管上部，靠近管口处，车有螺纹，用来将滤元固定在多孔板上，管口敞开作为滤元的出水口；滤元下端也有一段不开齿槽的螺纹管，用来拧上半球形螺帽，以封闭滤元下端的管口。这些滤元直立吊装在水平多孔板上，上端用不锈钢螺帽锁在多孔板上，下端用刚条焊成的网固定，以防止滤元摆动。为了保证运行时滤元间水流均匀畅通，布置滤元时应使覆盖了滤料后的管间净距不小于 25mm。多孔板与滤元应连接得很严密以防漏水，因为多孔板将整个过滤器分成上下两部分：上部是出水区，下部是进水区。

这种覆盖过滤器投入运行后，在集水漏斗与上封头之间会聚集空气，此空间称为上气室。筒体内多孔板下，滤元的光管区还会形成另一聚集空气的区域，称为下气室。在下气室的筒体上装有放空气管，该管上装有可以快开的放气门。覆盖过滤器中的滤元除了可设计成管式外，还可以做成别种形状。在覆盖过滤器中，各滤元的表面都是过滤面积，所以它与堆放粒状滤料的过滤器相比，生产率大得多，即在相同出力的情况下，其体积要小得多。

覆盖过滤器的运行分铺膜、过滤和去膜三个步骤：铺膜是将带有滤料的水通过滤元，使滤料在滤元外侧形成滤膜；过滤就是将凝结水通过滤膜；去膜是将滤元外侧已失效的滤膜清除下来，并用水冲洗干净，以便换上新的滤膜。这三个步骤构成一个运行循环。

2. 离子交换树脂粉覆盖过滤器

树脂粉覆盖过滤器的结构基本上与纤维素覆盖过滤器的相同，不过它是将颗粒很细的阴、阳离子交换树脂粉，以一定的配比混合后作为助滤剂的，因此它同时起到过滤和除盐的作用。这种设备工作时，滤速一般为 8～10m/h。树脂粉的配比及覆盖量按所除杂质的不同而不同，当设备主要用于除去凝结水中的金属腐蚀产物时，每平方米过滤面积上可覆盖 0.4kg 干树脂粉；这时阳树脂量与阴树脂量的比值可以大些，有的采用 2∶1，甚至可采用 9∶1。当设备主要用于凝结水的除盐时，阴、阳树脂的配比应为 1∶1，覆盖量应增大些（大于 0.8kg/m²），这样可以延长工作时间。

用于除盐的离子交换树脂粉覆盖过滤器，要采用强酸性和强碱性树脂，在开始工作时，其出水电导率为 0.06～0.10μS/cm，当出水电导率升高到 0.2～0.4μS/cm 后，就应将工作过的树脂粉排掉，换上新的树脂粉。这种方法的优点如下：

（1）设备简单。这种过滤器不需要强酸、碱等再生系统及中和废再生液的设备，过滤器本身体积也小，所以整个设备占地面积小，投资费用低。

（2）出水水质好。这种过滤器能同时除去胶态、悬浮态和离子杂质，特别是除去胶态的铁、铜腐蚀产物的效果比纤维素覆盖过滤器好。

（3）适用温度高。因为这种过滤器的树脂粉只用一次（一般为半个月至一个月左右）就弃去，这样就不必像一般的离子交换过程受树脂耐热性的限制，它可以在较高的温度下（120～130℃）工作。因此设备的安装部位就不因温度而受到严格的限制，所以能设置在低压加热器之后，并且能净化某些温度较高的疏水，以除去其中的铁、铜等腐蚀产物。

这种方法的主要缺点如下：

（1）由于设备中树脂粉的用量小（$1kg/m^2$ 左右），所以当凝汽器严重泄漏使凝结水中杂质较多时，就不能适应；如果在机组启动期间，仅运行 12～24h，就需要换树脂粉。

（2）因为树脂粉价格较贵，在设备中用一次就弃去，所以运行费用高，特别是对于经常启动和停备用机组。

3. 磁力过滤器

在凝结水中，铁的腐蚀产物主要是 Fe_3O_4 和 Fe_2O_3，其中 Fe_2O_3 有两种形态，即 $\alpha\text{-}Fe_2O_3$ 和 $\gamma\text{-}Fe_2O_3$。在这些铁的氧化物中 Fe_2O_3 和 $\gamma\text{-}Fe_2O_3$ 是铁磁性物质，$\alpha\text{-}Fe_2O_3$ 是顺磁性物质，但这些铁的氧化物在凝结水中占比还不确定。磁力过滤器就是用磁力来除去水中铁的腐蚀产物。用于凝结水的净化工艺中的磁力过滤器有永磁过滤器、铁球型电磁过滤器和高梯度电磁过滤器等。现将这几种设备简单介绍如下。

（1）永磁过滤器。在永磁过滤器内，布置着若干层磁铁，每层磁铁都由许多放射形排列的磁棒所组成。各根磁棒都连接在一根垂直轴上，此轴可由设于永磁过滤器上部的电动机带动。这种永磁过滤器运行时的通水流速一般为 500m/h。关于其除铁效果，现在还没有足够的数据，有的资料指出，它能使凝结水中的含铁量从 $100\mu g/L$ 降至 $10\sim20\mu g/L$；但也有人认为，这种永磁过滤器仅能除去颗粒较大的（粒径大于 $10\mu m$）铁的氧化物。

这种设备在正常运行中，约每四个星期复原一次。所谓复原，就是清除掉它的吸着物，使它恢复原来的状态。复原时，停止通水，启动电动机使轴高速旋转几分钟，就可甩下磁棒上吸着的铁的氧化物。然后排掉过滤器内含杂质的污水，用凝结水把过滤器冲洗一下即可再投入运行。复原所需的时间很短，所以不必设置备用设备。

这种过滤器内需装有产生强大磁场的永久磁铁，而且从磁铁上除掉吸着的氧化铁微粒时，需用高速电动机，因此它的制造工艺要求高。另外，这种过滤器除铁效果也不够理想。

（2）铁球型电磁过滤器。铁球型电磁过滤器如图 5-2 所示。它的本体是一个用非磁性材料制成的圆筒，筒体内装填着许多用软磁材料制成的小球，筒体外面绕有励磁线圈。筒体与线圈之间有一薄层绝热层，以防止因高温凝结水传热给线圈，而使线圈温度过高。在线圈外面装有一个铁罩作屏蔽罩，它一方面形成闭合磁路以免因漏磁而减弱筒体内的磁场；另一方面还可起到磁屏的作用，以免筒体内的强磁场影响周围的仪表。该设备投入运行时，先在线圈内通直流电以产生磁场，然后将需处理的水从下向上通过小球层，这时筒体内的小球由于磁力作用相互吸引，不会被水流所掀动。通水后，其中金属腐蚀产物就被磁化的小球吸住，出口水中铁和其他金属腐蚀产物的含量就会降低。在运行中可按进、出口水的含铁量，来判断此磁力过滤器是否已失效。这种设备运行周期很长，所以也可按一定的出水水量来决定运行"终点"。到达运行"终点"时，先停止通水，然后切断电流，进行复原。

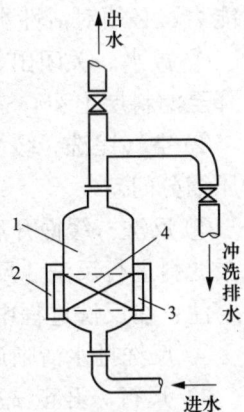

图 5-2　铁球型电磁
过滤器结构示意
1—筒体；2—屏蔽罩；
3—励磁线圈；4—铁球层

这种磁力过滤器运行时，水的流速一般不大于 1000～1200m/h，水流压力损失为 0.1～0.15MPa。如流速太大，不仅会使进、出口压力损失增加，且会使小球发生运动，造成出水含铁量增加；当流速大于 1500m/h 时，除铁效率急剧下降。对于直径为 6～7mm 的小球，冲洗时水速约为 800m/h，就能有很好的清洗效果。这种磁力过滤器筒体的设计压力，一般为 0.98～3.92MPa。

（3）高梯度电磁过滤器。这种过滤器的筒体内，填充着带毛刺的导磁钢毛和涡卷。在强磁场作用下，钢毛被磁化，使筒体内磁力线的分布不再是均匀的，在空间产生极高的磁场梯度。这种磁场过滤器又称为高梯度电磁过滤器。

导磁钢毛的空隙率大（约为 95%），把它与空隙率小的涡卷合起来作填充层，可以改善筒体内部的磁场，而且可提高填充层的机械强度，使水流分布更均匀。这种填充层与钢球相比，在不增加励磁线圈的匝数和不提高励磁电流的条件下，也能大大增加磁场强度，这种设备又称为复合型高梯度电磁过滤器。

复合型高梯度电磁过滤器由设备本体、励磁电流和压缩空气源三部分组成。励磁线圈的冷却方式有强迫通风和通水冷却两种，大型设备常采用水冷方式。设备投运时，应先开强迫通风机，然后开启励磁电流，使励磁线圈通过直流电将筒体内填充层磁化，再将被处理的凝结水自上而下通过设备得以净化。

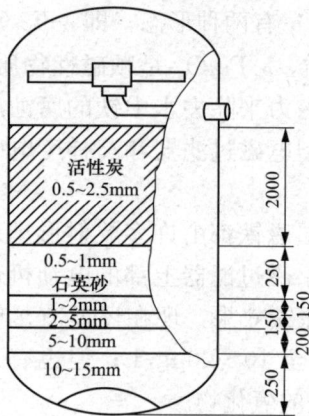

图 5-3　活性炭过滤器

4. 活性炭过滤器

（1）活性炭过滤器的设备结构。如图 5-3 所示，活性炭过滤器直径 3.0m，高 5.5m。内部装有活性炭和石英砂双层滤料。上部活性炭层高 2m；下部石英砂高 1m。

（2）活性炭过滤器的运行操作。活性炭过滤器的运行操作分反洗和运行两大步骤。

1）反洗。活性炭过滤器经过 15 天左右的运行后，杂质被吸附在滤料中，使压差增加，另外活性炭本身也会破碎，为使活性炭中吸附的杂质及破碎的颗粒除去，以恢复其原来的吸附能力，必须对活性炭滤层进行必要的反洗，包括以下步骤：

① 放水。关闭出、入口阀门，开启空气门、反洗出口水门，用正洗排水门将过滤器内水位降至滤料层上 200～300mm，关闭排水门。

② 空气搓洗。缓慢开启压缩风门，维持分压 0.2～0.4MPa，对活性炭搓洗 2～5min，关闭压缩分门。

③ 反洗。缓慢开启反洗入口门，反洗流量控制在反洗水中无正常颗粒活性炭为限。对活性炭滤料进行反洗［反洗强度为 8～10L/(m² · s)］，反洗时间为 10～15min。

注：在反洗过程中，要经常检查反洗水中应无正常颗粒的活性炭，以防"跑料"。

④ 反洗排水清晰后，关闭反洗入口水门、排水门，停止反洗。

2）运行。开正洗排水门、入口门，维持正洗流速 10m/h，直至正洗排水清晰为止。关闭正洗，开启出口门，投入运行。

注：在运行过程中要控制流速 10～15m/h。流速过快，不利于活性炭对有机杂质的吸附。

3）终点控制。以有机物漏泄为控制终点，应控制出水中耗氧量/总阴离子量≤0.004。

（3）影响活性炭过滤器运行效果的因素。活性炭过滤器在实际运行中，主要考虑入床水浊度、反洗周期及反洗强度等。

1）入床水浊度。入床水浊度高，会带给活性炭滤层过多的杂质。这些杂质被截留在活性炭滤层中，并堵塞滤层间隙及活性炭表面孔隙，阻碍其吸附效果的发挥。长期运行下去，截留物就停留在活性炭滤层中，形成冲不掉的泥膜，导致活性炭老化失效。所以进入活性炭过滤器的水，应把浊度控制在5mg/L以下，并保证其正常运行。

2）反洗周期。反洗周期的长短是关系过滤器效果好坏的主要因素。反洗周期过短，浪费反洗水；反洗周期过长，则活性炭中因杂质过多而影响其吸附效果。

注：一般情况，当入床水浊度在5mg/L以下时，应7～10天反洗一次。

3）反洗强度。在对活性炭过滤器的反洗中，滤层膨胀率对滤层冲洗是否彻底，影响较大。滤层膨胀率过小，下层的活性炭冲不起来，其表面冲洗不干净，也容易形成"积泥"；滤层膨胀率过大，则虽能冲掉滤层间隙中的杂质，但悬浮在水中的活性炭粒减少，其相互碰撞摩擦机会减少，不但冲洗不彻底，反而容易造成"跑料"。所以在反洗中应控制滤层膨胀率为30%～50%。

4）反洗时间。一般当滤层膨胀率为30%～50%，反洗强度为8～10L/(m² · s)时，活性炭过滤器的反洗时间为10～15min，不宜过长。

三、凝结水的除盐混床

在凝结水处理中，普遍采用的除盐设备为H-OH型混合床（以下简称混床）。鉴于凝结水处理混床的运行流速很高，对混床所用的阴、阳树脂的性能和配比要求，混床的结构和再生方式，混床的运行工况等都与补给水处理混床有所不同。对这种混床的一些主要特性，简要介绍如下。

1．高速混床所用的离子交换树脂

对于高速混床处理凝结水所用的离子交换树脂，有特有的性能要求。在物理性能方面，树脂的机械强度必须较高，与补给水除盐系统中的树脂相比，其粒度应该大而且均匀，有良好的水力分层性能。这是因为所处理的凝结水有水量很大和含盐量低的特点，混床运行流速很高，一般为80～100m/h，更高些的为110～120m/h，国外最高的可达130～150m/h。对于此种高流速混床，树脂颗粒受压而破碎是一个严重的问题，所以要求树脂的机械强度好。至于要求树脂颗粒大且均匀是为了减少水流通过树脂层的压降。高速混床的运行压降，一般不超过0.2MPa。在化学性能方面，要求树脂有较高的交换速度和较高的工作交换容量，这样可适应混床运行流速高、运行周期长的要求。考虑上述要求，目前一般认为，大孔型树脂比凝胶型树脂更适用于凝结水处理。

凝结水处理用的混床中，阴、阳树脂的配比也与补给水处理用的混床不同。因为电厂凝结水中常含有$NH_3 \cdot H_2O$，它会消耗阳树脂的交换容量。在凝结水处理系统中，若混床前有前置阳床，树脂的配比可采用阴：阳=1：1；若无前置阳床，则采用阴：阳=1：2。若出现凝汽器经常泄漏或冷却水含盐量很高（如海水、苦咸水）的情况，则应加大混床中阴树脂的比值，例如采用阴：阳=3：2。

2．高速混床的结构特点

用于凝结水除盐的高速混床在结构上不同于补给水制备所用的低速混床。高速混床的结构特点与其采用的体外再生方式密切相关。因为采用体外再生时，混床交换器筒体内无须中间配水装置，这就简化了混床的内部结构，适应高流速通水的要求。假如在交换器筒体内安设中间配水装置，在很高流速通水的运行条件下，必将造成较大的水头损失，此中间配水装置也容易损坏。由于采用体外再生，高速混床就无须设酸、碱管道，所以交换器筒体外的管系较单一，这样就可以避免因偶然发生的事故使酸液或碱液漏入凝结水中。此外，因采用体外再生方式和利用运行时的高速通水条件，高速混床交换器筒体的高度就可降低，使之便于在主厂房中布置。

对高速混床内部结构的主要要求是进水装置和排水装置应能保证水的分配均匀，排脂装置应能排尽筒体内的树脂，安装、检修都比较方便。

3. 高速混床的运行特性

用 H-OH 型混床处理凝结水，可以使出水的电导率在 $0.1\mu S/cm$ 以下，通常可达 $0.06\sim 0.08\mu S/cm$。我国各电厂高速混床运行监督指标有两个：出水电导率和出水 SiO_2 含量。其中任何一个指标超过限值时，应将混床停运、进行再生。

在机组正常运行工况下，高速混床的出水含铁量小于 $5\mu g/L$，除铁效率在 50% 以上。在机组启动工况下，高速混床的除铁效率一般都在 90% 以上，除铜效率高于 60%。H-OH 型高速混床的缺点是把不该除去的 $NH_3\cdot H_2O$ 也除去了。由于凝结水中的 $NH_3\cdot H_2O$ 与其他杂质相比，其量较大，所以 H-OH 型混床的交换容量会被 NH_4^+ 大量消耗掉，这对混床的运行是不利的。

4. 高速混床的体外再生工艺

要使高速混床出水水质达到很高的纯度，所需要解决的问题有很多，例如离子交换树脂的质量、再生剂的纯度和再生工艺等。这里仅就体外再生工艺做简要介绍。在此种系统中一般是 $2\sim 3$ 台混床，配备一套体外再生系统。

(1) 空气擦洗。凝结水处理系统中，若混床前没有前置过滤设备，凝结水直接进入混床，则树脂床层本身就是一个过滤器，即混床既是除盐设备也充当过滤装置。为此，应该有一定的措施以保证及时地将截留下来的污物清除掉，不让它们影响离子交换树脂的物理化学性能。通常采用空气擦洗法，方法如下：

此法为重复地用通空气-正洗-通空气-正洗的方法进行床层的擦洗。每次通空气的时间为 1min，正洗为 2min。重复擦洗的次数视树脂污染程度而定，通常为 $6\sim 30$ 次。从下往上通压缩空气的目的为疏松床层，用水从上而下正洗可使脱落下的污物自底部排走。

在空气擦洗用的设备中可用长柄配水帽做成配水系统。为了保持床层中没有污染物，此种擦洗可以在再生前和再生后进行。

(2) 再生前使阳、阴树脂完全分离。混床中阳、阴树脂的再生度不易保持很高的一个主要原因是它们再生前不易分离完全。在这样的情况下，混在阳树脂中的阴树脂便被再生成 Cl^- 型或 SO_4^{2-} 型（取决于再生剂是用 HCl 还是 H_2SO_4），混在阴树脂中的阳树脂便被再生成 Na^+ 型，因此在再生后的混床中必然保留有大量 Na^+ 型和 Cl^- 型树脂。所以，再生前使阳、阴树脂分清是保证它们再生完全的前提。

使阳、阴树脂分清的方法，有以下几种：

1) 用 NaOH 溶液将阳树脂再生成 Na^+ 型，阴树脂再生成 OH^- 型，以增大阳、阴树脂的密度差；

2) 用浓 NaOH（例如 16%）溶液浸泡，使阴树脂上浮，阳树脂下沉；

3) 把中间不易分清的树脂层留在另外的设备中，以便与下次再生的树脂一起再进行分离；

4）在床层中增添密度在阴、阳树脂之间的惰性树脂。

（3）再生工艺过程。下面介绍利用上述方法设计的几种工艺过程。

1）三塔式体外再生法。再生系统由阳树脂再生分离塔、阴树脂再生分离塔、树脂储存塔组成。再生工艺过程如图 5-4 所示。

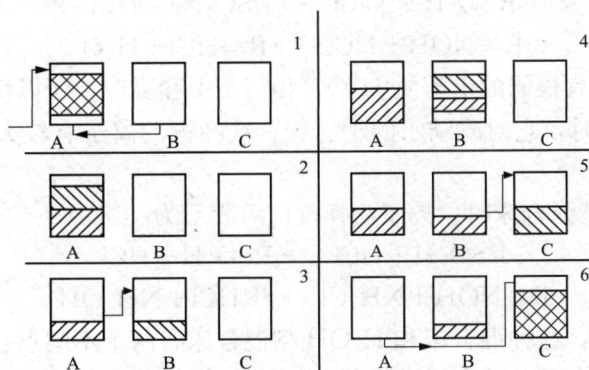

图 5-4　三塔式体外再生工艺过程

A—阳树脂再生分离塔；B—阴树脂再生分离塔；C—树脂储存塔

操作步骤为：

① 失效树脂及上次再生时留下的 Na^+ 型树脂移送到 A 塔；

② 这批树脂经反洗后分成两层；

③ 阴树脂和分界面上的混合树脂移送到 B 塔；

④ 再生阳、阴树脂，并用浮选法分离 B 塔中的阳、阴树脂；

⑤ 阴树脂移送到 C 塔，Na^+ 型阳树脂留于 B 塔，并清洗 A、C 塔中的树脂；

⑥ 阳树脂移送到 C 塔，将 C 塔中的阳、阴树脂混合和冲洗后即处于备用状态。

2）混脂塔（trouble resin vessel）方案（简称"T 塔"方案）。在体外再生系统中，当失效的混合树脂在阳再生分离塔中反洗分层时，于阳、阴树脂分界面处，会有一层"混脂层"（这是因细粒和破碎的阳树脂混杂于阴树脂中引起的）。此"混脂层"树脂体积约占混床树脂总体积的 15%～20%。将此"混脂层"视作中间隔离层，就会使阴、阳树脂分离良好，在输送"混脂层"上面的阴树脂层时，不会携带"混脂层"下面的阳树脂。然后再将此"混脂层"取出，不参加再生。这就使阳再生塔中的阳树脂上不残留阴树脂，从而保证了阴、阳树脂的良好分离。

5. NH_4-OH 型混合床

运行中，为了减少热力设备和管路的腐蚀，要用加入 $NH_3 \cdot H_2O$ 的方法提高热力系统中水的 pH 值。可是水中的 NH_4^+ 在通过 H-OH 型混合床后就完全被除去了，需要再次加入，这不仅增加了 $NH_3 \cdot H_2O$ 的消耗量，而且也相应地增加了混合床中阳树脂的负担，缩短了混合床的工作周期，这种情况在给水中按高 pH 值（pH＝9.6～9.6）运行时特别明显。H-OH 型混合床需要经常进行再生，就会增加酸、碱和自用凝结水的消耗，也加快了树脂的损耗，这些都会使运行费用提高。为此，可采用 NH_4-OH 型混合床净化凝结水的方法。

NH_4-OH 型混合床中，采用的是 NH_4^+ 型阳离子交换树脂。NH_4-OH 型混合床净化凝结水时,不会除掉凝结水中的氨,因而相应地延长了混合床的工作周期。

NH$_4$-OH 型混合床的特性与 H-OH 型混合床相比,在工艺上有较大的不同,下面以除去水中 NaCl 为例,做简要说明。

当采用 H-OH 型混合床时,离子交换反应表示为

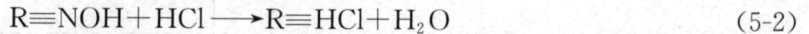

$$RSO_3H + NaCl \longrightarrow RSO_3Na + HCl \tag{5-1}$$

$$R \equiv NOH + HCl \longrightarrow R \equiv HCl + H_2O \tag{5-2}$$

反应的最终产物中有很弱的电解质 H$_2$O,相当于中和反应,所以反应容易进行。而且当采用强酸性 H$^+$ 型树脂时,它对凝结水的钠、铵、铁和铜的离子有较大的吸着能力,这也有利于离子交换反应。

当采用 NH$_4$-OH 型混合床时,离子交换反应可表示为

$$RSO_3H + HCl \longrightarrow RSO_3H + HCl \tag{5-3}$$

$$R \equiv NOH + NH_4Cl \longrightarrow RHCl + NH_4OH \tag{5-4}$$

从离子交换反应看,这种混合床和 H-OH 型混合床有两个不同点:

(1) 在阳离子交换方面。从离子交换的选择性次序可知 NH$_4^+$ 型阳树脂对 Na$^+$ 的吸着能力比强酸 H$^+$ 型阳树脂小,所以 Na$^+$ 较容易穿透。

(2) 在阴离子交换方面。由于此种混合床内不发生中和反应,此反应产物中有氢氧化铵,因而其出水保持一定的碱性,所以 Cl$^-$ 及 SiO$_3^{2-}$ 较容易穿透。

由于这些原因,对 NH$_4$-OH 型混合床来说,离子交换反应的完成程度就与混合床再生后,树脂中残留的 Na$^+$ 型、Cl$^-$ 型树脂量有显著的关系。如混合床的树脂中 Na$^+$ 型或 Cl$^-$ 型树脂的残留率越大,它的出水水质就越差。为了能较完全地除去凝结水中的钠、铁、铜等离子,使 NH$_4$-OH 型混合床的出水水质像 H-OH 型混合床的那样良好,NH$_4$-OH 型混合床的再生程度应比 H-OH 型混合床的高,它要求阴树脂的再生率达 95.5% 以上,阳树脂的达到 99.5% 以上,即残留的 Na$^+$ 型树脂应在 0.5% 以下。

要特别防止再生时阳树脂混入阴树脂中。必须采用更好的分离方法:一种是在分离前先通以 NaOH 溶液,使混合床中的阴树脂再生成 OH$^-$ 型,然后再分离,因为一般强碱性树脂从 Cl$^-$ 型变为 OH$^-$ 型时,体积大约增加 5%,这样就增加了阴、阳树脂之间的湿真密度差,有利于分离;另一种方法是在分离塔中加入 8%~16% 的 NaOH 溶液,使阴树脂浮在上面、阳树脂沉在下面而分离。

NH$_4$-OH 型混合床的再生,通常采用的是体外再生方式。当将阴、阳离子交换树脂仔细分离以后,用 NaOH 深度再生阴树脂,用 HCl 深度再生阳树脂。再生阳树脂时,对再生用氢氧化钠的纯度及配碱用水含氯量的要求也很严格,要求再生用 NaOH 的纯度为 99.00% 以上。

总之,应用 NH$_4$-OH 型混合床,更应特别注意树脂再生过程。

除了上述转型方法外,目前更常用的办法是在混合床运行初期,利用凝结水中的氨将 H$^+$ 型树脂转变成 NH$_4^+$ 型。采用这种办法时,除必须将阳树脂再生得完全之外,在转型期内,对混床进水水质的要求也很严格。因为在转型阶段,混床中的 H$^+$ 型阳树脂在与凝结水中的 NH$_4^+$ 交换的同时,也交换 Na$^+$。如果凝结水中的含钠量较高,转型后 RNa 型树脂在铵化混床中的含量会超过允许值(通常残留的 RNa 型树脂应在 0.5% 以下),从而导致 NH$_4$-OH 混床出水水质的恶化。转型阶段,若进水 pH 值为 9.3,入口凝结水含钠量应小于 15μg/L;当进水 pH 值低

于 9.3 时，入口凝结水允许含钠量还应更低，以接近 $10\mu g/L$ 为宜。

采用 NH_4-OH 型混合床时，水中的阳离子都被阳树脂的 NH_4^+ 所交换，因此，当凝汽器泄漏时，由于凝结水的含盐量大，就会使此混合床出水中的 NH_3 含量剧增，特别是当使用的冷却水含盐量很大时（如海水），这种现象尤为严重。因为凝结水中的 NH_4^+ 浓度不允许太大，否则会引起铜管腐蚀，所以采用 NH_4-OH 型混合床时，其进口凝结水的含盐量应有限制，如果超过一定的数值，就应同时使用 NH_4-OH 型混合床与 H-OH 型混合床进行联合处理。在机组启动时，由于凝结水中含盐量很大，为了避免采用 NH_4-OH 型混合床时汽水系统中含氨量过高，此混合床应按 H-OH 型运行。采用 NH_4-OH 型混合床时，备用树脂应为 H-OH 型，备用树脂投入运行后，凝结水中的氨将会把它变为 NH_4 型。凝结水处理采用氢型循环（H^+/OH^-），还是采用氨型循环（NH_4^+/OH^-），关键在于凝结水中杂质离子含量，以及每次再生结束后，混床树脂中残留钠量及混床树脂的再生度。

要实现混床氨型运行循环方式运行，就必须做到：①凝汽器必须严密性好，不泄漏；②混床中的阳、阴离子交换树脂在分别再生前进行很好的分离，并防止交叉污染；③再生树脂用的氢氧化钠必须具有较高纯度。

6. 三层混床

三层混床就是在普通的强酸、强碱混合床中加以密度介于它们之间的惰性树脂，以便反洗后能将整个床层分离成中间为惰性树脂的三个层次（阴树脂-惰性树脂-阳树脂），这样可避免阳、阴树脂相混。为了适应三层混合床的需要，应有配合好的树脂品种。用于三层床的各种树脂可做成不同的颜色，以便于操作人员观察。例如在美国，阴树脂为金黄色，惰性树脂为白色，阳树脂制成黑色。

三层混合床的操作简便，分层清晰，而且再生需要的时间比较短，可以在 8h 内完成。

7. 氢层混床

氢层混床是在混合床内阴、阳树脂混合后的树脂层，再加上一定厚度的阳树脂层。这样，在处理凝结水时，床内上部 0.3～0.6m 的树脂层内可起到过滤的作用，从而省去一个前置氢型阳离子交换器，可使凝结水处理设备结构紧凑。

氢层混床失效后，将树脂送至再生系统。反洗分层后，经阴、阳树脂分别擦洗、再生、清洗等工序，阴树脂和适当配比的阳树脂被先送至空着的混合床中，充分混合后，再将其余数量的阳树脂送至混合树脂上面，正洗合格后即可投运。

8. 凝结水精处理系统的连接

凝结水精处理系统由过滤和除盐两部分组成。过滤主要用来去除水中的金属腐蚀产物和悬浮杂质，除盐用于去除水中的溶解盐类。在除盐装置之后安装树脂捕捉器，用以截留混床可能漏出的碎树脂微粒。由于树脂使用温度的限制，凝结水精处理装置在热力系统中一般都是设置在凝结水泵之后、低压加热器之前，这时水温不超过 $60℃$，能满足树脂正常工作的基本要求。凝结水精处理装置分低压凝结水处理装置连接方式和中压凝结水处理装置连接方式（见图 5-5）。

四、凝结水的质量标准

超临界压力火力发电机组给水、蒸汽和凝结水质量标准见表 5-1，直流锅炉给水纯度标准及蒸汽和精处理后凝结水质量标准见表 5-2，凝结水泵出口凝结水质量标准见表 5-3。

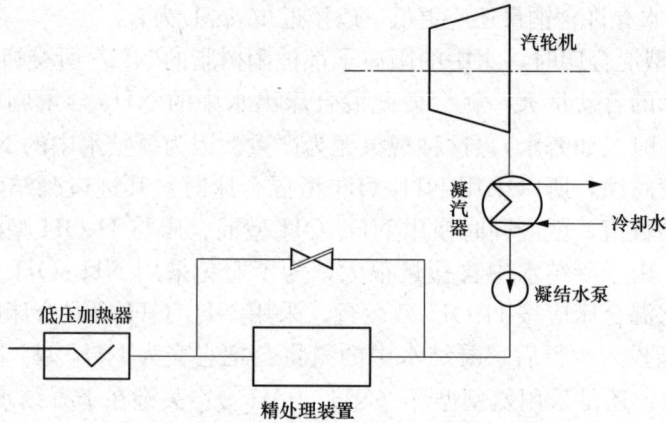

图 5-5　凝结水精处理中压系统示意

表 5-1　　　　　　　　超临界压力火力发电机组给水、蒸汽和凝结水的质量标准

项目		氢电导率/ (μS/cm, 25℃)	$w(SiO_2)$/ (μg/L)	$w(Fe)$/ (μg/L)	$w(Cu)$/ (μg/L)	$w(Na^+)$/ (μg/L)	$w(Cl^-)$/ (μg/L)	$w(TOC)$/ (μg/L)
给水	挥发处理	<0.20(<0.15)	≤15 (≤10)	≤10 (≤5)	≤3 (≤1)	≤5 (≤2)	≤5 (≤2)	≤200
	加氧处理							
蒸汽		<0.20 (<0.15)	≤15 (≤10)	≤10 (≤5)	≤3 (≤1)	≤5 (≤2)	—	—
凝结水	挥发处理	<0.15(<0.10)	≤10 (≤5)	≤5 (≤3)	≤2 (≤1)	≤3 (≤1)	≤3 (≤1)	—
	加氧处理	<0.12(<0.10)						

表 5-2　　　　　　直流锅炉给水纯度标准及蒸汽和精处理后凝结水的质量标准
（GB/T 12145—2016《火力发电机组及蒸汽动力设备水汽质量》）

项目		氢电导率/ (μS/cm, 25℃)	$w(Fe)$/ (μg/L)	$w(Cu)$/ (μg/L)	$w(SiO_2)$/ (μg/L)	$w(Na)$/ (μg/L)
过热蒸汽压力为 5.9～18.3MPa	主蒸汽	≤0.15 (0.10)[①]	≤10 (5)	≤3 (2)	≤15 (10)	≤5 (2)
	给水	≤0.15 (0.10)	≤10 (5)	≤3 (2)	≤15 (10)	≤5 (2)
	凝结水	≤0.15 (0.10)	≤5 (3)	≤3 (1)	≤15 (10)	≤5 (2)
过热蒸汽压力大于 18.3MPa	主蒸汽	≤0.15 (0.10)	≤5 (3)	≤2 (1)	≤10 (5)	≤3 (2)
	给水	≤0.15 (0.10)	≤5 (3)	≤2 (1)	≤10 (5)	≤3 (2)
	凝结水	≤0.15 (0.10)	≤5 (3)	≤2 (1)	≤10 (5)	≤3 (1)

五、凝结水处理案例

案例一：华能某电厂使用的是有前置过滤器的凝结水精处理系统，还包括高速混床，在水汽循环系统的凝汽器和轴封冷凝器之间。混床树脂再生系统设备主要有分离罐、阳再生

表 5-3　　　　　　　　**凝结水泵出口凝结水质量标准**

(GB/T 12145—2016《火力发电机组及蒸汽动力设备水汽质量》)

锅炉过热蒸汽压力/(MPa)	3.8~5.8	5.9~12.6	12.7~15.6	15.7~18.3	>18.3
氢电导率/(μS/cm，25℃)	—	—	≤0.30 (0.20)	≤0.30 (0.20)	<0.20 (0.10)
w (H)/(μmol/L)	≤2.0	≤1.0	≤1.0	≈0	≈0
DO*/(μg/L)	50	≤50	≤40	≤30	<20
w (Na)/(μg/L)	—	—	—	≤5**	≤5

罐、阴再生罐和再生水质储存罐，图 5-6 所示为凝结水精处理系统流程。由凝汽器凝结成的水，进入凝结水泵后送入前置过滤器处理，处理完后再送入高速混床做除盐处理，最后排入低压加热器中，进入循环流程，在这个过程中，还可以根据实时情况调节相应的旁路阀开度。当混床失效后，先停运，再把失效树脂送入分离罐中，其目的是把阴阳树脂分离，然后分别送入阴再生罐和阳再生罐，进行树脂再生，完成树脂再生后，把阴再生罐中的阴树脂送入阳再生罐，与阳树脂混合，进行漂洗，完成整个流程。有时候会发生再生失败的情况，可以重新送入分离罐，重复上述步骤，以致完成再生为止。

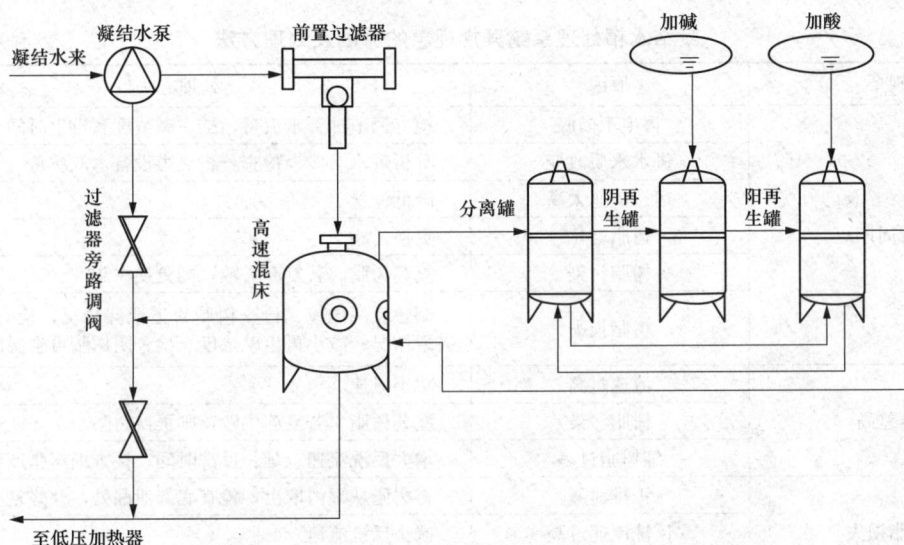

图 5-6　凝结水精处理系统流程

案例二：某核电二回路凝结水精处理系统。其目的是保证二回路系统水质，防止和减少对蒸汽发生器传热管、汽轮机设备管道的腐蚀，达到蒸汽发生器安全运行和延长其使用寿命的目的。核电精处理典型工艺流程有以下 3 种方式：

(1) 前置过滤器-前置阳床-阳床树脂捕捉器-高速混床-混床树脂捕捉器-后置过滤器；

(2) 前置阳床-阳床树脂捕捉器-高速混床-混床树脂捕捉器-后置过滤器；

(3) 前置阳床-阳床树脂捕捉器-高速混床-混床树脂捕捉器。

此核电机组拟采用前置氢型阳床加高速氢型混床的无阀旁流式精处理系统，系统流程如

图 5-7 所示。待处理的凝结水从凝结水泵出口母管接出，先经过前置氢型阳床处理，除去凝结水中绝大部分的氨，然后再经过高速氢型混床精处理，以彻底除去凝结水中的盐类离子。混床出口的凝结水通过净凝结水泵送回主凝结水系统。与此同时，约 5% 的净凝结水自动返回到精处理装置的入口母管，确保主凝结水达到全流量处理的目的。

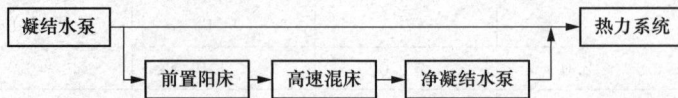

```
凝结水泵 ──────────────────────────────────→ 热力系统
  │                                        ↑
  └─→ 前置阳床 → 高速混床 → 净凝结水泵 ──┘
```

图 5-7 精处理系统流程

为了保证蒸汽发生器水质达标，依据蒸汽发生器盐类平衡计算，凝结水精处理出水钠离子≤0.06μg/L、氯离子和硫酸根离子≤0.1μg/L。通过分析典型凝结水精处理工艺，前置阳床具备在机组启动和正常运行时去除金属腐蚀产物的能力；高速混床出水水帽和树脂过滤器的设置以及投运前的循环清洗能够避免树脂进入热力系统；无阀旁路提高了核电机组安全性。核电机组拟采用前置氢型阳床加高速氢型混床的无阀旁流式凝结水精处理系统。通过工艺选型计算，决定设置 5 台（4 用 1 备）直径 3600mm 的前置氢型阳床和高速氢型混床，每台设备的树脂填充高度为 1.2m，混床中阳、阴树脂比例选取 1∶2。

案例三：某厂凝结水精处理系统异常现象的原因及处理方法见表 5-4。

表 5-4 凝结水精处理系统异常现象的原因及处理方法

现象	原因	处理方法
运行周期短	再生不彻底	检查调节冲释水流量，酸、碱浓度和再生时间
	进水水质改变	分析进水水质、检查分析热力设备水汽质量
	运行流速太高	降低流量
	树脂老化	更换树脂
	树脂污染	复苏树脂，若复苏失败，则更换树脂
	树脂损失	调整反洗流速、检查树脂管道泄漏情况、检查树脂机械破裂情况、减小再生碱浓度、检查阴树脂再生温度
压差高	流速过高	减小流速
	树脂污染	复苏树脂，若复苏失败，则更换树脂
	细树脂过多	增大反洗流速、延长反洗时间、检查细树脂产生原因
树脂损失	正排泄漏	将树脂从罐内取出，检查底部泄漏处，并修复
	反洗流速过高	减小反洗流速
	磨损	添加树脂到正常位置，使床层达到设计要求高度
再生剂浓度小	冲洗水泵故障	检查泵的运行状况及吸入口阀和排除阀是否开、检查泵安全阀是否误动作、检查浓酸浓碱泵冲程是否在正确位置
	再生剂管路阀门故障	检查酸碱截流阀是否开启
	稀释水流量高	检查稀释水流量，根据需要调节好
	酸碱储存罐无酸碱或阀门关闭	保持罐内酸碱数量足够再生使用、保证罐至泵吸入口之间的阀门打开
	浓度指示器故障	用液体比重计或滴定法测定再生剂浓度
	酸碱管路泄漏	更换酸碱管路

续表

现象	原因	处理方法
再生剂浓度高	稀释水流量低	检查稀释水流量是否合适
	泵冲程调节不正确	校正泵冲程至正确位置
碱温度高	稀释水流量不正确	检查稀释水流量至正确
	温度控制器故障	联系热工检修
碱温度低	稀释水流量不正确	检查稀释水流量至正确
	温度控制器故障	联系热工检修
出水质量不合格	树脂分离不完全	调整反洗流量和时间，取得较好的分离效果
	酸碱质量不好	分析酸碱杂质含量，如果质量不好，更换合格的新品种
	再生不足	调整再生时间和再生液浓度，保证完全再生
	树脂污染	复苏树脂，若复苏后出水仍不合格，则更换树脂
空气混合未达到最佳效果	风机的故障，风量不合适	检查空气流量是否调节正确，检查风机是否工作正常
空气混合使树脂带出	罐内混合时水位过高	排水至合适水位，调节排水步骤的时间
	空气流量过高	检查空气流量是否调节合适

案例四：某厂凝结水精处理系统水质、设备异常分析及处理方法，见表5-5。

表 5-5　　　　　　机组凝结水精处理系统水质、设备异常分析及处理方法

异常	原因	处理
运行周期短	(1) 再生不彻底； (2) 进水水质改变； (3) 运行流速过高； (4) 树脂老化； (5) 树脂污染； (6) 树脂混合不均匀； (7) 水汽加氨量过多	(1) 检查调节酸碱稀释水流量、酸碱浓度和再生时间； (2) 分析进水水质，检查分析热力设备水汽质量； (3) 高混运行流速在设计最大值之下无须处理； (4) 复苏或更换树脂； (5) 找出污染的原因并复苏或更换树脂； (6) 停运混床，重新混合； (7) 调整加氨量
高混出水水质不合格	(1) 再生时树脂分离不完全； (2) 酸碱质量不好； (3) 再生不足； (4) 高混树脂混合不均匀； (5) 树脂污染； (6) 混床失效	(1) 调整反洗流量和时间； (2) 更换酸碱； (3) 调整再生条件（再生液浓度、流量、温度、再生时间）合格； (4) 对树脂重新混合使之均匀； (5) 查找污染原因并消除，复苏或更换树脂； (6) 切换混床
再生过程中进酸碱不畅	(1) 进酸碱动力水系统不通，有的门未开； (2) 喷射器存在缺陷； (3) 酸碱计量罐出口门未开或门存在缺陷	(1) 检查进酸碱动力水系统，保证每一道门全开； (2) 喷射器缺陷，通知检修处理； (3) 若查明属于计量罐出口门缺陷通知检修处理
水泵启动后不出水	(1) 启动前水箱注水不足； (2) 进水门未开或进水管堵塞； (3) 吸入管漏气，盘根或机械密封漏气，进水法兰结合不严	(1) 水箱注水至高水位； (2) 全开水泵入口门，疏通进水管道； (3) 启动备用泵，停故障泵进行检修

习　题

1. 简述造成凝结水出水质量不合格的原因有哪些。
2. 简述凝结水处理监督项目包含哪些内容。
3. 讨论造成凝结水含氧量增高的原因有哪些。
4. 试分析造成凝汽器泄漏的原因及产生的危害。
5. 分析凝结水混床与补给水混床有哪些异同点。

第六章　汽包锅炉的炉内防垢处理与监督

第一节　水垢和水渣的性质及危害

热力设备投运以后，在某些条件下会在受热面与水接触的金属表面上生成一些坚硬的固态附着物，这类附着物称为水垢。如果析出的固态附着物在锅炉水中呈悬浮状态，或沉积在汽包和下联箱底部的水流缓慢处，这类附着物称为水渣。它们都会影响热力设备的安全运行。传统化石燃料汽包锅炉水汽循环系统腐蚀、沉积与杂质侵入位置如图6-1所示。

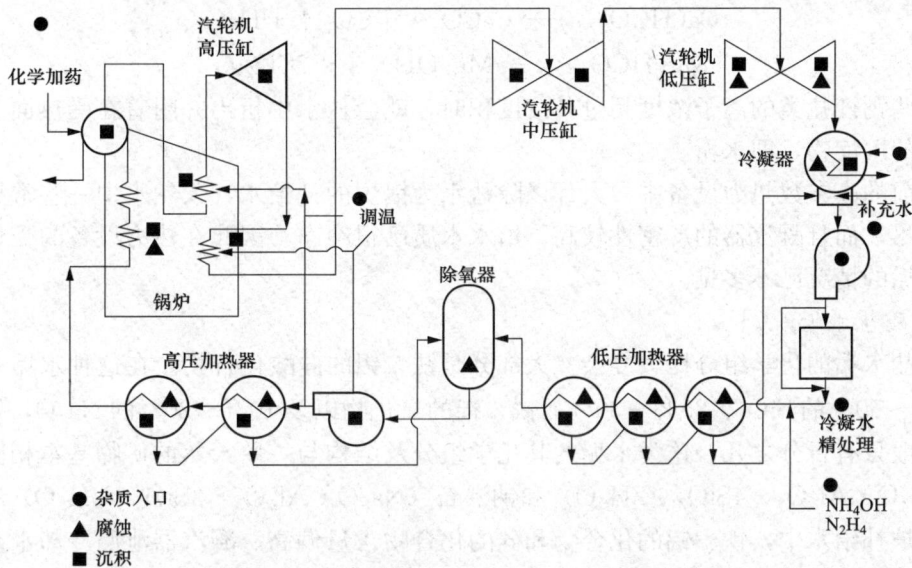

图 6-1　传统化石燃料汽包锅炉水汽循环系统腐蚀、沉积与杂质侵入位置

一、水垢

水垢往往不是单一的化合物，而是由许多化合物组成的混合物，其外观、物理特性及化学组分因水质不同、生成的部位不同而有很大差异。如直接使用天然水或自来水作为锅炉补给水的热力设备（低压锅炉），其水垢的主要化学组分为钙镁的碳酸盐和氢氧化物；如以一级钠离子交换软化水作为锅炉补给水的热力设备（中、低压锅炉），其水垢的主要化学组分为碳酸钙、硫酸钙、硅酸钙等；以二级钠离子交换软化水作为锅炉补给水的热力设备（中、高压锅炉），其锅炉水冷壁管内的水垢化学组分常以复杂的硅酸盐为主；以除盐水作为锅炉补给水的热力设备（高压或超高压以上的锅炉），其水垢的主要化学组分主要是铁、铜的氧化物。通过化学分析，可确定水垢的化学组成，一般用质量百分率表示水垢的化学成分，至于水垢中各种化学成分确切的化学形态，只有采用物理化学分析法如 X 光谱分析、结晶光学

分析和热谱分析等才能确定。

水垢的化学组分虽然比较复杂，但往往以某种组分为主，因此可按水垢的化学组分分成钙镁水垢、硅酸水垢、氧化铁垢、铜垢和磷酸盐垢等。

1. 钙镁水垢

在钙镁水垢中，以钙镁盐类为主，有时可达 90% 以上。按其化学组分又可分为碳酸钙水垢（$CaCO_3$）、硫酸钙水垢（$CaSO_4$、$CaSO_4 \cdot 2H_2O$）、硅酸钙水垢（$CaSiO_3$、$CaO \cdot 5SiO_2 \cdot H_2$）、镁垢 [$Mg(OH)_2$、$Mg_3(PO_4)_2$] 等。

碳酸盐水垢常在给水管路、热力交换设备、省煤器、加热器、锅筒、水冷壁管和下联箱等部位生成。硫酸盐水垢和硅酸盐水垢主要是在热负荷高的受热面上（如水冷壁管、蒸发器和蒸汽发生器内）生成。

钙镁盐类之所以能在受热面上析出形成水垢，一是因为随着水的温度升高，某些钙镁化合物在水中的溶解度下降；二是因为水在蒸发过程中，水中盐类逐渐浓缩；三是因为水在受热过程中，水中一些钙镁的碳酸盐受热分解，反应式如下：

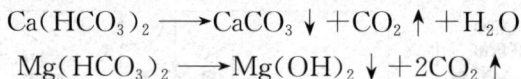

$$Ca(HCO_3)_2 \longrightarrow CaCO_3 \downarrow + CO_2 \uparrow + H_2O$$

$$Mg(HCO_3)_2 \longrightarrow Mg(OH)_2 \downarrow + 2CO_2 \uparrow$$

当水中这些钙镁盐类的离子浓度超过其溶度积时，就会从水中析出并附着在受热面上，逐渐成为坚硬的沉淀物，即水垢。

在目前的高参数热力设备中，大都以除盐水为锅炉的补给水，天然水中一些常见的杂质已基本除尽，而且凝汽器的严密性较高，给水水质已很纯净，因此在热力设备的受热面上生成钙镁水垢的情况已不多见。

2. 硅酸盐水垢

硅酸盐水垢的化学组分比较复杂，大部分是铁、铝的硅酸化合物。在这种水垢中，往往含有 40%～50% 的 SiO_2、25%～30% 的铁、铝的氧化物以及 10%～20% 的 Na_2O，钙镁化合物含量一般只有百分之几。这类水垢的其化学组分及结构与一些天然的矿物基本相同，如方沸石（$Na_2O \cdot Al_2O_3 \cdot 4SiO_2 \cdot 2H_2O$）和钠沸石（$Na_2O \cdot Al_2O_3 \cdot 3SiO_2 \cdot 2H_2O$）等。

在锅炉补给水中，铁、铝的化合物和硅的化合物含量偏高、凝汽器泄漏冷却水及锅炉受热面上热负荷过高等因素是生成硅酸盐水垢的主要原因。关于硅酸盐的形成过程，目前有两种看法：一种看法认为，硅酸盐水垢是高热负荷的炉管管壁上从高浓缩的锅炉水中直接结晶而来；另一种看法认为，硅酸盐水垢是在高热负荷的作用下，黏附于锅炉管壁金属表面上的一些附着物之间发生化学作用生成的：

$$Na_2SiO_3 + Fe_2O_3 \longrightarrow Na_2O + Fe_2O_3SiO_2 \tag{6-1}$$

目前的水处理工艺虽然已比较成熟和完善，锅炉补给水的水质也已相当纯净，但因补给水处理不当或由于凝汽器泄漏，而使铁、铝的化合物和硅的化合物带入锅炉水中的现象时有发生；而且硅酸盐水垢很难用酸洗的方法去除，因此在受热面上一旦生成硅酸盐水垢，将会给热力设备的安全运行带来不良影响。

为了防止产生硅酸盐水垢，应尽量降低给水中硅化合物、铝和其他金属氧化物的含量。要达到这个目的，一方面要求对补给水进行除硅处理并保证优良的补给水水质；另一方面要严格防止凝汽器泄漏。运行经验证明，凝汽器的泄漏往往也会导致硅酸盐水垢的产生。

3. 氧化铁垢

氧化铁垢的外观呈咖啡色，内层呈黑色或灰色，垢的下面尚有少量白色盐类的沉积物，其主要化学组分是铁的氧化物，有时高达 $70\%\sim90\%$，另外还有少量金属铜、铜的氧化物以及一些钙、镁、硅和磷的盐类。

氧化铁垢的生成部位主要是在一些高参数大容量锅炉热负荷比较高的管壁上，如喷燃器附近的炉管及燃烧带上下部的炉管管壁上。

锅炉管壁上形成的氧化铁垢主要与炉水中铁的氧化物含量及锅炉的热负荷有关。炉水中的铁氧化物有的是随锅炉补给水带入锅内的，有的是运行中或停炉期间因腐蚀作用产生的。氧化铁垢的形成速度与锅炉炉管承受的热负荷有很大关系。如有一台锅炉，敷有燃烧带的管段，热负荷为 $50\sim60\times10^3\,W/m^2$，氧化铁垢的生成速度仅有 $0.005mg/(cm^2\cdot d)$；而燃烧带上部的管段，热负荷达到 $250\sim300\times10^3\,W/m^2$，这些部位的氧化铁垢的生成速度达到 $0.067mg/(cm^2\cdot d)$。

关于氧化铁垢的形成过程有两种观点：一种观点认为，当锅炉金属遭受到碱性腐蚀、汽水腐蚀或停用腐蚀时，金属腐蚀产物在锅炉运行过程中直接在管壁上沉积并转化为氧化铁垢；另一种观点认为，锅炉水中铁的氧化物主要呈胶体态氧化铁，并带有正电荷，而热负荷很高的管壁表面一般都呈现负电性，在静电引力的作用下，带正电荷的氧化铁便向显负电性的金属表面聚集，逐渐转化为氧化铁垢。

防止氧化铁垢的途径：一是尽量减少锅炉给水中的含铁量，减少运行后停用期间的腐蚀；二是避免锅炉超负荷运行和改善锅炉运行工况，控制锅炉管壁上的热负荷在允许范围之内。

4. 铜垢

当热力设备的含铜部件（如高、低压加热器）遭受腐蚀时，铜的腐蚀产物便随给水带入锅炉内部，而形成铜垢。在这种垢中，金属铜的含量比较高，可占 20% 以上，而且沿垢层厚分布非常不均匀，表面部分高达 $70\%\sim90\%$，靠近锅炉炉管深处只有 $10\%\sim20\%$。

某中压燃油锅炉炉管内铜垢的分析结果发现，垢层表面有较多金属铜的颗粒，在炉管严重腐蚀处的周围，有小丘状附着物，附着物表面有闪闪发亮的金属铜粒。

铜垢也是经常在热负荷高的部位产生，并在此进行以下电化学过程：

阳极过程　　　　　　　　　　$Fe \longrightarrow Fe^{2+} + 2e$

阴极过程　　　　　　　　　　$Cu^{2+} + 2e \longrightarrow Cu$

苏联学者认为，在沸腾的碱性锅炉水中，铜主要以络合离子状态存在。在热力负荷高的部位，锅炉水中部分络合离子的离解倾向增大，使锅炉水中铜离子含量升高，促使上述阴极过程进行。另外，锅炉金属在高热负荷的作用下，金属表面上的保护膜遭到破坏，促使上述阳极过程进行。

金属铜在锅炉水中开始析出时呈一个个小丘状，小丘的直径为 $0.1\sim0.8mm$，然后许多小丘连成一片成为海绵状沉淀层。运行过程中，锅炉水充灌到这些小孔中，并很快蒸干，而锅炉水中的各种盐类则留在这些小孔中。这一方面使垢中铜的含量相对降低，另一方面使这种垢具有导电性。图 6-2 所示为铜沉积在过热器管的磁性氧化铁垢表面。

防止铜垢的方法，一方面应减缓铜部件的腐蚀，降低给水中的含铜量；另一方面应严禁锅炉超负荷运行。

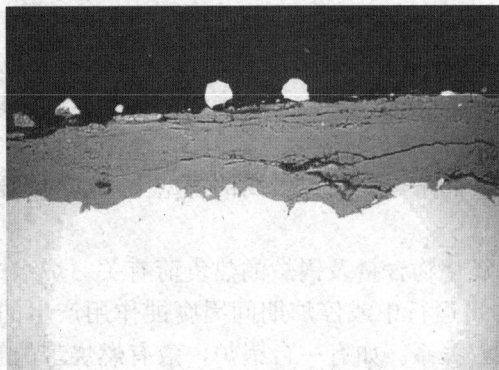

图6-2　铜沉积在过热器管的磁性氧化铁垢
表面（亮球可见）（放大500倍）

5. 磷酸盐垢

通常把碳酸盐含量（灼烧减量加氧化钙）不足50％，而磷酸盐含量超过10％的垢总称作磷酸盐水垢。磷酸盐水垢外观为灰白色，质地较为疏松。仅有碳酸盐和磷酸盐的水垢呈灰白色就是由于磷灰石是灰色；如果有腐蚀产物则呈灰红色或红褐色；锅炉中或给水中加有除氧剂时，垢的颜色多呈灰黑色。

磷酸盐水垢产生于进行磷酸盐防垢处理的锅炉汽包压力为2.5MPa、3.8MPa及其以上的锅炉中，也产生于采取水质稳定处理的热水锅炉和供热系统中。循环冷却水采取磷酸盐阻垢处理或采用磷酸盐系列水质稳定剂时，也常产生磷酸盐水垢。

磷酸盐水垢往往是和碳酸盐水垢共存的。锅炉中，当软化水的残余硬度过高时，在凝汽器管泄漏时，锅炉受热面既结碳酸盐水垢，又会由于产生大量磷酸盐水渣未能及时排除，而形成二次水垢。对于循环冷却水系统来说，浓缩倍率偏高，磷（膦）系列水质稳定剂剂量不足、药龄过久或药效不理想均可产生磷酸盐水垢。磷酸盐垢与碳酸盐垢外观近似，而且其中常含一定量的碳酸盐垢。两者的区别在于磷酸盐垢在常温下不能在5％以下稀酸中全部溶解，需要加热助溶，或者用10％以上的酸而且在温热条件下使之全溶。

磷酸盐水垢的附着能力差，容易用捅刷刮磨等方法除去。不受热部分的磷酸盐垢松软，呈堆积状。磷酸盐垢随受热面的热流强度和金属温度升高而结垢严重，垢质也变得坚硬难除。

二、水渣

水渣与水垢一样，也是一种含有许多化合物的混合物，而且随水质不同而差异很大。在以除盐水为锅炉补给水的锅炉中，水渣的主要组分为一些金属的腐蚀产物，如铁的氧化物（Fe_2O_3、Fe_3O_4）、铜的氧化物（CuO、Cu_2O）、碱式磷酸钙〔$Ca_{10}(OH)_2(PO_4)_6$〕、蛇纹石（$MgO_2 \cdot SiO_2 \cdot 2H_2O$）和钙镁盐类〔$CaCO_3$、$Mg(OH)_2$、$Mg(OH)_2 \cdot CaCO_3$、$Mg_3(PO_4)_2$〕，有时水渣中还含有一些随给水带入的悬浮物。

由于各种水渣的化学组分和形成过程不同，有的水渣不易黏附于锅炉金属的受热面上，在锅炉水中呈悬浮状态，这种水渣可借锅炉排污排出炉外，如碱式磷酸钙和磷酸镁等；有的水渣则易黏附于受热面上，经高温焙烧，可形成软垢，如氢氧化镁和磷酸镁等。

三、水垢、渣的危害

1. 水垢的危害

水垢的结成对锅炉的安全、经济运行危害很大，主要表现在以下几个方面。

（1）降低锅炉的热经济性。水垢的导热性能很差，导热能力比钢铁差了几十到几百倍，水垢的存在会使锅炉的受热面传热情况变坏，排烟温度增高，增加燃料消耗量。根据试验，在锅炉内壁如有1mm厚的水垢，就要多消耗煤3％～5％。

（2）引起受热面金属过热。由于水垢的导热性能差，而且水垢易于结生在热负荷很高的金属受热面上，此时会使结垢部位的金属壁温度过高，引起金属强度下降，在蒸汽压力的作用下，就会发生过热部位变形、鼓包，甚至引起爆炸等事故。

（3）破坏正常的锅炉水循环。生成水垢会减小受热面内流通截面，增加管内水循环的流动阻力，严重时甚至完全堵塞。这样就破坏了锅炉的正常水循环，妨碍锅炉内部的传热，降低锅炉的蒸汽能力。

（4）增加锅炉的检修量。锅炉受热面上的水垢，特别是管内水垢难以清除，而由于水垢引起锅炉的泄漏、裂纹、变形、腐蚀等问题不仅损害了锅炉，降低了锅炉的寿命，而且会耗费大量的人力、物力去检修，不仅缩短了运行时间，也增加了检修费用。

通过以上分析，我们知道，锅炉在运行过程中，应防止水垢的生成，保证锅炉设备安全、经济地运行。

2. 水渣的危害

锅炉水中的水渣过多，一方面会影响锅炉的蒸汽品质，另一方面会堵塞炉管，甚至于会转化为水垢。因此，必须通过锅炉排污的办法及时将水渣排出锅外。

第二节　中、高压汽包锅炉的炉内水处理

为了防止因锅炉水质引起的故障，除了应提高给水水质，尽量减少杂质和腐蚀产物进入锅炉外，还需要采取各种方法对炉水进行处理。加强锅炉排污，补充大量的新鲜水是最简单的方法之一。但是，这不但损失了大量的水，也浪费了热能。所谓的炉水处理是指向炉水中加入适当的化学药品，使炉水在蒸发过程中不发生结垢现象，并能减缓炉水对炉管的腐蚀，在保证锅炉安全运行的前提下尽量降低锅炉的排污率，以保证锅炉运行的经济性。因此，不管是从保证锅炉安全运行的角度，还是从提高锅炉的热效率与节水、节能等方面考虑，都应对炉水进行必要的处理。

汽包锅炉的炉水水质调节，就是通过向锅炉水中投加某种化学药剂，使结垢物质呈水渣析出，或呈溶解、分散状态，通过排污排出炉外的一种防垢方法。

目前炉水的处理方式有三种，即磷酸盐处理、氢氧化钠处理和全挥发处理。

（1）磷酸盐处理（phosphate treatment，PT）：为了防止炉内生成钙、镁水垢和减少水冷壁管腐蚀，向炉水中加入适量磷酸三钠的处理。

（2）氢氧化钠处理（caustic treatment，CT）：为了减缓水冷壁管腐蚀，向炉水中加入适量氢氧化钠的处理。

（3）全挥发处理（all-volatile treatment，AVT）：锅炉给水加氨和联氨或只加氨，炉水不再加任何药剂的处理。

目前在全世界范围内约有 65％的汽包锅炉采用 PT，有 10％～15％采用 CT，有 20％～25％采用 AVT。在我国约有 98％的汽包锅炉采用 PT，不足 1％采用 CT，不足 1％采用 AVT。从分布来看，我国水化学工况选择不尽合理，其中存在我国火电厂水源水质较差与国产锅炉的工艺有待完善等原因，但是其中最重要原因仍为对电厂水化学工作重视程度不足，未能对水化学工况问题进行全面深入的认识，因此无法更加合理地运用化学水工况为机组更安全更经济的运行提供保障，这就要求从业人员对高温高压水汽系统水化学工况进行更深入的研究和实践，以便进一步提高我国火力发电厂运行的安全性与经济性。

一、磷酸盐处理（PT）

前面已经讲过，为了防止在汽包锅炉中产生钙垢，除了保证给水水质外，通常还需要在锅炉水中投加一些药品，使随给水进入锅内的钙离子（补给水中残余的或凝汽器中漏入的）在锅内不生成水垢，而形成水渣，随锅炉排污排除。在发电厂的锅炉中，最宜用作锅内加药处理的药品是磷酸盐。向锅炉水中投加磷酸盐（其总含量用 PO_4^{3-} 表示）的这种处理方法，统称为加磷处理，又称磷酸盐处理。

磷酸盐处理始于 20 世纪 20 年代，起初，机组容量较小，锅炉补给水为软化水，汽包内还分盐段与净段，磷酸盐处理应用起来比较省事、简单。近几十年来，锅炉补给水由软化水改为除盐水，水质很纯，同时机组容量增长较快。为适应水质变化和大机组发展的需要，经过试验研究与不断实践，人们对于磷酸盐处理的特点、工艺及存在的问题有了更深刻的认识，并研究出了具体对策。

磷酸盐处理又细分为普通磷酸盐处理（NPT）、协调 pH-磷酸盐处理（CPT）、低磷酸盐处理（LPT）和平衡磷酸盐处理（EPT）。

1. 普通磷酸盐处理（NPT）

锅炉水的处理，是为了防止从水处理设备穿透过去的和由凝汽器漏入的各种杂质产生的结垢和腐蚀。通常加入磷酸盐如 $Na_2PO_4 \cdot 12H_2O$ 等以防止结垢，这种处理方式称为普通磷酸盐处理。

（1）原理。在单独进行磷酸盐处理时，大多采用磷酸三钠，它是一种白色晶体状的固体物质，加入锅内起以下作用：

1）防止钙镁水垢。在锅炉水呈沸腾状态和 pH 值较高（pH＝10～12）的条件下，加入一定数量的磷酸盐后，炉水中的钙离子与磷酸根离子发生以下反应：

$$10Ca^{2+} + 6PO_4^{3-} + 2OH^- \longrightarrow Ca_{10}(OH)_2(PO_4)_6 \tag{6-2}$$

反应生成的碱式磷酸钙溶度积很小，呈松散的水渣状态，可借锅炉排污排出炉外。因此，当锅炉水中保持有一定量的过剩 PO_4^{3-} 时，可以使锅炉水中钙离子（Ca^{2+}）的含量非常小，以至在锅炉水中它的浓度与 SO_4^{2-} 浓度或 SiO_3^{2-} 浓度的乘积不会达到 $CaSO_4$ 或 $CaSiO_3$ 的溶度积，这样锅内就不会有钙垢形成。

2）防止锅炉金属腐蚀。磷酸盐可在锅炉管壁表面上生成磷酸盐保护膜，防止金属腐蚀。

（2）磷酸盐的加入量。锅炉水中的 PO_4^{3-} 含量不宜过高或过低，过低起不到上述防垢作用，过高会增加炉水含盐量，影响蒸汽品质，而且有可能生成 $Mg_3(PO_4)_2$、$Fe_3(PO_4)_2$ 水垢。只有锅炉水中 PO_4^{3-} 含量适合时，才能与炉水中 Mg^{2+} 发生以下反应：

$$3Mg^{2+} + 2SiO_3^{2-} + 2OH^- + H_2O \longrightarrow 3MgO \cdot 2SiO_2 \cdot 2H_2O \downarrow (蛇纹石水渣)$$

炉水中应维持的磷酸盐含量见表 6-1。

表 6-1　　　　锅炉水中应维持的磷酸盐含量

锅炉压力/MPa	炉水磷酸盐含量/(mg/L, PO_4^{3-})		
	不分段蒸发	分段蒸发	
		净段	盐段
≤5.78	5～15	5～12	＞75
5.88～12.64	2～10	2～10	＞50

续表

锅炉压力/MPa	炉水磷酸盐含量/(mg/L，PO_4^{3-})		
	不分段蒸发	分段蒸发	
		净段	盐段
12.74～15.58	2～8	2～8	＞40
15.68～18.62	0.5～3		

（3）磷酸盐的加药方式。

为了药剂装卸、储存、配制方便，磷酸盐的配制一般都是在水处理车间中进行的。

配制时，首先将磷酸三钠在溶液箱内配制成 5%～8% 的稀溶液，然后通过过滤送至磷酸盐溶液储存箱。储存箱安置在锅炉房内，靠近加药点。磷酸盐溶液制备系统如图 6-3 所示。

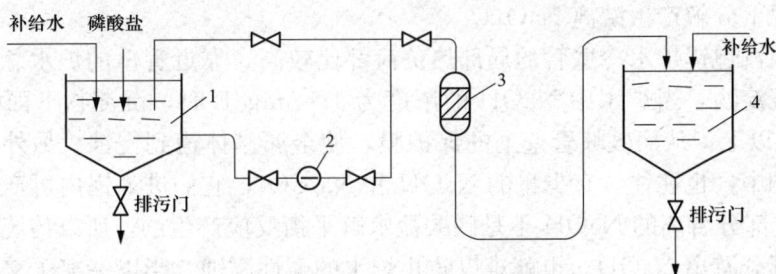

图 6-3　磷酸盐溶液制备系统
1—磷酸盐溶解箱；2—泵；3—过滤器；4—磷酸盐溶液储存箱

加药时，先将储存箱内的浓溶液稀释成 1%～5% 的稀溶液，然后引入计量箱内，再用活塞计量泵加入汽包中。汽包内水面下设有一根磷酸盐加药管，加药管沿汽包长度方向布置，并开有等距离的小孔，小孔孔径为 3～5mm。加药量的调节是靠改变药液浓度或改变活塞的冲程来完成的。磷酸盐溶液加药系统如图 6-4 所示。

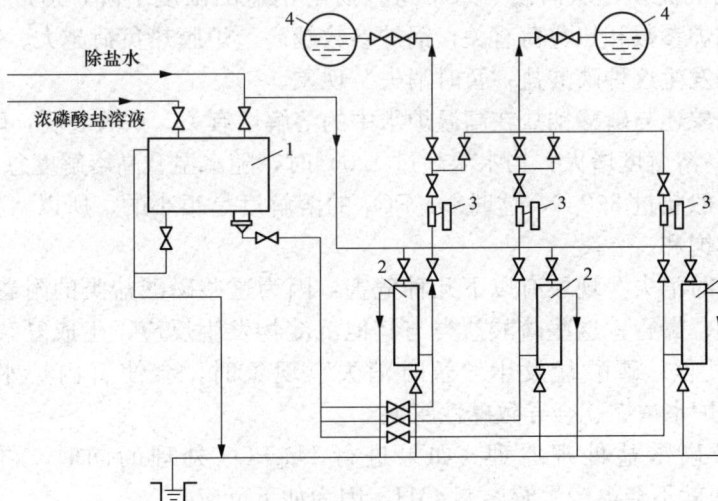

图 6-4　磷酸盐溶液加药系统
1—磷酸盐溶液储存箱；2—计量箱；3—加药泵；4—锅炉汽包

采用磷酸盐处理时，应保证给水中硬度小于 $5\mu mol/L$，最大不超过 $35\mu mol/L$，否则生成水渣过多，影响蒸汽品质。目前为了精确控制锅炉水中的 PO_4^{3-} 含量，有的电厂设置了炉水 PO_4^{3-} 自动测试仪表，利用仪表产生的电信号，通过微机系统控制加药泵，取得很好的效果。

2. 协调 pH-磷酸盐处理（CPT）

协调 pH-磷酸盐处理是上述传统磷酸盐处理工艺的进一步发展和改善，它不仅可以防止钙盐水垢和防止水冷壁管碱性腐蚀，而且还可避免锅炉水 pH 值偏低所造成的危害，是一种有效的炉水水质调节办法。20 世纪 70 年代后期，这种方法已在美国和日本等国家的高参数大容量汽包锅炉中广泛采用，我国自 20 世纪 80 年代开始应用。

（1）传统磷酸盐处理存在的问题。

1）游离的 NaOH 导致炉管碱性腐蚀。以除盐水做锅炉补给水的高参数锅炉，补给水的水质是非常纯洁的，但往往因凝汽器不严密，而使冷却水渗漏或泄漏到凝结水中，冷却水中的碳酸盐在高温下分解产生游离 NaOH。

因为高参数汽包锅炉水冷壁管的局部热负荷都比较高，靠近管壁的炉水急剧汽化，如果这些管壁上有沉淀物，当炉水中 NaOH 的浓度为 $1\sim5mg/L$ 时，沉淀物下面的炉水 NaOH 浓度可达到 5％以上，从而破坏管壁上的保护膜，使金属基体遭到侵蚀。另外，汽包内加入的工业磷酸三钠中，也往往含有少量的 NaOH 和 Na_2CO_3，它们进入锅内可产生一部分游离 NaOH。因为这部分游离的 NaOH 不是磷酸盐水解平衡反应产生的，所以传统的磷酸盐处理并不能消除这部分游离 NaOH，也就难以防止炉水的碱性腐蚀。当以钠离子交换软化水作为锅炉补给水时，这种碱性腐蚀就更为严重。

2）磷酸盐的"暂时消失"现象。当锅炉负荷增加时，炉水中磷酸钠盐的浓度明显下降；而当锅炉负荷降低时，炉水中磷酸钠盐的浓度又重新升高。这种现象称为磷酸盐的"暂时消失"现象，也称"隐藏"现象。

这种现象说明，当锅炉在高负荷下运行时，水冷壁管热负荷升高，管内沸腾过程加剧，使靠近管壁层的水中，某些易溶的磷酸钠盐等达到或超过其饱和浓度，因而能在金属表面上以固相析出，形成沉淀物，从而使炉水中这些易溶钠盐的浓度下降，造成"暂时消失"现象。这种现象与锅炉参数和热负荷有关，锅炉参数越高、炉膛热负荷越大、锅炉汽化过程越剧烈，也就越容易发生这种磷酸盐"暂时消失"现象。

另外，这种现象还与磷酸钠盐在高温炉水中的溶解性有关。试验表明：磷酸三钠在 $10\sim120℃$，随水温升高溶解度增大；当水温超过 $120℃$ 时，随水温升高溶解度急剧下降；高参数锅炉的炉水温度一般超过 $300℃$，这时 Na_3PO_4 的溶解度是很小的。所以，在高热负荷的炉管内很容易达到过饱和。

磷酸盐的"暂时消失"现象有以下几种危害：因为这些磷酸盐类的附着物传热性能差，容易引起炉管过热、爆管；这些磷酸盐类与其他沉淀物发生反应，生成复杂的难溶性水垢，加剧结垢和腐蚀过程；磷酸盐发生"暂时消失"现象时，会使管内炉水中产生游离的 NaOH，一旦产生炉水浓缩就会导致碱性腐蚀。

（2）协调 pH-磷酸盐处理原理。如果进行 Na_3PO_4 处理的同时，再加入一定量的 Na_2HPO_4，炉水中就不会再产生游离 NaOH，因为如下反应：

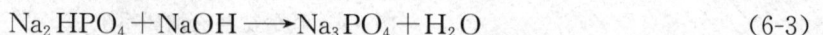

$$Na_2HPO_4+NaOH\longrightarrow Na_3PO_4+H_2O \tag{6-3}$$

为了适当地控制 Na_3PO_4 和 Na_2HPO_4 的加药量，人们采用了控制 Na^+/PO_4^{3-} 比值，称为磷酸钠盐中的钠离子（Na^+）和磷酸根离子（PO_4^{3-}）的摩尔比，以 R 表示，在磷酸三钠的

水溶液中 R 值为 3.0，在磷酸氢二钠的水溶液中 R 值为 2.0，在磷酸三钠和磷酸氢二钠的水溶液中 R 值为 3.0～2.0，如图 6-5 所示。

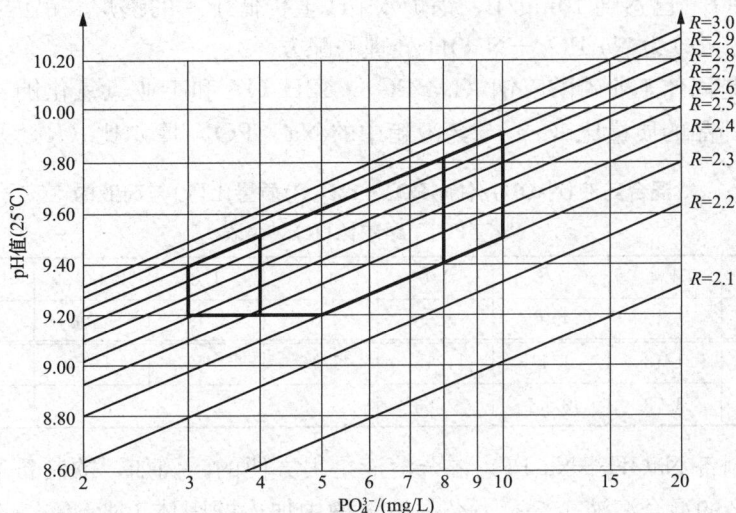

图 6-5　超高压锅炉水协调 pH-磷酸盐处理控制

当炉水中的 Na^+/PO_4^{3-} 的摩尔比大于 2.85 时，就会有 Na_3PO_4 水解产生的游离 NaOH，当 R 值小于 2.85 时，即使产生磷酸盐的"暂时消失"现象，也不会产生游离 NaOH。因此，为防止炉水的碱性腐蚀，规定控制 R 值的上限为 2.85。但如果 Na_2HPO_4 的加入量过多，锅炉水的 pH 值就会偏低，引起水冷壁管的酸性腐蚀，所以同时规定 R 值的下限为 2.2。如果出现 R 值低于 2.2 的情况，应向锅炉内投加适量 NaOH，使之发生式（6-3）所示的反应。

该反应增加了 Na_3PO_4 的相对含量，提高了 R 值。因此，在实际应用中，控制 R 值为 2.8～2.5 是比较稳妥的。

高参数汽包锅炉的锅炉水协调 pH-磷酸盐处理，就是同时对磷酸根总浓度和 pH 值两个指标进行严格的控制，保证 R 值落在事先设定的范围之内。这样既能防垢又能防止腐蚀，因此这种处理工艺又称为炉水 pH-磷酸盐控制。

（3）锅内加药的配方。实施锅炉水协调 pH-磷酸盐处理时，药品的配方应按锅炉的不同水质条件决定。

1）锅炉水中有游离 NaOH，即锅炉水 Na^+/PO_4^{3-} 摩尔比大于 3.0。锅内处理应由原来的 Na_3PO_4 单一配方，改为 $Na_3PO_4 + Na_2HPO_4$ 处理的配方。现场使用的是工业磷酸三钠（$Na_3PO_4 \cdot 12H_2O$）和工业磷酸氢二钠（$Na_2HPO_4 \cdot 12H_2O$）。配制药液时，这两种磷酸盐的质量比（x）与药液箱中药液的 Na^+/PO_4^{3-} 摩尔比（R）见表 6-2。

表 6-2　　磷酸盐溶液制备箱中药液($Na_3PO_4 \cdot 12H_2O$)/($Na_2HPO_4 \cdot 12H_2O$)质量比(x)
与药液的 Na^+/PO_4^{3-} 摩尔比(R)对照表

x	1/4	1/2	3/4	1/1	1.5/1	2/1	2.5/1	3/1	3.5/1	4/1
R	2.19	2.32	2.41	2.49	2.591	2.65	2.70	2.74	2.77	2.79

利用表 6-2，可按需要方便地配制各种不同摩尔比（R）的磷酸盐溶液。例如：欲制备

摩尔比（R）为 2.5 的磷酸盐溶液，则在溶解槽中加入 $Na_3PO_4 \cdot 12H_2O$ 和 $Na_2HPO_4 \cdot 12H_2O$ 的配比为 1∶1。

2）锅炉水 PO_4^{3-} 已达到 10mg/L、锅炉水 pH 值仍低于 9 的锅炉。锅内处理应由原来的 Na_3PO_4 单一配方，改为 $Na_3PO_4 + NaOH$ 处理的配方。

现场使用的是固体工业磷酸三钠（$Na_3PO_4 \cdot 12H_2O$）和工业氢氧化钠（NaOH）。配制药液时，这两种药品的质量比（x）与药液箱中的 Na^+/PO_4^{3-} 摩尔比（R）见表 6-3。

表 6-3　混合药液(NaOH)/($Na_3PO_4 \cdot 12H_2O$)质量比(x)与药液的 Na^+/PO_4^{3-} 摩尔比(R)对照表

x	1/3	1/4	1/5	1/6	1/7	1/8	1/9	1/10	1/11
R	6.16	5.40	4.90	4.58	4.36	4.19	4.06	3.95	3.86
x	1/12	1/13	1/14	1/15	1/16	1/17	1/18	1/19	1/20
R	3.79	3.73	3.68	3.63	3.59	3.56	3.53	3.50	3.47

利用表 6-2 制备 $NaOH + Na_3PO_4$ 混合溶液是很方便的。例如，欲制备 Na^+/PO_4^{3-} 摩尔比（R）约为 4.2 的混合溶液 $1.5m^3$，药品溶解槽中加入的固体工业磷酸三钠和工业氢氧化钠的质量比大约取 8∶1（$x = 1/8$），即每加入 100kg 固体工业磷酸三钠，应加入 12.5kg 工业氢氧化钠，用除盐水溶解搅拌均匀，然后加除盐水至容器刻度线，使混合溶液体积为 $1.5m^3$，即可供使用（此混合溶液的 Na_3PO_4 浓度约为 3%）。

（4）适用范围及注意事项。锅炉水的协调 pH-磷酸盐处理法，虽然是兼备防垢防腐蚀效益的一种好的锅内水处理方法，但并不是所有的锅炉都能采用，一般只宜用于具备以下两个条件的锅炉：

一是采用除盐水或蒸馏水作补给水；

二是与此锅炉配套的汽轮机的凝汽器较严密，不会经常发生凝汽器泄漏。否则，锅炉水水质容易变动，要使锅炉水中 PO_4^{3-} 与 pH 值的关系符合协调 pH-磷酸盐处理的要求也很困难。

协调 pH-磷酸盐处理的加药系统、方法及锅炉水中应维持的 PO_4^{3-} 含量等，与一般的锅炉水磷酸盐垢处理时相同。

3. 低磷酸处理（LPT）

随着机组容量、参数的提高，电网调峰力度的加大，协调磷酸盐处理工艺暴露出许多新问题。在深度调峰（调峰负荷超过 50%）过程中，很多锅炉都发生磷酸盐"暂时消失"现象；有些锅炉在较大的变动工况下，连续好几天测不出磷酸根，发生了严重的盐类"暂时消失"现象；还有些锅炉发生了明显的皿状腐蚀（一种酸性磷酸盐腐蚀特征）。为降低磷酸盐"隐藏"，达到防垢的目的，在确保给水水质非常优良的情况下，应尽量降低锅炉水中 PO_4^{3-} 含量的标准。这种锅内处理称为低磷酸盐处理（LPT）。

采用低磷酸盐处理具备的条件：

（1）采用了优良的水净化技术，补给水水质得到了良好的保证；

（2）与该锅炉配套的汽轮机组的凝汽器非常严密，凝结水的水质也有可靠的保证（有的机组因装设了凝结水净化设备，凝结水水质很好），因此随给水进入锅内的 Ca^{2+}、SO_4^{2-} 和 SiO_3^{2-} 等非常少。

目前有些国家采用了低磷酸盐处理。我国也有部分电厂采用低磷酸盐处理。

采用 LPT 时，我国炉水质量标准遵照 DL/T 805.2—2016《锅炉炉水磷酸盐处理导则》的规定。但是，从防止钙垢的角度考虑，锅炉水中应维持一定的 PO_4^{3-} 含量，并不是越低越好。另外，为了防止酸性腐蚀，锅炉水需维持一定的碱度和 pH 值，即炉水要有足够的 PO_4^{3-} 含量。当凝汽器有渗漏或泄漏时，只有炉水中有一定的 PO_4^{3-} 含量，才能保证锅炉在无垢下安全运行。凝汽器有泄漏时，汽包锅炉应维持的炉水水质标准见表 6-4。

表 6-4　　　　　　　　　凝汽器有泄漏时汽包锅炉应维持的炉水标准

控制指标	锅炉压力/MPa		
	9.85	13.97	16.74
pH 值/(25℃)	10～10.5	9.0～10.0	9.0～10.0
PO_4^{3-} 含量/(mg/L)	4～15	0.3～3	0.3～3.0

与 NPT 相比，采用 LPT 时对给水的水质要求相对严格，对炉水中杂质浓度的允许范围要小些。虽然也有可能发生磷酸盐"隐藏"现象，但酸性磷酸盐腐蚀的概率要小。因此，对于锅炉汽包压力为 5.9MPa 以上的锅炉，采用这种处理方式的越来越多。

4. 平衡磷酸盐处理（EPT）

（1）EPT 提出及原理。加拿大的一些专家研究发现，只有当溶液中磷酸盐浓度超过某一临界浓度时（称平衡浓度），磷酸盐"隐藏"现象才可能发生，此临界浓度与锅炉设计特征、负荷情况、水冷壁表面状况等因素有关。这种维持炉水中磷酸三钠含量低于发生磷酸盐"隐藏"现象的临界值，同时允许炉水中含有不超过 1mg/L 游离氢氧化钠，以防止水冷壁管发生酸性磷酸盐腐蚀以及防止炉内生成钙镁水垢的处理称之为平衡磷酸盐处理（equilibrium phosphate treatment，EPT）。

1986 年加拿大的 Stodola 在安大略水电局（Ontario Hydro）27 台汽包锅炉（总容量为 12000MW）上成功运用了 EPT；该局的汽包锅炉在采用 CPT 时遇到了严重的磷酸盐"暂时消失"问题，水冷壁管也因氢脆或腐蚀疲劳而损坏；在改为 EPT 后，炉水 pH 值稳定了，磷酸盐"暂时消失"现象基本消失，炉管腐蚀问题大大减少，锅炉的化学清洗周期最少也延长了一倍。

EPT 要求将炉水中的磷酸盐浓度维持在与硬度物质"平衡"的水平，即在达到防垢目的的前提下将炉水的 PO_4^{3-} 浓度维持在尽可能低的水平，以避免沉积物下的局部炉水中磷酸盐浓度超过发生隐藏现象时的临界浓度值而发生隐藏反应。

平衡磷酸盐（EPT）处理方式处理的实质是降低炉水中的磷酸盐浓度，使其不产生磷酸盐"隐藏"性沉积，同时以少量氢氧化钠维持炉水 pH 值。

运行实践证明，维持炉水一定的游离氢氧化钠，不仅能防止酸性固体磷酸盐的生成，而且能保证液相中磷酸盐含量较低时锅炉产生蒸汽部位的碱度。

实际运行时，一般仅仅加入 Na_3PO_4，在炉水 pH 值较低时加入氢氧化钠。尤其在机组降负荷和停机时，如果炉水 pH 值减低就必须加入足够量的氢氧化钠维持炉水的 pH 值在规定范围内。

（2）采用 EPT 时炉水质量标准。我国采用 EPT 时建议的炉水水质标准参考 DL/T 805.2—2016。

（3）平衡磷酸盐处理的效果。

1）EPT 水工况下机组基本上不发生磷酸盐隐藏和复原，炉水水质容易控制，负荷波动时炉水 pH 值稳定；

2）EPT 水工况避免了 CPT 和 CP 水工况下低 Na^+/PO_4^{3-} 比值（$R<3.0$）时磷酸钠盐与锅炉沉积物及腐蚀产物发生反应相关的腐蚀危险。机组转向 EPT 后，由于 EPT 的钝化作用，也能明显抑制 CPT 水工况下正在进行的腐蚀；

3）EPT 水工况可显著提高炉水水质，降低锅炉加药量和排污率；

4）EPT 水工况下由于游离 NaOH 的存在，导致了金属表面电化学电位变化，沉积物粒子间相互黏结性变小，因而局部沉积率低，化学清洗周期增加一倍；

5）EPT 提供的腐蚀防护优于 AVT 和 CPT，它能容纳大量的纯磷酸钠，对金属保护膜提供了极大的保护作用。

加拿大 Ontario hydro 电站 EPT 水工况下运行期间没有发生与磷酸盐隐藏相关的爆管事故，而且由于 EPT 工况减少了停机、化学药品、劳务、化学废物清除的消耗，也由于锅炉排污的减少和腐蚀发生降低，每年可节约几亿元；而且化学清洗的减少对环境保护也有利。

（4）平衡磷酸盐处理应注意的问题。由于平衡磷酸盐处理允许游离 NaOH 存在，这就存在碱性腐蚀的危险。因此，在机组转向 EPT 水工况之前应先进行化学清洗，清除管壁上的沉积物，以防止沉积物下碱性腐蚀引起的爆管事故。采用 EPT 水工况的锅炉，炉水 pH 值的调节最好不用氨或者只用少量。因为在磷酸盐浓度低时（$<3mg/L$），加入炉水中的氨或胺类对炉水的 Na^+/PO_4^{3-} 比影响最大，往往由于对 Na^+/PO_4^{3-} 比值估计过高而无法觉察锅炉内的酸性变化。

二、氢氧化钠处理（CT）

1. 氢氧化钠处理（CT）的发展

英国 20 世纪 70 年代开始采用低浓度纯 NaOH 调节汽包锅炉炉水水质，德国、丹麦等国在磷酸盐处理运行中发现磷酸盐"隐藏"造成腐蚀后也放弃了磷酸盐处理而改为用 NaOH 调节汽包锅炉炉水水质，并都相应制定了运行导则。至今，英国、俄罗斯、德国、丹麦和我国等，已在除盐水作补给水的高压及以上压力汽包炉机组（包括压力为 16.5~18.5MPa 的 500MW 汽包炉机组）上成功应用了炉水 NaOH 处理。

2. 原理

为了防止锅炉腐蚀，可以向炉水中加入适量的氢氧化钠，在溶液中保持适量的 OH^-，抑制因炉水中氯离子、机械力和热应力对氧化膜的破坏作用。这种炉水处理称之为炉水氢氧化钠处理（Caustic Treatment，CT）。

氢氧化钠在水中电离出氢氧根，氢氧根中的氧和金属氧化膜最外侧的原子因化学吸附而结合，从而改变了金属/溶液界面的结构，提高了阳极反应的活化能，使腐蚀介质同金属的化学反应速度显著减小。另外，由于氢氧根在吸附过程中排挤原来吸附在金属表面的水分子层，这也就降低了金属的离子化倾向。因此，氢氧根的吸附作用使得金属保持非活性状态。同时，由于氢氧化钠与氧化铁形成了二价铁和三价铁的羟基络合物，使金属表面形成致密的保护膜。

炉水氢氧化钠处理技术在我国已得到推广，已应用到高压、超高压和亚临界压力汽包锅炉中，取得了明显的效果。

3. 炉水质量标准

采用 CT 时炉水控制指标应按照 DL/T 805.3—2013《火电厂汽水化学导则》的规定。

4. 如何确定氢氧化钠的浓度

采用氢氧化钠处理（CT）时，要求炉水中游离氢氧化钠的浓度控制在 1.0mg/L 以下。但是由于炉水中含有氨，因此不能简单地用 pH 值或碱度来确定氢氧化钠的浓度。为了扣除氨的影响，可用氢氧化钠图解法，通过查图得到氢氧化钠的浓度值，在现场应用较为方便。

5. 氢氧化钠的加药剂量

当炉水采用氢氧化钠处理（CT）时，要严格控制炉水中游离氢氧化钠的浓度。对于 5.9～15.6MPa 的汽包锅炉，游离氢氧化钠的浓度不应超过 1.5mg/L；对于 15.7～18.3MPa 的汽包锅炉，其浓度不应超过 1.0mg/L。这样往往就要测量炉水中游离氢氧化钠的浓度，然后确定加药量。

当炉水的 pH 值低于 9.4 时，炉水中的游离氢氧化钠的浓度不可能超过 1.0mg/L。当炉水的 pH 值低于 9.57 时，炉水中的游离氢氧化钠的浓度不可能超过 1.5mg/L。这对控制不同压力等级的炉水游离氢氧化钠浓度的上限提供了快捷的方法。

6. 运行与监督

（1）水汽质量监测。采用氢氧化钠处理时，热力系统运行中监测的水汽质量项目按 GB/T 12145—2016 的规定执行。

（2）炉水控制指标。炉水控制指标应符合相应水质规定。

三、全挥发处理（AVT）

1. 原理

锅炉给水加氨和联氨或只加氨，炉水不再加任何药剂的处理称之为炉水全挥发处理（all-volatile treatment，AVT）。AVT 的优点是不向锅炉中加入任何固体药剂，不存在浓缩、蒸干、隐藏等现象。采用 AVT 方式时，给水可以采用还原性全挥发处理 AVT（R）或弱氧化性全挥发处理 AVT（O），也可以采用给水加氧处理 OT。由于炉水不再加任何药剂，只靠给水所加的氨来维持炉水的 pH 值，所以通常炉水的 pH 值较低。

2. 炉水采用 AVT 应注意的事项

（1）为了使炉水的 pH>9.0，给水的 pH 值应大于 9.2。

（2）相对其他处理，水、汽系统氨的含量偏高，对铜部件往往发生氨腐蚀。

（3）因为炉水的缓冲性弱，通常要求给水的水质要高。给水的氢电导率最好达到 0.2μS/cm 以下。

（4）由于高温状态下炉水的 pH 值偏低，因此，蒸汽以分子状态为溶解携带的杂质明显增高。例如，为了保证蒸汽中的二氧化硅合格，通常炉水中允许硅含量只有 PT 或 CT 的一半。给水含有同等水平的有机物，炉水采用 AVT 时蒸汽中的有机酸等杂质的含量明显增高。

（5）一旦发现给水中有硬度，炉水应立即转化为 PT。

由于采用 AVT 时，锅炉的结垢速率较高，酸洗周期比较短，并且炉水的抗干扰能力差，一旦凝汽器发生泄漏，往往来不及转化为 PT 方式而使锅炉发生结垢现象，因而我国很少使用，而在日本、美国采用 AVT 的汽包锅炉在 30% 以上。

四、汽包锅炉炉水处理方式的选择

CPT、PT、LPT、EPT 的使用条件见表 6-5。

CPT 应用要严格控制 R 值，建议控制在 2.5～2.8，亚临界参数机组不建议采用 CPT，应采用 LPT+NaOH 处理。图 6-6 所示为锅炉水 EPT、CPT、PT 的运行范围示意。

表 6-5   **CPT、PT、LPT、EPT 的使用条件**

处理方法	使用条件
CPT[①]	(1) 汽包压力低于 15.8MPa； (2) 用软化水或除盐水做锅炉的补给水； (3) 机组不做调峰运行
PT	(1) 汽包压力低于 15.8MPa； (2) 用软化水或除盐水做锅炉的补给水
LPT	(1) 用除盐水作锅炉的补给水； (2) 给水长期无硬度； (3) 采用 CPT 或 PT 时磷酸盐"隐藏"现象严重
EPT	(1) 用除盐水作锅炉的补给水； (2) 给水长期无硬度； (3) 采用 CPT 或 PT 时磷酸盐"隐藏"现象严重； (4) 采用 LPT 时磷酸盐"隐藏"现象仍较为严重

① 若采用该处理方式未出现问题，可按原控制标准继续进行。

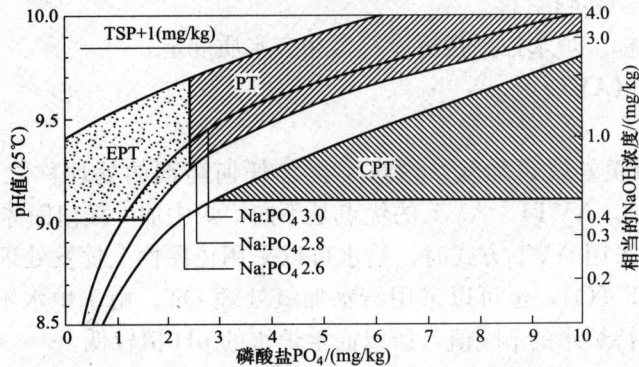

图 6-6   锅炉水 EPT、CPT、PT 的运行范围示意

图 6-7 所示为连续的循环化学处理示意，显示了与燃煤电厂设备及设备性能有关的可供参考的锅炉水和给水处理方式选择，对水化学工况的选择提供了有益的参考。

锅炉点火启动期间应优先使用磷酸盐处理（PT）方式。

锅炉运行期间的炉水处理方式如下：

(1) 锅炉运行期间，可根据机组的特点选择不同的炉水处理方式。

(2) 当锅炉采用磷酸盐处理（PT）时，如果有轻微的磷酸盐"隐藏"现象，但没有引起腐蚀，可按此方式继续运行。

(3) 如果磷酸盐"隐藏"现象严重，但水冷壁的结垢量在 $200g/m^2$ 以下，可直接采用低磷酸盐处理、平衡磷酸盐处理或 NaOH 处理，或者对锅炉进行化学清洗后再采用低磷酸盐处理、平衡磷酸盐处理或 NaOH 处理；如果暂时不能对锅炉进行化学清洗，则应对目前的磷酸盐处理进行优化；如果水冷壁的结垢量在 $200g/m^2$ 以上，则必须在化学清洗后再采用低磷酸盐处理、平衡磷酸盐处理或 NaOH 处理。

评价磷酸盐"隐藏"程度的方法：首先分析原始数据的可靠性并进行有关检测复查，然后排污全关且不加药，如果在 2h 内炉水中磷酸盐的浓度在高、低负荷时相差 30％以上，认为"隐藏"现象严重。

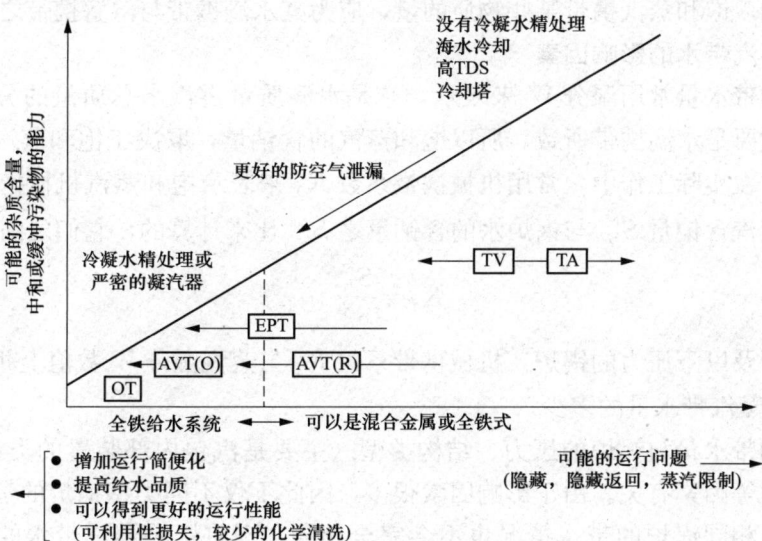

图 6-7　连续的循环化学处理示意

第三节　饱和蒸汽的品质与污染

一、过热蒸汽的污染

在汽包锅炉中，当过热蒸汽减温器运行正常时，过热蒸汽的品质取决于由汽包送出的饱和蒸汽。所以要使锅炉送出的过热蒸汽汽质好，关键在于保证饱和蒸汽的品质。当然，如果汽包送出的饱和蒸汽是清洁的，但它在过热器系统中的减温器内遭受污染，那么过热蒸汽品质仍然会不良。防止过热蒸汽的污染，以保证减温水水质（对与喷水减温器而言）或防止减温器泄漏（对于表面式减温器而言）为主要措施。此外，还应防止过热蒸汽被安装、检修期间残留在过热器系统中的其他物质（如金属腐蚀产物、水压试验用的含盐类杂质的水）所污染。对于亚临界、超临界压力锅炉和滨海电厂中无凝结水除盐设备的机组，防止凝汽器泄漏，对保证喷水用减温水水质和过热蒸汽汽质是至关重要的。

二、饱和蒸汽的污染

饱和蒸汽被污染主要由蒸汽带水和蒸汽溶解杂质两个原因造成，现分述如下。

1. 蒸汽带水

从汽包送出的饱和蒸汽常夹带有一些锅炉水的水滴，这是饱和蒸汽被污染的原因之一。在这种情况下，锅炉水中的各种杂质，如钠盐、硅化合物等，都以水溶液状态带进蒸汽中，这种现象称为饱和蒸汽的水滴携带（也称机械携带）。

2. 蒸汽溶解杂质

蒸汽有溶解某些物质的能力，这是蒸汽被污染的另一个原因。蒸汽压力越高，蒸汽的溶解能力越大，例如压力为 2.94～3.92MPa 的饱和蒸汽，有明显溶解硅酸的能力，压力更高的饱和蒸汽对硅酸的溶解能力更大；当饱和蒸汽的压力大于 12.74MPa 时，还能溶解各种钠化合物，如 NaOH、NaCl 等。饱和蒸汽因溶解而携带水中某些物质的现象，称为蒸汽的溶解携带。

由上述可知，饱和蒸汽携带某些物质的量，应为其水滴携带与溶解携带之和。

三、饱和蒸汽带水的影响因素

饱和蒸汽的带水量常用湿分 W 来表示，它是水滴质量占汽水总质量的分率。因为饱和蒸汽中的钠盐主要是水滴携带所致，所以饱和蒸汽的含钠量，取决于饱和蒸汽的带水量和水滴中的含钠量。在实际工作中，常用机械携带系数 K_J 来表示饱和蒸汽机械携带的大小。K_J 通常是按饱和蒸汽含钠量 S_B^{Na} 与锅炉水的含钠量之 S_G^{Na} 比来计算的，它们之间的关系为

$$K_J = \frac{S_B^{Na}}{S_G^{Na}} \tag{6-4}$$

对于超高压及以下压力的锅炉，机械携带系数 K_J 与蒸汽湿分 W 数值上相等，因此也可用 K_J 表示饱和蒸汽带水量的多少。

饱和蒸汽的带水量与锅炉的压力、结构类型（主要是汽包内部装置的类型）、运行工况以及锅炉水水质等因素有关。由于影响因素很多，因此不仅不同类型锅炉的蒸汽带水情况常常不一样，而且相同锅炉的带水情况也不会完全相同。现将影响蒸汽带水的各种因素叙述如下：

1. 汽包中水滴的形成与带出

汽包内水滴的形成过程，有两种情况：

（1）当蒸气泡通过汽、水分界面进入汽空间时，蒸气泡水膜的破裂会溅出一些大小不等的水滴。

（2）当汽、水混合物直接引入汽空间时，由于汽流冲击水面，喷溅锅炉水，或者由于汽水混合物撞击汽包壁和其他内部装置，或者由于汽流的相互冲击，都会形成许多水滴。

上述过程产生的水滴都具有一定的动能，能飞溅。对于那些较大的水滴，当它飞溅到汽空间的某一高度后，便会因自身的重力而下落；而那些微小的水滴，由于自身质量很轻，重力小于汽流对它的摩擦力与蒸汽对它的浮力，结果就随蒸汽流一起上升，最后被蒸汽带出汽包；另外，还有些水滴被直接飞溅到汽包蒸汽引出管口附近，因这里蒸汽流速很大，所以也就被带出。由此可知，形成的水滴越多、越小和汽包内蒸汽流速越大，蒸汽的带水量就越大。

2. 锅炉压力对蒸汽带水的影响

锅炉压力越高，蒸汽越容易带水。其原因有以下两个方面：

（1）锅炉压力的提高，会使得汽包的汽空间中小水滴数目增多。因为随着锅炉压力的提高，锅炉水的表面张力会降低，小水滴容易形成。锅炉水表面张力降低的原因在于：一方面，锅炉压力提高，锅炉水的温度（即沸点）升高，水分子的热运动加强，会削弱水分子之间的作用力；另一方面，锅炉压力提高，蒸汽密度增加，和水面接触的蒸汽水分子的引力增大。

（2）锅炉压力的提高，会使蒸汽中的水滴更难以分离出来。因为随着锅炉压力的提高，蒸汽的密度增大，汽和水两者的密度差减小，汽流运载水滴的能力增强。

对于高参数的锅炉，为了减少蒸汽带水，应该在汽包内装设更有效的汽水分离装置。

3. 锅炉结构特点对蒸汽带水的影响

汽包的内径、汽水混合物引入汽包的方式、蒸汽从汽包引出的方式、汽包内汽水分离装置的结构等，对蒸汽带水量都有很大的影响。

汽包内径的大小是会影响汽空间高度的。如果汽空间高度较小，蒸气泡破裂时就会有很多水滴溅到蒸汽引出管附近，由于这里的蒸汽流速较高，所以会有较多的水滴被蒸汽带走；反之，当蒸汽空间高度较大时，有些水滴上升到一定高度后，依靠自身重力落回汽包水室中，因此会减少蒸汽带走的水滴量。所以，对于靠水、汽重力差进行水、汽分离的锅炉，汽包内径对蒸汽湿分有较大的影响。汽包内径大时，汽空间高度就会较大，有利于水、汽分离。但汽包直径不宜过大，因为当汽空间高度达到1～1.2m以后，再增加其高度并不能使蒸汽湿分有明显的降低，只会增加金属的耗用量。单靠这种利用水滴重力的自然分离，不能把蒸汽中许多微小水滴分离出来。

汽包内如有局部汽流速过高，也会使蒸汽汽质不良。例如，只用少数几根管子将汽水混合物引入汽包〔如图6-8(a)、(b)所示〕，或者蒸汽从汽包的引出是不均匀的〔如图6-8(c)所示〕，都会造成汽包内局部地区的蒸汽流速很高，使蒸汽大量带水，从而影响蒸汽汽质。因此制造锅炉时，应力求使蒸汽能沿汽包整个长度和宽度均匀流动〔如图6-8(d)、(e)所示〕。

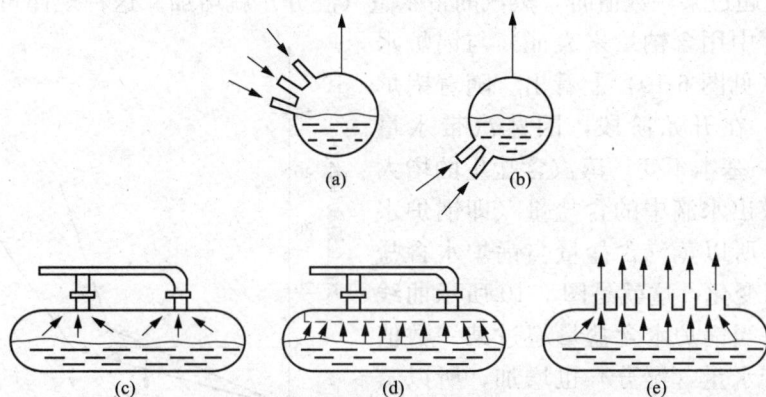

图6-8　蒸汽引出汽包和汽水混合物进入汽包的方式
(a) 汽水混合物直接引入汽包的汽空间；(b) 汽水混合物引入汽包水层下面；
(c) 蒸汽不均匀引出汽包；(d)、(e) 蒸汽均匀引出汽包

当锅炉汽包内的汽水分离装置不同时，因汽水分离的效果不同，蒸汽带水量也必然会有差异。

总之，由于各种锅炉结构不同，即使它们的工作压力和蒸发量等相同，其蒸汽带水量也会各不相同。

4. 锅炉的运行工况对蒸汽带水的影响

锅炉的负荷（蒸发量）、负荷变化的速度和汽包中水位等运行工况，对饱和蒸汽的带水量有很大影响。现分述于下：

(1) 汽包水位。汽包水位过高，会使蒸汽带水量增大。对于一台锅炉来说，汽包直径大小是固定的，若水位上升，汽包上面的汽空间高度就必然减小，这就会缩短水滴飞溅到蒸汽

引出管口的距离，不利于自然分离，使蒸汽带水量增大。

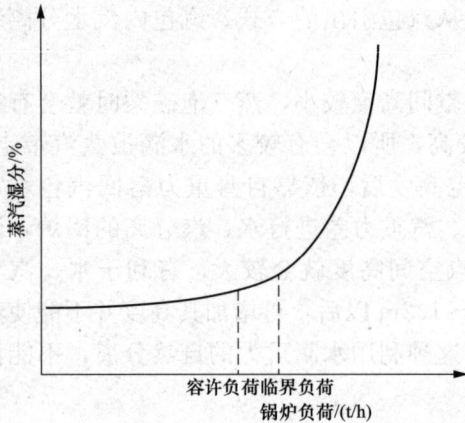

图 6-9   蒸汽湿分与锅炉负荷的关系

（2）锅炉负荷。锅炉负荷对蒸汽湿分的影响如图 6-9 所示，即随着负荷增加，蒸汽湿分先是缓缓逐渐增大，当增加到某一数值以后，再增加负荷，蒸汽的湿分就会急剧增加，此转折点的锅炉负荷称为临界负荷。显然，锅炉运行时容许的负荷应低于此临界负荷。

（3）锅炉的负荷、水位、压力等的变动。锅炉的负荷、水位、压力变动太剧烈，也会使蒸汽大量带水。例如当发生锅炉压力骤然下降时，由于水的沸点下降，锅炉水会发生急剧的沸腾，产生大量蒸气泡。这样就会使气泡破裂，产生的小水滴量也增多，而且水位膨胀现象也大大加剧，使汽空间减小。这些都会使蒸汽带水量增加。

5. 锅炉水含盐量对蒸汽带水的影响

锅炉水含盐量增加，但未超过某一数值时，蒸汽的带水量（即蒸汽湿分）基本上不变；当锅炉水含盐量超过某一数值时，蒸汽的带水量（湿分）就增加。这种规律可以从蒸汽含盐量（目前在电厂中用含钠量来表征）与锅炉水含盐量的关系（见图 6-10）上看出。随着锅炉水含盐量增加，在开始阶段，因蒸汽带水量（即蒸汽的湿分）基本不变，蒸汽含盐量的增大是由于被蒸汽带出水滴中的含盐量（即锅炉水含盐量）增加，所以蒸汽含盐量与锅炉水含盐量成正比例关系变化，这就是图 6-10 所示曲线的前面一部分。当锅炉水含盐量超过某一数值时，由于蒸汽带水量（湿分）也增加，所以蒸汽含盐量急剧增加，如图 6-10 所示曲线的后面一部分。蒸汽含盐量开始急剧增加时的锅炉水含盐量，称为临界含盐量。

锅炉水临界含盐量的大小以及此时蒸汽汽

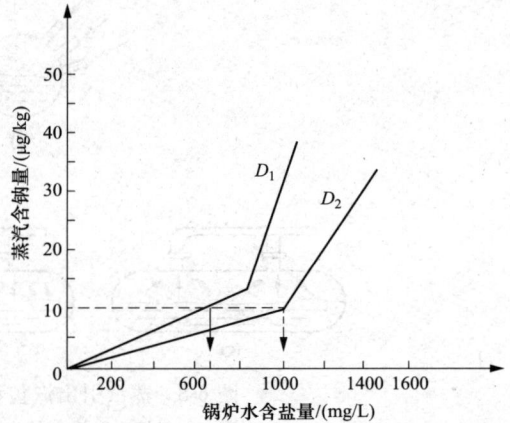

图 6-10   蒸汽含盐量与锅炉水含盐量的关系
（锅炉负荷 $D_1 > D_2$）

质劣化的程度，与锅炉的结构（主要是指汽包内部装置）、负荷、水位以及锅炉水中杂质组分等因素有关，各台锅炉的炉水临界含盐量只能由热化学试验来确定。

四、饱和蒸汽溶解携带的基本规律

1. 饱和蒸汽溶解物质的能力

研究证明，饱和蒸汽的压力越高，它的性能越接近于水的性能，高参数水蒸气的分子结构接近于液态水，所以高参数蒸汽也像水那样能溶解某些物质。在锅炉汽包内，同时存在有水和饱和蒸汽，它们相当于互不相混的两种溶剂。按照溶质在两种互不相混的两种溶剂中分配的规律可以得知，饱和蒸汽溶解某物质的能力可用分配系数 K_F 来表示，它表示某物质溶解在饱和蒸汽中的含量同与此蒸汽相接触的水中该物质含量的比值，如式（6-5）所示：

$$K_F = \frac{S_B}{S_{SH}} \tag{6-5}$$

式中　K_F——某物质的分配系数；

　　　S_{SH}——水中某物质的含量；

　　　S_B——溶解在饱和蒸汽中某物质的含量。

由此式可知某物质的分配系数越大，表示饱和蒸汽溶解该物质的能力越大。

研究得知，各种物质分配系数 K_F 与饱和蒸汽的密度 ρ_B 和水的密度 ρ_{SH} 的比值之间的关系如式（6-6）所示：

$$K_F = \left(\frac{\rho_B}{\rho_{SH}} \right)^n \tag{6-6}$$

指数 n 取决于各种物质的本性，对于每一种物质来说，是一个常数。其值为 $n_{SiO_2} = 1.9$，$n_{NaOH} = 4.1$，$n_{NaCl} = 4.4$，$n_{Na_2SO_4} = 8.4$。因为 ρ_{SH} 总是大于 ρ_B，所以 n 的值越大的物质，K_F 越小。

2. 饱和蒸汽的溶解携带的特点

饱和蒸汽的溶解携带有两个特点：

（1）选择性。当饱和蒸汽压力一定时，由于各种物质的 n 值不相同，所以各种物质的分配系数 K_F 是不一样的，也就是说，饱和蒸汽对各种物质的溶解能力是不相同的。因溶解携带有选择性，故这种携带也称为选择性携带。

锅炉水中常见物质按其在饱和蒸汽中溶解能力的大小，可划分为三大类：第一类为硅酸（H_2SiO_3、$H_2Si_2O_5$、H_4SiO_4 等，其通式为 $xSiO_2 \cdot yH_2O$），其分配系数最大；第二类为 $NaCl$、$NaOH$ 等，它们的分配系数较硅酸低得多；第三类为 Na_2SO_4、Na_3PO_4 和 Na_2SiO_3 等，在饱和蒸汽中很难溶解，它们的分配系数很小。

（2）溶解携带量随压力的提高而增大。这可用式（6-6）按分配系数与蒸汽密度的关系来说明。水的密度 ρ_{SH} 基本上不随压力变化，指数 n 是常数，只有饱和蒸汽密度 ρ_B 随压力的提高而显著增大，所以分配系数与饱和蒸汽压力有关，饱和蒸汽的压力越高，各种物质在其中的溶解量越大。

以 $NaCl$ 为例，在饱和蒸汽压力为 10.78MPa 时，其分配系数 K_F^{NaCl} 为 0.006%；在饱和蒸汽为 13.72MPa 时，K_F^{NaCl} 为 0.01%，此值与现代超高压锅炉的机械携带系数大体相同；当饱和蒸汽压力为 17.64MPa 时，K_F^{NaCl} 为 0.3%，此值已大于机械携带系数。所以，当锅炉工作压力超过 12.74MPa 时，第二类物质的分配系数已明显增大，必须考虑它们的溶解携带问题。至于 Na_2SO_4 和 Na_3PO_4，在饱和蒸汽压力高达 19.6MPa 时，它们的分配系数 $K_F^{Na_2SO_4}$ 为 0.01%，所以只对压力很高的亚临界压力汽包炉才考虑它们的溶解携带。

当锅炉汽包压力特别高时，磷酸盐的溶解携带就非常严重。研究发现，凡是用磷酸盐处理的锅炉，蒸汽中都可以检测出 PO_4^{3-}。汽、水分离效果差或汽包运行压力特别高的锅炉，汽轮机往往析出磷酸盐垢，严重时磷酸盐含量高达 50% 以上。因此，汽包的运行压力超过 19.3MPa 时就不应采用磷酸盐处理，这时最好应改为全挥发处理。

五、过热器内的盐类沉积物

1. 盐类沉积物形成原因

我们知道，从汽包送出的饱和蒸汽携带的盐类物质，处于两种状态：一种呈蒸汽溶液状态，这主要是硅酸；另一种是呈液体溶液状态，即含有各种盐类物质（主要是钠盐）的小水滴。

当饱和蒸汽被加热成过热蒸汽时，它所含有的小水滴会发生下述两种过程：

（1）蒸发、浓缩直至被蒸干，水滴中的某些物质结晶析出；

（2）因为过热蒸汽比饱和蒸汽具有更大的溶解能力，小水滴中的某些物质会溶解在过热蒸汽中，使蒸汽中溶解物的含量增加。

所以，由饱和蒸汽带出的各种盐类物质，在加热器中会发生两种情况：当饱和蒸汽中某些物质的携带量大于该物质在过热器中的溶解度时，该物质就会沉积在过热器中，因为沉积的大都是盐类，故常称为过热器积盐；反之，如果饱和蒸汽中某些物质的携带量小于该物质在过热器中的溶解度，那么该物质就会完全溶于过热蒸汽而带往汽轮机中。

2. 盐类物质的沉积情况

饱和蒸汽所携带的各种物质，在过热器内的沉积情况是不一样的，可将汽包锅炉过热器中的盐类沉积情况，按锅炉的不同区分如下：

（1）低压和中压锅炉。在这类锅炉的过热器中，盐类沉积物的主要组成物是 Na_2SO_4、Na_3PO_4 以及 Na_2CO_3 和 $NaCl$。某中压锅炉过热器内盐类沉积物的组成见表 6-6。

表 6-6　　　　某中压锅炉（蒸汽压力为 3.43MPa）过热器内盐类沉积物组成

组成物	过热器前半部	过热器后半部
Na_2SO_4	55.5%	25.3%
Na_3PO_4	19.0%	7.0%
Na_2CO_3	10.0%	12.7%
$NaCl$	15.5%	55.5%

（2）高压锅炉。在这类锅炉的过热器中，盐类沉积物主要是 Na_2SO_4，其他钠盐一般含量很小，某高压锅炉过热器中盐类沉积物的组成见表 6-7。

表 6-7　　　　某高压锅炉（蒸汽压力为 11.76MPa）过热器中沉积物组成

组成物	含量
Na_2SO_4	94.88%
Na_3PO_4	5.00%
Na_2SiO_3	0.08%
$NaCl$	0.04%

（3）超高压及亚临界压力锅炉。在这类锅炉的过热器中，盐类沉积物较少，因为这种锅炉的过热蒸汽溶解杂质的能力很大，饱和蒸汽中的杂质大都转入过热蒸汽中而带往汽轮机。

在各种压力汽包锅炉的过热器内，除了可能沉积有各种盐类外，还可能沉积有铁的氧化物。这种铁的氧化物，主要是过热器本身的腐蚀产物。铁的氧化物在过热蒸汽中的溶解度很小，所以它们的绝大部分沉留在过热器内，也有极少部分能以固态微粒状被过热蒸汽带往汽轮机中。

六、汽轮机内的盐类沉积物

1. 盐类沉积物的形成过程

锅炉过热蒸汽中的杂质一般有以下几种形态：一种是呈蒸汽溶液，主要是硅酸和各种钠化合物；另一种呈固态微粒状，主要是没有沉积下来的固态钠盐以及铁的氧化物；此外，中、低压锅炉的过热器中还有微小的氢氧化钠浓缩溶液。实际上过热蒸汽的杂质大都呈第一种形态，后两种形态的量通常是很小的。过热蒸汽进入汽轮机后，这些杂质会沉积在它的蒸汽流通部分，这种现象常称作汽轮机积盐，沉积的物质称为盐类沉积物。

汽轮机内形成沉积物的过程：带有各种杂质的过热蒸汽进入汽轮机后，由于压力和温度降低，钠化合物和硅酸在蒸汽中的溶解度随压力降低而减小，当其中某种物质的溶解度下降到低于它在蒸汽中的含量时，该物质就会以固态析出，并沉积在蒸汽流通部分。此外，蒸汽中那些微小的 NaOH 浓缩液滴以及一些固态微粒，也可能黏附在汽轮机的蒸汽流通部分，形成沉积物。

现将过热蒸汽中的各种杂质在汽轮机内的沉积特性分述如下：

(1) 钠化合物。由过热蒸汽带入汽轮机的钠化合物，一般为 Na_2SO_4、Na_3PO_4、Na_2SiO_3、$NaCl$ 和 $NaOH$ 等。由于这些杂质在过热蒸汽中的溶解度并不很大，而且随着压力的下降，它们的溶解度也会很快下降，所以在汽轮机内，当蒸汽压力稍有降低时，它们在蒸汽中的含量就已高于其溶解度，因此很容易从蒸汽中析出。在这些杂质中，因 Na_2SO_4、Na_3PO_4、Na_2SiO_3 在蒸汽中的溶解度较小，最先析出，故主要沉积在汽轮机的高压级内；$NaCl$ 和 $NaOH$ 的溶解度较大一些，主要沉积在汽轮机的中压级内。

在汽轮机内，蒸汽中的 $NaOH$ 还能发生下述变化：

1) 与蒸汽中 H_2SiO_3 反应，生成 Na_2SiO_3，沉积在高、中压级内。反应式如下：

$$2NaOH + H_2SiO_3 \longrightarrow NaSiO_3 + 2H_2O \tag{6-7}$$

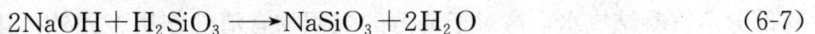

2) 与汽轮机蒸汽流通部分金属表面上的氧化铁反应，生成难溶的铁酸钠。反应式如下：

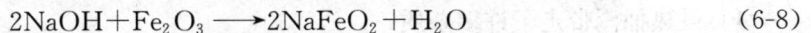

$$2NaOH + Fe_2O_3 \longrightarrow 2NaFeO_2 + H_2O \tag{6-8}$$

至于汽轮机内沉积的 Na_2CO_3，则是由下式反应生成的：

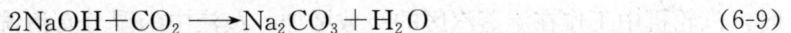

$$2NaOH + CO_2 \longrightarrow Na_2CO_3 + H_2O \tag{6-9}$$

(2) 硅酸。硅酸在蒸汽中的溶解度较大，因此当汽轮机中蒸汽的压力降得较低时，它们才能从蒸汽中析出。在汽轮机内形成的 SiO_2 沉积物，不溶于水、质地坚硬，常有不同的结晶形态，在低压级内沉积的先后次序是，结晶的 α-石英、方石英，最后是无定形的（非晶体）二氧化硅。这是因为，在温度高时结晶过程较快，所以最初析出的 SiO_2 会形成结晶状态的石英；在温度较低时，结晶过程缓慢，而且因蒸汽压力和温度的迅速降低，硅酸在蒸汽中的溶解度急剧减小，所以在低温区域 SiO_2 来不及结晶就析出，故易呈非晶体状态。

(3) 铁的氧化物。蒸汽中铁的氧化物主要呈固态微粒，呈溶解态的量很少。微粒状铁的氧化物在汽轮机各级中都可能沉积，其沉积情况主要与蒸汽流动工况、微粒的大小及蒸汽流通部分金属表面的粗糙程度有关。至于蒸汽溶液中铁的氧化物，则随蒸汽参数的降低逐渐析出。

随过热蒸汽进入汽轮机的杂质，并不是全部都沉积在汽轮机内，因为从汽轮机排出的蒸汽，尽管参数很低，但仍然具有溶解微量物质的能力，而且排汽中含有的湿分也能带走一些杂质。

2. 盐类沉积在汽轮机中的分布

由于上述各种原因，在汽轮机的不同级中，生成沉积物的情况是各不相同的，其基本规律可归纳成以下几点：

（1）不同级中沉积物的量不一样。在汽轮机中除第一级和最后几级积盐量极少外，低压级的积盐量总是比高压级的多些。

在汽轮机最前面的一级中，由于蒸汽参数仍然很高，而且蒸汽流速快，其中杂质尚不会从蒸汽中析出或者来不及析出，因此往往没有沉积物。在汽轮机的最后几级中，由于蒸汽中已含有湿分，杂质就转入湿分中，且湿分能冲洗掉汽轮机叶轮上已析出的物质，所以在这里往往也没有沉积物。

（2）不同级中沉积物的化学组分不同。一般来说，汽轮机高压级中的沉积物主要是易溶于水的 Na_2SO_4、Na_2SiO_3、Na_3PO_4 等；中压级的沉积物主要是易溶于水的 $NaCl$、Na_2CO_3 和 $NaOH$ 等，这里还可能有难溶于水的钠化合物，如 $Na_2O \cdot Fe_2O_3 \cdot 4SiO_2$（钠锥石）和 $NaFeO_2$（铁酸钠）等；低压级中的沉积物主要是不溶于水的 SiO_2。

铁的氧化物（主要是 Fe_3O_4，部分 Fe_2O_3）在汽轮机各级中（包括第一级）都可能沉积，通常在高压级的沉积物中，它所占的百分率要比低压级多些。实际上，往往沉积在各级中铁的氧化物质量大致相同，但因低压级中沉积物的量增加，所以铁的氧化物所占的百分率减少。

（3）在各级隔板和叶轮上分布不均匀。汽轮机中的沉积物不仅在不同级中的分布不均匀，即使在同一级中，部位不同，分布也不均匀。例如在叶轮上叶片的边缘、复环的内表面、叶轮孔、叶轮和隔板的背面等处积盐量往往较多，这可能与蒸汽的流动工况有关。

（4）供热机组和经常启、停的汽轮机内的沉积物量较少。在汽轮机停机和启动时，都会有部分蒸汽凝结成水，这对于易溶的沉积物有清洗作用。此外，热电厂的供热汽轮机内，积盐量也往往较少，这是因为：

1）供热抽汽带走了许多杂质；

2）汽轮机的负荷往往有较大的变化（与热用户的用热情况和季节有关），在负荷降低时，汽轮机中工作在湿蒸汽区的级数增加，蒸汽中的湿分有清洗作用，能将原来沉积的易溶物质冲走。

七、过热器和汽轮机内盐类沉积物的清除

1. 汽包锅炉过热器的水洗

过热器中的沉积物，主要是溶于水的钠盐，采用水洗的办法就可清除。

过热器水洗一般用凝结水进行，为了提高冲洗效果，减少冲洗水耗，水温应尽可能地提高（最少应不低于 70～80℃）。在不可能用凝结水冲洗的情况下，也可用除盐水或给水（含盐量应不超过 100～150mg/L）来冲洗。

当需要清除金属腐蚀产物及其他难溶沉积物时，应在锅炉进行化学清洗时，将过热器一并进行清洗。

2. 汽轮机内盐类的清除

如汽轮机内有沉积物，应该及时地清除，以免积累过多，影响汽轮机的安全、经济运行。

沉积在汽轮机内的易溶盐，可用湿蒸汽清洗的办法除掉。沉积在汽轮机内的不溶于水的沉积物，一般是在汽轮机大修时，用机械方法清除，例如用喷砂法清除汽轮机的转子和隔板上的沉积物。对于结有 SiO_2 的中压汽轮机，可将转子吊出汽缸并放入 3%～5% 的 $NaOH$ 溶液内，通入蒸汽煮，煮后用水冲洗干净。

湿蒸汽清洗法是在汽轮机不停止运行的情况下，向送往汽轮机的蒸汽中喷加水分来进行清洗的。这可以在汽轮机空载运行（即不带负荷运行）下进行，也可在带负荷下进行。这种清洗能除去所有的易溶盐和一部分无定形二氧化硅，

八、蒸汽质量标准

1. 我国的中高压锅炉蒸汽质量标准

自然循环、强迫循环汽包锅炉或直流锅炉的饱和蒸汽和过热蒸汽的纯度应符合国家标准规定。

对于压力大于 5.88MPa 的锅炉，当用除盐水作补给水，并用电导率仪连续监督运行中的蒸汽纯度时，其电导率（氢离子交换后）一般应 $\leqslant 0.3\mu S/cm$（25℃）。

为了防止金属氧化物在汽轮机中的沉淀，蒸汽中的铜和铁的含量，一般应符合国家标准规定。

2. 有关蒸汽质量标准的说明

（1）电导率。蒸汽凝结水的电导率大小，实际反映了蒸汽所携带的总含盐量。测定蒸汽凝结水的电导率时，水样是先通过小型氢离子交换柱后再进行测定的，这主要是为了去除凝结水中氨的干扰，真实的反映蒸汽中氯化物（$10\mu gCl^-/kg$ 相当于电导率 $0.12\mu S/cm$）及 CO_2 的含量。

（2）钠。控制蒸汽中钠的含量，实际上是对蒸汽中钠化合物的总量进行控制，也就是控制了 NaCl 和 NaOH 这两种主要腐蚀剂的含量。因为汽轮机蒸汽中 NaCl 和 NaOH 的安全含量只是几个 $\mu g/kg$，所以蒸汽纯度标准中规定了钠的含量。

（3）硅酸（SiO_2）。在蒸汽纯度标准中，硅酸（SiO_2）的含量有的规定 $20\mu g/kg$，有的规定 $10\mu g/kg$。这主要是考虑到锅炉在低负荷时，蒸汽压力和温度下降后，SiO_2 在蒸汽中的溶解度可降至 $10\sim15\mu g/kg$。另外还考虑到 SiO_2 可能与蒸汽中的其他化合物发生化学反应生成复杂的化合物，从而影响机组安全运行，所以在蒸汽纯度标准中还应选用较低的极限 $10\mu g/kg$。

（4）氯化物。蒸汽中的氯化物是一种腐蚀性化合物，它的含量大小是引起汽轮机叶片应力腐蚀裂纹的一个重要因素，所以有的蒸汽标准中特别对氯化物的含量做了规定。因为在汽轮机的低压区，NaCl 在蒸汽中的溶解度估计只有几个 $\mu g/kg$，所以有的国家研制了一种带有连续进行浓缩柱的离子色谱仪，这种仪器对几个 $\mu g/kg$ 的氯化物是灵敏的。

（5）铜和铁。为了防止金属铜和铁的氧化物在过热器和汽轮机中沉淀并促进腐蚀及磨蚀，在蒸汽纯度标准中对铜、铁的含量也都做了规定。

第四节　获得清洁蒸汽的方法

一、减少进入锅炉水中的杂质

锅炉水中的杂质主要来源于给水。至于锅炉本体的腐蚀产物，除新安装的锅炉外，在锅炉水中的量一般很少。因此，要减少进入锅炉水中的杂质，主要应保证给水水质优良，主要办法如下：

（1）减少热力系统的汽水损失，降低补给水量；

（2）采用优良的水处理工艺，降低补给水中杂质的含量；

（3）防止凝汽器泄漏，以免汽轮机凝结水被冷却水污染；

（4）采取给水和凝结水系统的防腐措施，减少给水中的金属腐蚀产物；

（5）采用凝结水除盐处理，除掉汽轮机凝结水中的各种杂质。

对于新安装的锅炉，在制造、储运和安装过程中，锅炉常常会沾染有氧化皮、铁屑、焊渣、腐蚀产物和硅化合物等杂质，启动投运后，这些杂质会不断转入锅炉水中，而使锅炉水水质（特别是含硅量）长期不合格，以致引起蒸汽汽质长期不良。因此新锅炉在启动前应该进行化学清洗，以减少启动后锅炉水中各种杂质（如含硅盐等）的含量，使蒸汽汽质较快合格。

二、锅炉排污

锅炉运行时，给水带入锅内的杂质，只有很少部分会被饱和蒸汽带走，大部分留在锅炉水中。随着运行时间的增长，锅炉水中的杂质就会不断地增多，当锅炉水中的含盐量或含硅量超过允许值时，蒸汽汽质就会不良；锅炉水中的水渣较多，不仅会影响蒸汽汽质，而且可能造成炉管堵塞，危及锅炉的安全运行。因此，为了使锅炉水的含盐量和含硅量能维持在极限允许值以下和排除锅炉水中的水渣，在锅炉运行中，必须经常放掉一部分锅炉水，并补入相同量的给水，这称为锅炉排污。

1. 锅炉的排污方式

锅炉的排污方式有连续排污和定期排污两种：

（1）连续排污。这种排污方式是连续地从汽包中排放锅炉水。排污的目的主要是防止锅炉水中的含盐量和含硅量过高；此外，排除锅炉水中细微的或悬浮的水渣。连续排污水之所以从汽包中引出，是因为锅炉运行时，这里的锅炉水含盐量较大。

（2）定期排污。这种排污方式是定期地从锅炉水循环系统的最低点（如从水冷壁的下联处）排放部分锅炉水。定期排污主要是为了排除水渣，而水渣大部分沉积在水循环系统的下部，所以定期排污点应设在水循环系统的最低部分，且排放速度应该很快。定期排污每次排放的时间应该很短，一般不超过 0.5～1min，因为排放时间过长会影响锅炉水循环的安全。每次定期排污排走的水量，一般为锅炉蒸发量的 0.1％～0.5％；也有的中、低压锅炉因锅炉水质较差，且蒸发量小，锅炉每次排走的水量约为 1％或者更多一些。定期排污的间隔时间，应根据锅炉水水质来决定：当锅炉水水渣较多时，间隔时间短些；水质较好时，间隔时间较长（例如有的锅炉每 8h 进行一次，有的锅炉每 24h 进行一次）。定期排污最好在锅炉低负荷时进行，因为此时水循环速度低，水渣下沉，排污的效果较好。

定期排污也可用来作为迅速降低锅炉水含盐量的措施，以补连续排污的不足；汽包水位过高时，还可利用定期排污使之迅速下降。新安装的锅炉在投入运行的初期或者旧锅炉在启动期间，往往需要加强定期排污，以排除锅炉水中的铁锈和其他水渣。

2. 锅炉排污率

锅炉的排污水量，应根据锅炉水水质监督的结果来调整。锅炉的排污水量占锅炉蒸发量的百分率，称为锅炉排污率，计算如下：

$$P = \frac{D_P}{D} \times 100\% \tag{6-10}$$

式中 D_P——锅炉排污水量，t/h；

D——锅炉蒸发量，t/h；

P——锅炉排污率，％。

锅炉的排污率，一般工程上不按式（6-10）计算，而是根据水质分析结果进行计算。

$$P = \frac{S_{GE} - S_B}{S_G - S_{GE}} \times 100\% \qquad (6\text{-}11)$$

式中　S_{GE}——给水中某物质的含量，mg/L；

　　　S_B——饱和蒸汽中某物质的含量，mg/L；

　　　S_G——锅炉水中某物质的含量，mg/L。

对于以除盐水或蒸馏水为补给水的锅炉，应该用日常水汽质监测所测定的给水、锅炉水和蒸汽中的含硅量，代入式（6-11）以计算锅炉的排污率。

锅炉的排污总是会损失一些热量和水量，例如对超高压机组的热力系统进行计算得知，即使能较好地利用连续排污的热量，但排污率每增加1%，仍会使燃料消耗量增加0.3%左右。所以，在保证蒸汽汽质合格的前提下，应尽量减少锅炉的排污率。但为了防止锅内有水渣积聚，锅炉排污率应不小于0.3%。锅炉的排污率一般为1%～5%。

3. 锅炉的排污装置

锅炉的连续排污点，应设置在锅炉水含盐量较大的地方，以减少排污水量。

为了减少因排污而损失的水量和热量，一般将连续排污水引进专用的扩容器，在其中由于压力的突然降低，部分排污水可变成蒸汽，这些蒸汽可以利用（例如送往除氧器），剩下的排污水还可以通过表面式热交换器，利用其他热量来加热补给水，最后将通过热交换器的排污水排至地沟。

因为定期排污的时间间隔较长，排放的水量少，故排放出的水一般不再利用。但为了避免产生强烈的噪声，以及可能发生烫伤等事故，应将定期排水引入它专用的扩容器内进行降压、降温，再排放至地沟。

三、汽包内部装置

为了获得清洁的蒸汽而安设在汽包内部的装置有汽水分离装置、蒸汽清洗装置以及分段蒸发装置等几种（如图6-11所示）。不同的锅炉，汽包内部装置也不同。锅炉压力越高，汽、水分离

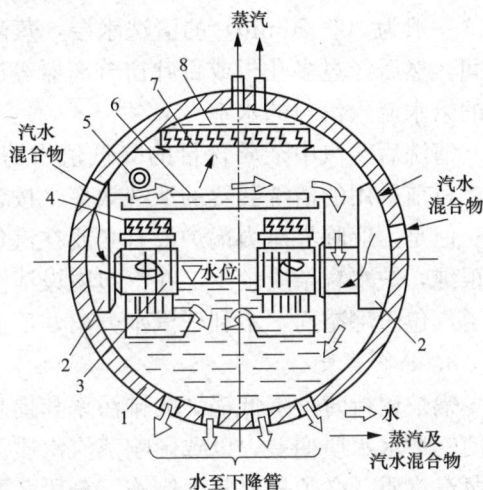

图 6-11　汽包内部装置

越困难，而且蒸汽溶解携带的能力也越大，因而汽包内部装置也应越完善。在高压和超高压汽包锅炉中，通常在汽包内安设有高效率的汽水分离装置和蒸汽清洗装置。现将常用的汽包内部装置简单介绍如下。

1. 汽水分离装置

汽水分离装置的主要作用为减少饱和蒸汽带水。它的结构形式虽然很多，但其工作原理不外是利用离心力、黏附力和重力等进行水与汽的分离。常见的汽水分离装置有旋风分离器、多孔板、波形板百叶窗等几种，而且在锅炉汽包内往往同时安设有几种分离装置，相互配合，以达到良好的分离效果。

2. 蒸汽清洗装置

汽水分离装置只能减少蒸汽带水，不能减少溶解携带，所以高压和超高压锅炉汽包内仅

仅有汽水分离装置，往往不能获得良好的蒸汽汽质。为了减少蒸汽的溶解携带，在高压和超高压锅炉汽包内装设蒸汽清洗装置是一种有效的措施。

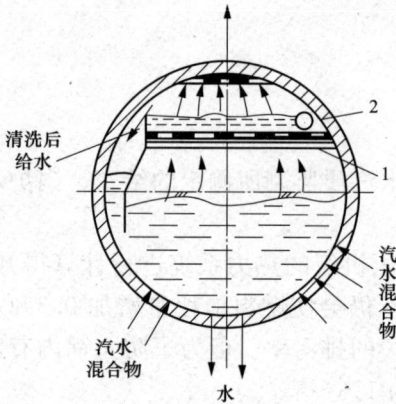

图 6-12　蒸汽清洗设备工作原理示意
1—蒸汽清洗装置；2—给水管

蒸汽清洗就是使饱和蒸汽通过杂质含量很少的清洁水层（见图 6-12）。蒸汽经过清洗后，杂质的含量要比清洗前低得多，原因如下：

（1）蒸汽通过清洁的水层时，它所溶解携带的杂质和清洗水中的杂质就按分配系数重新分配，使得蒸汽中原来溶解的杂质一部分转移到清洗水中，这样就降低了蒸汽中溶解携带杂质的含量；

（2）蒸汽中原来的含杂质量较高的锅炉水水滴，在与清洗水接触时，就转入清洗水中，而由清洗水层出来的蒸汽虽然也带走一些清洗水水滴，但水滴的量通常与清洗前差别不大，而清洗水水滴中的杂质含量比锅炉水水滴少得多，所以蒸汽清洗能降低蒸汽中水滴携带杂质的含量。

通常采用的清洗装置，是以给水作清洗水的水平孔板式的，如图 6-12 所示。它装在汽包的汽空间，将部分给水（一般为给水总量的 $40\%\sim50\%$）引至此装置上，使孔板上有一定厚度（一般为 $30\sim50mm$）的清洗水层，蒸汽从其下面进入，穿过清洗水层，进入汽包上部汽空间，然后经过多孔板或百叶窗分离器等汽水分离装置，最后由蒸汽引出管引出。清洗蒸汽后的给水流入汽包的水室。

清洗后蒸汽中杂质含量的降低值占清洗前蒸汽中杂质含量的百分率，通常称为清洗效率，目前采用的清洗装置的清洗效率（按含硅量）为 $60\%\sim75\%$。

但是，亚临界压力锅炉没有必要在汽包内设蒸汽清洗装置，因为亚临界压力锅炉给水水质很纯，炉水含杂质较少，在汽包内设清洗装置，不仅没有好的清洗效果，而且清洗装置挤占了汽包内部空间，不利于汽水分离，反而影响蒸汽纯度。

3. 分段蒸发

锅炉运行时，降低锅炉的排污率和提高蒸汽汽质是有矛盾的。因为，降低锅炉的排污率会使锅炉水水质变差，以致影响蒸汽汽质。所以，为了能在较低的锅炉排污率下，保证良好的蒸汽汽质，必须采取其他措施，分段蒸发就是在锅炉结构方面采取的一种措施。

分段蒸发就是用隔板将汽包的水室分隔成几段，每段与同它相连的上升管和下降管组成独立的水循环回路。给水全部送入汽包的某一段，该段称为第一段，水经第一段的循环回路进行蒸发浓缩后，通过装在隔板上的连通管，送到下一段，该段称为第二段。所以第二段的给水就是第一段的排水，而在第二段中锅炉水同样进行蒸发和浓缩。由于第二段中的锅炉水是经过两级蒸发浓缩的，所以它的含盐量要比第一段高得多。因此，在两段蒸发的锅炉中，习惯上把第二段称为盐段，第一段称为净段。图 6-13 所示为两段蒸发锅炉示意。

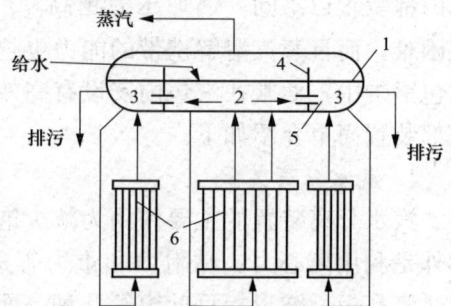

图 6-13　两段蒸发锅炉示意
1—汽包；2—净段；3—盐段；
4—隔板；5—水连通管；6—水冷壁

在图 6-13 所示的这种两段蒸发锅炉中，汽包水室的两端装有隔板，以中间作为净段，左、右两段为盐段。通常以两侧墙水冷壁的中间部分作为盐段的上升管，其他水冷壁作为净段的上升管。在分段蒸发锅炉中，汽包内净段的水容积及其水循环回路都比盐段大，大部分蒸汽是在净段的循环回路中产生的。

为了减少蒸汽带水以确保蒸汽汽质，汽包的净段与盐段内，都装有旋风分离器等汽水分离装置。为了改善盐段的蒸汽汽质，有的锅炉还将盐段蒸汽引入净段汽空间，以便在这里得到进一步的汽水分离，然后引出汽包。

分段蒸发主要用于补给水率较大的高、中压热电厂，因为这种热电厂的给水水质一般较差。中压热电厂中的分段蒸发锅炉，汽包内的净段和盐段都装有旋风分离器；高压热电厂中的分段蒸发锅炉汽包内除了装有旋风分离器外，还装有蒸汽清洗装置。

四、调整锅炉的运行工况

锅炉的负荷、负荷变化速度和汽包水位等运行工况对饱和蒸汽的带水量有很大影响，因而也是影响蒸汽汽质的重要因素，即使汽包内部装置很完善也不例外。例如锅炉负荷过大时，汽包内蒸汽流速太大，旋风分离器等汽水分离装置会负担不了，就会使蒸汽流中细小水滴不能充分分离出来而影响蒸汽汽质。又如某些汽包内装有清洗装置，而采用部分给水清洗蒸汽的超高压锅炉，如负荷过低，蒸汽汽质也会不良。这是因为当锅炉负荷很低时，送至清洗装置上的给水量也随之大大减少，使清洗水层很薄，影响正常的清洗过程，使蒸汽汽质变差。

有时锅炉的运行工况不当还会引起"汽水共沸"现象：饱和蒸汽大量带水，蒸汽汽质非常差，且往往因带水太多而造成过热蒸汽汽温下降。锅炉运行中，若汽包水位过高、锅炉负荷超过临界负荷或者突然变化，都容易引起这种现象。

能够保证良好蒸汽汽质的锅炉运行工况，应通过专门的试验来求得，这种试验称为热化学试验。在运行中，应根据锅炉热化学试验的结果，调整好锅炉的运行工况，使锅炉的负荷、负荷变化速度、汽包水位等不超过热化学试验所确定的允许范围，以确保蒸汽汽质合格。

习　题

1. 炉内水处理可以采取哪些方法？
2. 加磷处理的四种方法分别适合什么情况的炉内水处理？
3. 可以采取哪些措施获得清洁蒸汽？

第七章 冷却水化学处理

第一节 冷却水处理概述

一、冷却水系统的特点

在火电厂中，用于冷却汽轮机排汽的水，称为冷却水。在火电厂用水量中，冷却用水占了很大部分。在长江以南的火电厂中，绝大部分采用直流冷却系统，冷却用水的水源为河水和湖泊水。在长江以北、黄河以南地区的火电厂中，部分采用直流冷却系统，以河水和水库水为水源；部分采用开式循环冷却系统，水源有河水也有井水。黄河以北地区的火电厂，绝大部分采用开式循环冷却系统，水源为井水或河水。海滨电厂全部采用直流冷却系统，以海水为冷却水。我国东北地区也有少数火电厂采用直流冷却系统，以河水及水库水为水源。

与其他工业比较，火电厂冷却系统具有以下特点：

（1）冷却水量大。一台 300MW 机组的循环冷却水量达 30000～40000t/h，对于一个 $4\times$ 300MW 的火电厂，循环冷却水量将达 12×10^4～16×10^4t/h。对于开式循环冷却系统，如浓缩倍率为 3，补充水率约为 2.4%，则补充水量为 2880～3840t/h。如此大的水量是处理时必须考虑的因素，如采用加药处理时，难以选用高剂量处理。

（2）冷却系统简单，换热器数量少。一台发电机组只有一台凝汽器，还有若干台冷油器、冷风器。换热器的形式只有管程一种，换热管材质一般为黄铜。这一特点简化了循环水处理问题，如缓蚀，一般只考虑黄铜即可。还可以使用胶球对冷凝管进行清洗。

（3）冷却水温低。据统计，凝汽器出口最高水温一般在 40℃ 左右，极少超过 45℃。

（4）无工艺泄漏污染冷却水质的情况。一般情况下，在火电厂开始循环冷却系统中，菌、藻类的繁殖不如其他工业严重。

（5）冷却系统与小时循环水量的比值大。GB 50050—2017《工业循环冷却水处理设计规范》指出："敞开式循环冷却水系统的容积小于小时循环水量的 1/3"。而小容量火电厂机组此比值为（2～1.5）∶1；对 300MW 机组，此比值才接近 1∶3。此比值大，增加了药剂在系统中的停留时间，对阻垢不利；此比值小，系统缓冲容量大，浓缩倍率的上升比较慢。

二、冷却水处理的目的

冷却水处理的目的是防止冷却系统中的凝汽器、冷却塔中形成水垢、粘泥和产生腐蚀。当凝汽器管和冷却系统附着水垢或粘泥后，会产生下列不良后果。

（1）增加了水流阻力，降低了冷却水的流量。

（2）由于垢的热导率（导热系数）很低，因而急剧降低了凝汽器的传热系数。

（3）冷却塔和喷水池喷嘴结垢，特别是冷却塔填料结垢，将造成水流短路，这些都会降低冷却效率，提高凝汽器进水的温度。由于凝汽器管结垢，往往要求停机进行清洗，既减少了发电量，又要耗费大量人力、物力。如果经常采用化学方法清洗，还会造成铜管损伤。

　　上述情况都会引起凝汽器真空降低，按照不同汽轮机的试验资料，真空降低 1%，汽耗增加 1%～1.5%，当蒸汽流量不变时，将降低汽轮机组的出力。此外，垢的附着，特别是粘泥的附着，在附着物下部易发生局部腐蚀。凝汽器铜管的腐蚀，会导致管子的破裂和穿孔，更换一台 200MW 机组凝汽铜管，往往耗资数百万元。凝汽器铜管的损坏，如应力腐蚀破裂，会造成凝汽器的严重泄漏，情况严重或处理不当时，还会造成锅炉水冷壁管的爆破。

三、冷却水系统及设备

1. 冷却水系统

　　用水作冷却介质的系统称为冷却水系统。冷却水系统可分为直流冷却水系统、开式循环冷却水系统、闭式循环冷却水系统三种。

　　(1) 直流式冷却水系统。直流式冷却水系统的冷却水直接从河、湖、海洋中抽取，一次通过凝汽器后，即排回天然水体，不循环使用。此系统的特点是用水量大，水质没有明显的变化。由于此系统必须具备充足的水源，因此在我国长江以南地区及海滨电厂采用较多。

　　(2) 开式循环冷却水系统。开式循环冷却水系统如图 7-1 所示。该系统中，冷却水经循环水泵进入凝汽器，进行热交换，被加热的冷却水经冷却塔冷却后，流入冷却塔底部水池，再由循环水泵送入凝汽器循环使用。此循环利用的冷却水则称循环冷却水。此系统的特点：有 CO_2 散失和盐类浓缩，易产生结垢和腐蚀问题；水中有充足的溶解氧，有光照，再加上温度适宜，有利于微生物的滋生；由于冷却水在冷却塔内洗涤空气，会增加粘泥的生成。

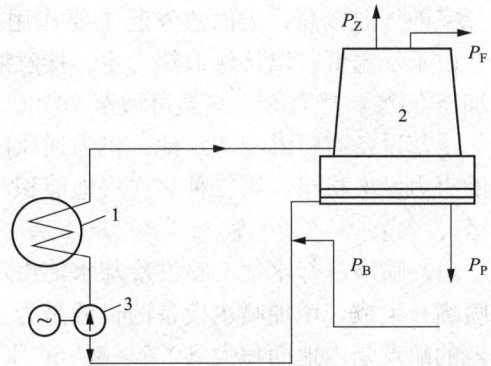

图 7-1　开式循环冷却水系统

1—冷凝器；2—冷却塔；3—循环水泵；P_B—补充水；P_Z—蒸发损失；P_F—吹散及泄漏损失；P_P—排污损失

　　此系统较直流式系统的主要优点是节水，对于一台 300MW 的机组，循环水量按 3.2×14^4 t/h 计，如果补充水分为 2.5%，则每小时的耗水量仅 800t，因此该系统在水资源短缺的我国北方地区被广泛使用。随着今后水资源短缺现象越来越严重，我国将有更多的火电厂采用开式冷却水循环系统。今后为了防止河流的热污染（德国规定，热水排放时，不得使河流水温升高 1K），有些长江以南地区的火电厂，也会采用开式循环冷却水系统。我国使用海水作冷却水的火电厂，均采用直流式冷却水系统，由于采用开式循环冷却水系统，可以大大减少海水的取水量，大幅度降低基建投资，因此有些设计院提出了海水循环冷却的设想。

　　(3) 闭式循环冷却水系统。闭式循环冷却水系统在火电厂有三种应用场合。一是冷却汽轮机的乏汽，如在严重缺水地区建设的空冷机组，多采用此系统。二是有些电厂将轴瓦冷却水等组成一个专门的闭式循环冷却系统（也称二次冷却系统）。三是装有水内冷发电机的电厂，将内冷水也组成一个闭式循环冷却系统。此系统的特点是没有蒸发而引起的浓缩，补充水量少，一般都使用除盐水作为补充水。

2. 冷凝器

　　在火电厂循环冷却水系统中，其换热设备为凝汽器。凝汽器是用水冷却汽轮机排汽的设备，在火电厂使用的主要是管式表面式凝汽器。

凝汽器由壳体、管板、管子等组成，冷却水在管内流动，蒸汽在管外被凝结成水。凝汽器的壳体和管板一般为碳钢，管子为黄铜，铜管与管板的连接为胀接。

3. 冷却原理及设备

在冷却塔中，循环水的冷却是通过水和空气接触，由蒸发散热、接触散热和辐射散热三个过程共同作用的结果。热传导和对流散热，称为接触散热，较高温度的水与较低温度的空气接触，由于温差使热水中的热量传到空气中去，水温得到降低。因水的蒸发而消耗的热量，称为蒸发散热，进入冷却塔的空气，湿分含量一般均低于饱和状态，而在水汽界面上的空气已达饱和状态，这种含湿量的差别，使水、汽不断扩散到空气中去，随着水汽的扩散，界面上的水分就不断蒸发，把热量传给空气。所以水的蒸发冷却，可使水温低于空气的温度。假如冷却塔进水温度为35℃，则蒸发1kg水大约要吸收24094J的热量，带走的这些热量大约可以使576kg的水降低1℃。除冷却池外，辐射散热对其他各型冷却构筑物的影响不大，一般可以忽略不计。

这三种散热过程在水冷却中所起的作用，随空气的物理性质不同而异，春、夏、秋三季，室外气温较高，表面蒸发起主要作用。夏季的蒸发散热量占总散热量的90%以上。冬季、由于气温低，以接触散热为主。接触散热量占总散热量的比例可以从夏季的10%～20%增加至50%，严寒天气甚至可增至70%。

冷却设备有喷淋冷却水池、机力通风冷却塔、自然通风冷却塔三种。第一种多用于小容量的火力发电机组，第二种多在占地面积小的火电厂中使用。目前应用最多的是自然通风冷却塔。

（1）喷淋冷却水池。喷淋冷却水池由水池和在冷却水池上面加装的喷水设备（喷水管道和喷嘴）组成，增加喷水设备的目的是为了增加水与空气的接触面积，便于散热。喷淋冷却水池的缺点是占地面积大（0.2～0.3m²/kW），冷却效果差，水损失大，且增加了水中悬浮物的含量；此外由于日照，会导致菌、藻类的繁殖。

（2）机力通风冷却塔。机力通风冷却塔在塔内加装了风扇，进行强力通风，可以降低冷却塔的面积和高度。但由于要另外消耗动力，且风扇的维护工作量较大，因而限制了它的使用。

（3）自然通风冷却塔。自然通风冷却塔一般为双曲线型。它是由通风箱、配水系统、填料、捕水器、集水池组成。自然通风冷却塔是依靠塔内外的温度差所形成的压差来抽风的，因此通风筒外形和高度对气流的影响很大，风筒高度可达100m以上，直径可达60～80m。热的循环水送至冷却塔腰部，通过配水系统将水均匀地分布在塔的横截面上，然后进入填料层，以增加水与空气的接触面积和延长接触时间，从而增加水与空气的热交换。以往的热填料多为水泥网格板（50mm×50mm×50mm），目前多为PVC制造的点波、斜波等膜式填料。被冷却的水收集在冷却水池中，经沟道重新引至循环水泵吸水井。

四、循环冷却水的监督（见二维码）

第二节　冷却水系统的防垢处理

一、冷却系统中的防垢

1. 垢的形成

由于冷却水在加热过程中，重碳酸盐分解成碳酸盐，且有 CO_2 逸出，使得反应得以连续进行，当碳酸根与钙离子的浓度的乘积达到并超过碳酸钙的溶度积时，就会结晶析出碳酸钙，形成水垢。在直流冷却系统中，由于水和换热设备的接触时间很短，也没有二氧化碳的溅散损失和盐类的浓缩，因此，凝汽器管结垢的情况不多见。但是我国也有少数电厂出现凝汽器铜管结垢。分析其原因，主要是冷却用的河水（其中碳酸盐硬度和平衡二氧化碳含量均甚高）与空气接触后，使二氧化碳大量散失，析出碳酸钙。如果在河流的非稳定段取水，作为凝汽器冷却水，则会造成凝汽器结垢。此外，当使用较高碳酸盐硬度的水作为直流冷却系统的冷却水时，由于冷却水温度升高，水中的重碳酸盐可能受热分解，也会造成结垢。一般认为，在管道中流动的水与不流动的水相比较，前者的重碳酸钙分解速度较后者高几十倍甚至几百倍，这是因为流动的水与管壁接触时，加速了碳酸钙的晶化。

2. 防止结垢的方法

（1）限制水温法。用增加水量等措施，将水的温度控制在允许的范围内，从而防止结垢，此法一般适用于碳酸盐硬度小于 7mmol/L 的水。

1）对常温下稳定的地表水，其允许水温可用下列公式计算：

$$t_w = \frac{60}{H_T} + 12 \tag{7-1}$$

式中　t_w——水的允许加热温度值，℃；

　　　H_T——水的碳酸盐硬度值，mmol/L。

2）对常温下不稳定的地表水，其允许水温可用下式计算：

$$t_w = \sqrt{\frac{[CO_2]}{H_T - b}} \tag{7-2}$$

式中　$[CO_2]$——泵水中二氧化碳含量，mmol/L；

　　　b——水中无二氧化碳时，可维持的碳酸盐硬度，一般情况下，此值取 2～2.5mmol/L。

（2）低剂量加药法。向水中加入 0.3～0.5mg/L 的三聚磷酸钠或其他阻垢剂，可以防止直流冷却系统结垢。

二、循环冷却水防垢方法

1. 循环冷却水防垢处理方法的分类

循环冷却水防垢处理方法，按处理场合可分类为

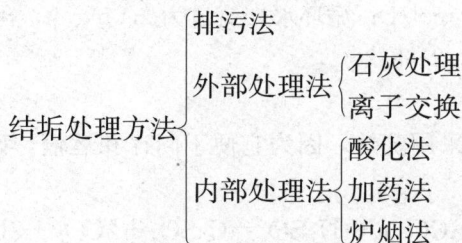

结垢处理方法 ┬ 外部处理法 ┬ 排污法
　　　　　　　│　　　　　　├ 石灰处理
　　　　　　　│　　　　　　└ 离子交换
　　　　　　　└ 内部处理法 ┬ 酸化法
　　　　　　　　　　　　　　├ 加药法
　　　　　　　　　　　　　　└ 炉烟法

按处理方法的作用可分类为

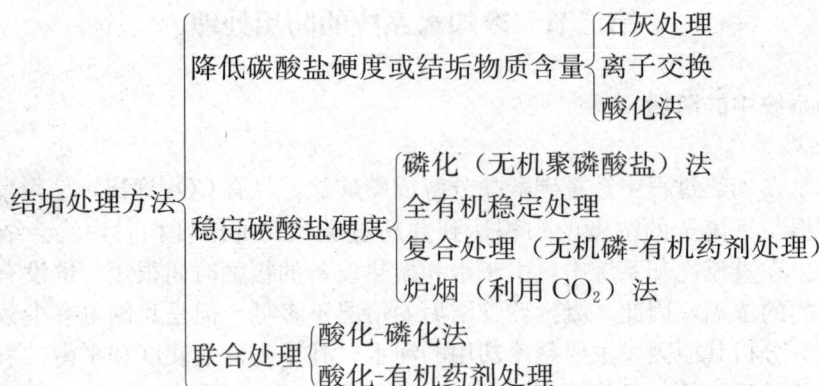

$$
\text{结垢处理方法}
\begin{cases}
\text{降低碳酸盐硬度或结垢物质含量}
\begin{cases}
\text{石灰处理} \\
\text{离子交换} \\
\text{酸化法}
\end{cases} \\
\text{稳定碳酸盐硬度}
\begin{cases}
\text{磷化（无机聚磷酸盐）法} \\
\text{全有机稳定处理} \\
\text{复合处理（无机磷-有机药剂处理）} \\
\text{炉烟（利用 } CO_2 \text{）法}
\end{cases} \\
\text{联合处理}
\begin{cases}
\text{酸化-磷化法} \\
\text{酸化-有机药剂处理}
\end{cases}
\end{cases}
$$

循环冷却水防垢处理方法有很多种，选用时应根据水质条件、循环冷却系统的水工况、环境保护的要求、水资源短缺情况及水价、药品供应情况等因素，因地制宜选择有效、安全、经济、简单的方法。在选择处理方法时，应注意节约用水，同时要十分重视凝汽器铜管的腐蚀和防护。

2. 石灰沉淀法

石灰石沉淀法不仅能有效地除去水中游离 CO_2、碳酸盐硬度和碱度，而且还能除去一部分有机物、硅化合物及微生物，大大减小了结垢趋势，改善了水质。它虽然不能除去水中的非碳酸盐和钠盐，但这并不会造成这些盐类（如 $CaSO_4$、$CaCl_2$、$MgSO_4$、$MgCl_2$ 和 NaCl 等）在循环冷却水系统内析出，更不易在铜管内结垢，因为它们都有较大的溶解度。因此如将石灰石沉淀法用于处理循环冷却水的补充水，会使浓缩倍率明显增高。

有关石灰处理的原理、石灰加药量的计算及处理后的水质变化等内容已在前面介绍过，在此只将某厂用于循环冷却水处理水补充水的石灰处理系统介绍如下。该系统的工艺流程是：

高纯度粉状消石灰→石灰筒仓→缓冲斗→精密称重干粉给料机(电子皮带秤)→石灰乳搅拌箱→石灰乳泵→5%石灰乳→澄清池→变空隙滤池→循环水系统补充水→冷却塔水池。

$$\uparrow$$
$$H_2SO_4$$

电子皮带称是石灰加药的计量装置，皮带运转速度由一台直流调速机控制，而电机的转速又由澄清池入口流量压差传送器给出的电信号控制，从而使给料速度和给水流量按比例调节。石灰的计量调节是靠皮带秤上的垂直闸板开度调节装置自动进行，其误差小于 0.1%。另外，还有混凝剂配置、投加系统、加酸调节 pH 系统、加氯系统和自动空气压缩系统。

运行控制参数：变空隙滤池水浊度<5～20mg/L，出水浊度为 0～1.0mg/L；$FeSO_4 \cdot 7H_2O$ 有效剂量为 0.2～0.3mmol/L；循环水加氯量为 2.0mg/L，出水剩余活性氯为 0.2mg/L；补充水加酸后调节 pH 值在 7.2～8.2。

3. 加酸处理

循环水的加酸处理经常采用硫酸，因为它便于储存和运输。硫酸与水中重碳酸盐硬度的反应为

$$Ca(HCO_3)_2 + H_2SO_4 = CaSO_4 + 2CO_2 + 2H_2O \qquad (7\text{-}3)$$

反应的结果是将水中的碳酸盐硬度转变成非碳酸盐硬度（$CaSO_4$）。因为 $CaSO_4$ 溶解度较大（0℃时为 1750mg/L），所以能防止形成碳酸盐水垢和提高浓缩倍数，节约补充水量。另外，反应中生成的游离 CO_2，有利于抑制碳酸盐水垢。

若 H_2SO_4 和补充水一起补入水池，则凝汽器的进口循环水中，游离 CO_2 浓度为

$$[CO_2]_X = \frac{100-P_B}{100}[CO_2]_0 + \frac{P_B}{100}\{[CO_2]_B + [CO_2]_S\} \tag{7-4}$$

式中　P_B——补充水量占循环水量的百分数，%；

$[CO_2]_X$——凝汽器进口循环水中游离 CO_2 浓度，mg/L；

$[CO_2]_0$——冷却塔返回水中游离 CO_2 浓度，mg/L；

$[CO_2]_B$——补充水中游离 CO_2 浓度，mg/L；

$[CO_2]_S$——补充水中因加酸析出的游离 CO_2 浓度，mg/L。

（1）加酸量计算。在已知循环水极限碳酸盐硬度的情况下，硫酸的加入量按式（7-5）估算：

$$q_{m,H_2SO_4} = \frac{49}{\varepsilon}\left(H_{B,T} - \frac{1}{\phi}H'_{X,T}\right)q_{V,X}\frac{P_B}{10^5} \tag{7-5}$$

式中　q_{m,H_2SO_4}——硫酸投加量，kg/h；

　　　49——$[1/2H_2SO_4]$ 的摩尔质量；

　　　ε——H_2SO_4 的纯度，%；

　　　$H_{B,T}$——补充水的碳酸盐硬度，mmol/L；

　　　ϕ——浓缩倍率；

　　　$H'_{X,T}$——极限碳酸盐硬度，mmol/L；

　　　$q_{V,X}$——循环冷却水量，m³/h。

（2）加酸地点与控制。循环水的加酸地点无严格控制，可加在补充水水流中，也可加在循环水泵入口侧的循环水渠道中，这对防止铜管内结垢有利。

加酸处理应控制循环水硬度低于极限碳酸盐硬度，因为碱度与 pH 值有一定关系，所以也可监测 pH 值，一般控制 pH 值为 7.4～7.8。当酸加在补充水中，水中残留碱度一般控制为 0.3～0.7mol/L，避免出现酸性。

（3）加酸设备。工业硫酸的纯度一般为 75%～92%，可用 1～5t 的钢制酸罐用汽车运输，也可用 15t、20t 或 50t 的酸罐火车运输，然后用酸泵打入储存罐。储存罐一般高位布置，利用重力自动流入计量箱。计量箱可置于冷却塔吸水井上部，靠重力流入补充水中，也可用酸计量泵定量抽出，在混合槽与补充水混合后进入吸水井或冷却塔水池中。

（4）加酸处理的注意事项。虽然加酸处理可防止碳酸盐水垢并提高浓缩倍数，但加酸量过大，则可能引起 $CaSO_4$、$MgSiO_3$ 水垢，还可能引起 SO_4^{2-} 对混凝土构筑物的腐蚀。

4. 离子交换法

缺水地区设计大型机组的循环冷却水系统补充水量特别大，当水源满足不了机组要求时，采用离子交换法比较适宜。这种方法虽然有初投资较大的缺点，但可提高浓缩倍数，节省补充水量。

在循环冷却水处理中，采用离子交换剂一般为弱酸性阳离子交换树脂，不仅除去了水中的碳酸盐硬度，同时也去除了水中的碱度，所以它适宜处理原水碳酸盐硬度和碱度均较大的

水。反应中生成的 CO_2 可在冷却塔中自然散失，不必再设置除碳器。至于水中的非碳酸盐硬度和钠的中性盐变成相应的无机酸。由于弱酸性阳树脂的活性基团为弱酸基，对 H^+ 的亲和力比任何金属离子都大，因此只是在运行初期出水呈微酸性。水中硬度与碱度比值越大，出水维持微酸性的时间就越长。

树脂失效后必须用酸（H_2SO_4 或 HCl）再生，因此它可视为塔外加酸。虽也消耗酸，但不增加水中酸根的含量。

5. 旁流过滤

旁流过滤是指从循环水系统中分流出一定量的旁流水进行处理，以维持循环水中的悬浮物在允许范围之内。这种工艺有时比处理补充水或增加投药量更为经济、可靠，其工艺流程如图 7-2 所示。

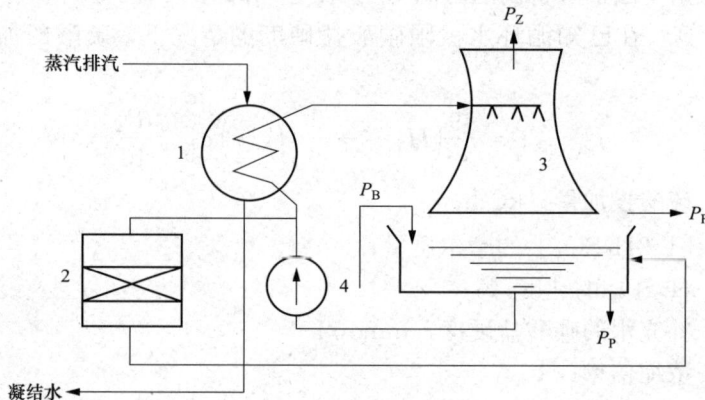

图 7-2　旁流过滤处理示意
1—凝汽器；2—旁流过滤器；3—冷却塔；4—循环水泵

旁流过滤器与一般过滤设备一样，通常以石英砂或无烟煤作为过滤介质，也可采用双层滤料或三层滤料。当循环水中的悬浮物总量在 $10\sim30mg/L$ 时，大约有 $50\%\sim70\%$ 的悬浮物可被除去。对于混浊度较高的水，可除去 90%。经过旁流过滤后，可使循环水的悬浮物达到一般过滤器出口水的水质指标。

6. 机械清除

当凝汽器铜管内积有污垢而影响传热时，可在停机或降低负荷的情况下进行机械清除。目前用的机械清除一般是压缩空气和高压水枪（300MPa）冲洗，显然这种方法要耗用大量人力，而且影响机组的正常运转。

三、循环冷却水处理系统与药剂的监督管理

（1）对于循环冷却水系统，各单位可根据不同凝汽器管材、不同水源水质，在保证排水符合环保要求的情况下，通过试验选择既能防腐（特别是点蚀），又能防垢的缓蚀阻垢剂和循环水处理运行工况，并严格执行。

（2）机组运行过程中，不断监督循环水所用药的供应质量。更换新药品时，必须再次进行实验确定药品加入量及循环水运行工况。

（3）各单位必须由专人负责循环冷却水处理工作，连续均匀地加药，定时进行监督项目的分析化验，严格控制循环冷却水的各项监控指标。同时关注补充水的变化，在循环冷却水水质有变化的情况下，适当调整处理工艺，以确保处理效果。

（4）各单位必须设专人负责胶球清洗工作。所用胶球必须验收，符合有关的技术指标。做好清洗时间、清洗效果的详细记录。根据各单位的具体情况，一般每周清洗 3～6 次，每次 30～60min，胶球回收率应达到 95％以上（装球数为凝结器管数量的 5％～10％）。

（5）为了防止凝结器管端部的冲蚀，在管端 100～150mm 可涂刷聚硫橡胶环氧树脂保护层。海水和苦咸水冷却机组的凝汽器防腐工作可根据情况采用阴极保护等相应措施。

第三节　水　质　稳　定　处　理

为了防止结垢，我国火电厂开式循环冷却系统广泛使用了水质稳定剂，电厂使用的药剂类别有无机聚合磷酸盐、有机磷酸盐、聚羧酸类聚合物等。过去多采用添加单一药剂，现在则采用复合配方。

一、水质稳定剂

20 世纪 70 年代，我国引进了 13 套化肥装置，从此推动了我国水质稳定剂的研究和生产。目前，我国已有上百家工厂生产各种水质稳定剂，国内火电厂常用的水质稳定剂见表 7-1。

表 7-1　　　　　　　　　　　国内火电厂常用的水质稳定剂

序号	水稳剂名称	工业产品含量
1	三聚磷酸钠	固体含三磷酸钠 85％
2	氨基三亚甲基磷酸（ATMP）	固体 85％～90％，液体 50％
3	羧基亚乙基二磷酸（HEDP）	液体≥50％
4	乙二胺四甲基磷酸（EDTMP）	液体 18％～20％
5	聚丙烯酸（PAA）	液体 20％～25％
6	聚丙烯酸钠（PAAS）	液体 25％～30％
7	聚马来酸（PMA）	液体 50％
8	水解聚马来酸酐（HPMA）	液体 50％
9	膦羧酸（PBTCA）	液体≥40％
10	璜酸共聚物（含羧酸、璜酸基磷酸基的共聚物）	液体≥30％
11	马来酸-丙烯酸类共聚物	液体 48％
12	丙烯酸-丙烯酸酯共聚物	液体≥25％
13	丙烯酸-丙烯酸羟丙酯共聚物	液体 30％
14	多元醇磷酸酯	—
15	有机膦磺酸	液体≥40％

在低剂量（2～3mg/L）时，各种药剂稳定性能高低的顺序为 ATMP＞HEDP＞EDTMP＞三聚磷酸钠＞聚马来酸＞六偏磷酸钠＞聚丙烯酸钠＞聚丙烯酸。在高剂量（7～8mg/L）时，各种药剂稳定性能高低的顺序为 ATMP＞EDTMP＞聚丙烯酸＞HEDP＞聚丙烯酸钠＞三聚磷酸钠＞六偏磷酸钠。

二、几种主要水质稳定剂的复合配方

我国电厂循环水采用稳定处理时，大部分均采用多种药剂的复合配方。对于全有机配方，一般复配原则如下：

$$
\left\{
\begin{array}{l}
有机磷酸盐\left\{
\begin{array}{l}
ATMP\\
HEDP（任选一种，但多用 ATMP、HEDP）\\
EDTMP
\end{array}\right.\\[2mm]
聚羧酸类药剂\left\{
\begin{array}{l}
PAA\\
HPMA\\
马来酸\text{-}丙烯酸类共聚物（任选一种，但多用丙烯酸\text{-}丙烯酸脂共聚物）\\
丙烯酸\text{-}丙烯酸脂共聚物
\end{array}\right.\\[2mm]
唑类药剂\left\{
\begin{array}{l}
MBT\\
BTA（任选一种，但多用 BTA）\\
BTH
\end{array}\right.
\end{array}
\right.
$$

MBT（2-巯基苯并噻唑），BTA（苯并三氮唑）。

在复合配方中，除了阻垢、缓蚀的主成分，还有一些辅助成分。可参加下述配方的组成。

配方一：

水	72%
EDTMP	12%
聚丙烯酸钠	14%～15%
磷苯二甲酸酯	1%

配方二：

水	53.6%
聚丙烯酸	～31.8%
异丙醇	～14.3%
苯并三氮唑	～2%
二异丁腈	微量

为了防止药剂对黄铜的腐蚀，在火电厂应用的配方中均加有 BTA，添加量一般为 1%，但也有高达 3% 的。有时还需加入专用铜缓蚀剂。

《中华人民共和国污水综合排放标准》（GB 8978—1996）中一级排放标准要求 $P<0.5\mathrm{mg/L}$。此时复合配方中只能选用无磷或低磷药剂，如磺酸盐、PBTCA 等。

三、水质稳定剂的阻垢机理

为了防止生成水垢，可以采取的措施有：①防止生成晶核或临界晶核；②防止晶体生长；③分散晶体。

作为水质稳定剂（以下简称水稳剂），其作用是防止晶体生长和分散晶体。目前常用的水稳剂有聚磷酸盐、有机磷酸盐、聚羧酸类等，它们的阻垢机理目前还不成熟，下面的叙述只是一些初步的解释。

1. 聚磷酸盐

聚磷酸盐可以吸附在晶核表面，改变了成垢物质的界面电位，少量六偏磷酸钠吸附于碳酸钙晶核界面，使其界面电位下降，碳酸钙晶核之间的斥力增强，因而抑制了碳酸钙晶体的生长。

另一种解释为少量聚合磷酸盐，主要是干扰了碳酸钙晶体的正常生长，使晶格受到歪曲，碳酸钙不能成为坚硬的方解石，而成为疏松的软垢。另外，聚合磷酸盐还有缓蚀作用，通过形成保护膜而减缓腐蚀速度。

2. 有机磷酸盐

（1）结晶过程去活化。如前所述，晶体从过饱和溶液中析出，实际上有两个过程——微晶核形成和晶格生长。对于微溶或难溶盐类，这两个过程的速度差异明显，晶核形成较快而晶格生长较慢，只有在晶核的某些活化区域上吸附沉淀离子后，晶格才能生长。水稳剂能优先吸附并覆盖住这一活化中心，晶格就不再生长了。

有机磷酸盐还能和已形成的 $CaCO_3$ 晶体中的 Ca^{2+} 作用。这种作用，使得 $CaCO_3$ 小晶体在与其他 $CaCO_3$ 微晶体碰撞过程中，难于按晶格排列次序排列，故不易生成 $CaCO_3$ 的大晶体。由于 $CaCO_3$ 晶体保持在小颗粒范围内，因而提高了 $CaCO_3$ 晶体在水中的溶解性能。例如在 1mg/L 的 ATMP 的水溶液中，可使 95mg/L 的碳酸钙在 20℃ 温度下保持 24 小时不析出。

只要加入少量有机磷酸（盐）HEDP，就可产生一个 $CaCO_3$ 结晶的诱导期，且随加药量的增加，诱导期不断延长，阻垢作用也越明显。

（2）晶格歪曲。$CaCO_3$ 具有离子晶格，只有当 $CaCO_3$ 晶体带正电荷的 Ca^{2+} 和另一个 $CaCO_3$ 晶体带负电荷的 CO_3^{2-} 碰撞，才能彼此结合。因此 $CaCO_3$ 垢是按一定的方向，具有严格次序排列的硬垢。当水溶液中加入有机磷酸盐时，它在晶格生长的过程中被吸附，使晶格的定向生长受到干扰，即按严格次序排列的 $CaCO_3$ 结晶不能再按正常规则增长了，或者说晶体的晶格被歪曲了。此时形成的晶格是肿胀的，疏松的，在溶液被扰动时，很容易被分散成小晶体，使 $CaCO_3$ 硬垢转变成软垢，而不再黏附于管壁上。

3. 聚羧酸类

聚羧酸类的水稳剂有阳离子型（如聚马来酸与乙醇胺反应物）、中性型（聚丙烯酸胺）和阴离子型三种。目前主要应用的是阴离子型，属于这一类的药剂有聚丙烯酸、聚甲基丙烯酸、水解聚马来酸酐等。阴离子型水稳剂的阻垢机理有以下几种说法。

（1）分散作用。阴离子型水稳剂在水溶液中可以解离成负离子。聚丙烯酸负离子与水溶液中的 $CaCO_3$ 微晶体碰撞时，首先发生了物理吸附和化学吸附过程，吸附的结果使微晶体表面形成了一个双电层。如果碳酸钙微晶体均吸附了聚丙烯酸负离子时，这些微晶体的表面就会产生同性相斥的静电斥力，从而阻碍了它们之间的碰撞和形成大晶体，也就是说，聚丙烯酸起了分散作用。此外，这种静电斥力也阻碍了碳酸钙和金属传热面之间的碰撞和形成阻垢层。

（2）晶格歪曲。聚羧酸型水稳剂的晶格歪曲作用主要是聚羧酸的羧基官能团具有对金属离子的络合能力，因而对结晶过程产生干扰，使结晶不能严格按晶格排列正常生长，形成不规则的晶体，即晶格歪曲。有文献指出，加入 1mg/L 的聚马来酸酐时，垢层发生肿胀；加入 4mg/L 时，垢层发生强烈畸变且疏松变软；加入 8mg/L 时，在很小剪切力作用下，垢层可大片脱落。

（3）自脱膜。聚丙烯酸等水稳剂能在金属传热面上形成一种与无机晶体颗粒共同沉淀的膜，当这种膜增加到一定厚度后，会在传热面上破裂，并带有一定大小的垢层离开传热面。由于这种膜的不断形成和不断破裂，使垢层的生长受到抑制，这种假说称为自脱膜假说。用这种假说可以解释为什么聚丙烯酸等对已经结垢的热交换器有较好的清洗效果。

4. 磺化聚合物

当加入磺化聚合物，如磺化聚苯乙烯，可使晶格严重歪曲，而造成晶体变形，碳酸钙从立方晶格变成球状软渣。采用此处理方法时，可使生长的软渣保持悬浮状态，随排污而排出，或通过旁流过滤除去。

采用此药剂处理时，被处理的循环水会呈现混浊状态，可以使冷却系统的极限浓缩倍率更高。此类药剂在冷却水中使用的一般剂量为 0.5～2mg/L。

5. 绿色新型阻垢剂

随着人们环保意识的日益提高，环境法规日趋严格，人们对阻垢剂提出了越来越高的要求。具有较好阻垢性能且可降解的绿色聚合物阻垢剂成为研究的主要方向。目前国内外出现的新型绿色聚合物阻垢剂主要有聚天冬氨酸（PASP）和聚环氧琥珀酸（PESA）。

聚天冬氨酸是近年来人们受到海洋动物的代谢过程启发而成功开发的一种环境友好型绿色阻垢剂。它除了具有一般水溶性羧酸聚合物的性质外，还具有其他许多聚合物无法比拟的优良特性。聚天冬氨酸最大特点是无毒、不破坏生态环境，可完全降解为对环境无害的最终产物，可替代许多对环境有害的化学品，在农业、工业、医药等方面都具有非常广泛的用途。

聚环氧琥珀酸（PESA）是一种无磷、无氮和生物降解性能好的兼有阻垢和缓蚀双重功能的水处理剂，对 Ca^{2+}、Mg^{2+}、Fe^{2+} 等的螯合能力强，且易生物降解，适用于高碱高固水系，可用于锅炉水处理、冷却水处理、污水处理、海水淡化、膜分离等，其阻垢性能和缓蚀性能都明显优于聚丙烯酸钠、聚马来酸和酒石酸等。PESA 制造工艺清洁，能被微生物或真菌降解为对环境无害的最终产物，是一种环境友好的绿色化学品。20 世纪 90 年代初美国就开发了这种药剂，日本及其他国家也相继开始对聚环氧琥珀酸钠及其衍生物进行了研究。目前正日益成为国际上研究的热点。

四、现代循环冷却水处理工艺

单一采用石灰处理或加酸处理或加阻垢剂处理都有其缺点。石灰处理虽然可以同时降低补充水的碳酸盐硬度和碱度，但其极限碳酸盐硬度较低，达不到较高的浓缩倍率；加酸处理可以将碳酸盐硬度转化为非碳酸盐硬度，提高浓缩倍率，节约用水，但在水质较差的情况下，酸的消耗量太大，成本高，在超临界压力机组循环冷却水处理中常采用联合处理方法。

1. 加酸与阻垢剂的联合处理

首先将补充水进行加酸处理，使补充水的碳酸盐降至阻垢剂所能稳定的极限碳酸盐硬度与浓缩倍率的比值范围，然后，再投加阻垢剂进行稳定处理。阻垢剂可以是单一药剂，也可以是复合配方。实践证明，这种联合处理是比较经济的，是目前在大型循环冷却水处理中采用的主要工艺之一，阻垢剂的加药量为 2～4mg/L。

2. 离子交换与阻垢剂的联合处理

离子交换与阻垢剂联合处理是让部分（60%～80%）补充水通过弱酸 H 离子交换器，降低补充水的碳酸盐硬度，然后与剩余的未经离子交换处理的补充水混合，以此混合水作为循环冷却水的补充水，并同时投加（2～4mg/L）阻垢剂处理。这种处理工艺可使浓缩倍率达到 3.0～4.0 以上，冷却水系统的排污水率在 1% 以下。具体通过弱酸 H 离子交换器的水量与补充水水质、要求的浓缩倍率、处理水量及阻垢剂的阻垢能力有关。这种联合处理在目前大型循环冷却水处理设计中，已成为首选的设计工艺，特别是在缺水地区更具优越性。

第四节　微生物控制

一、微生物滋长

天然水中微生物的种类很多，属于植物界的有藻类、真菌类和细菌类；属于动物界的有孢子虫、鞭毛虫、病毒等原生动物。

1. 藻类

藻类可分为蓝藻、绿藻、硅藻、黄藻和褐藻等。大多数藻类是广温性的，最适宜的生长温度约为 $10\sim20℃$，藻类滋长所需营养元素为 N、P、Fe，其次是 Ca、Mg、Zn、Si 等。当水中无机磷的浓度达 0.01mg/L 以上时，藻类便生长旺盛。藻类含有叶绿素，可以进行光合作用，吸收 CO_2，放出 O_2 和 OH^-。反应结果为水中溶解氧量增多和 pH 值上升。在藻类大量繁殖时，循环水的 pH 值可上升到 9.0。

2. 细菌

在冷却水系统中生存的细菌有多种，对它们的控制比较困难，因为对一种细菌有毒性的药剂，对另一种细菌可能没有作用。

3. 真菌

真菌的种类很多，在冷却水系统中常见的大都属于藻状菌纲中的一些属种，如水霉菌和绵霉菌等。真菌没有叶绿素，不能进行光合作用。真菌大量繁殖时形成棉团状物，附着于金属表面或堵塞管道。有些真菌可分解木质纤维素，使木材腐烂。

影响微生物在冷却系统内滋长的因素，通常有如下几点：

（1）温度。大多数微生物生长和繁殖最合适的温度是 20℃ 或比 20℃ 稍高一点。如高于 35℃，在凝汽器中常见的微生物大部分就要死亡。因此，凝汽器中有机质污泥的生长，以春秋季为最严重。在夏季，因为水温高，其冷却效能本来已比较差，如在凝汽器铜管内再积有粘垢，凝结水温度的进一步升高就会明显地使凝汽器的真空恶化，所以危害性更大。

（2）冷却水含砂量。当冷却水中夹带有大量的黏土和细砂等杂质时，会把有机物冲掉。所以在用江河水作为冷却水时，遇到洪水时期，凝汽器铜管内不会有有机附着物。

（3）铜管的洁净程度。实践证明，在洁净的铜管内，微生物不易生长。实验还证明，在同一期间和同一条件下，不洁净的旧铜管内附着的有机物量约为洁净新铜管的 4 倍，这可能是因为新铜管壁上有一层铜的氧化物，可以杀死微生物，而在旧铜管内这种氧化物被外来的附着物覆盖了。脱落的藻类会促进铜管内或其他部位粘垢的形成。

（4）光照。水中常见微生物藻类的繁殖与光照强度有很大关系，即光照越强，藻类越易繁殖，所以藻类特别易于在冷却塔内出现。如藻类在冷却塔内大量繁殖，则会降低其冷却效率。

二、杀菌处理

为了防止冷却水系统中的微生物滋长而形成污泥，必须对冷却水进行抑制微生物的处理，此类处理常简称为杀菌处理。实际上，只要能抑制菌类的繁殖，不让它们附着在器壁上，就无须完全杀死。杀菌的方法很多，如加氯、硫酸铜或臭氧等，其中常用的是氯，称为氯化处理。

1. 氯化处理

（1）原理。水的氯化处理就是在水中引入氯，以杀死其中微生物。用氯杀死微生物的原理，迄今尚未完全清楚，初步认为是由于氯能和细胞中的蛋白质作用，以及由于氯的氧化作用，把微生物的有机质破坏了。氯的氧化作用不仅是由于它本身是强氧化剂，还因为它加入水中后会生成次氯酸（HClO），其化学反应为

$$Cl_2 + H_2O \longrightarrow HClO + HCl$$

次氯酸是一种不稳定的化合物，易分解而放出氧，反应式为

$$HClO \longrightarrow HCl + [O]$$

刚分解出来的氧称为新生态氧，通常用符号 [O] 表示。新生态氧是一种很强的氧化剂，可以杀死微生物。

氯的杀菌能力与水质的 pH 值有很大关系，因为次氯酸的杀菌能力要比次氯酸根大得多，而次氯酸与次氯酸根之间有如下所示的平衡关系：

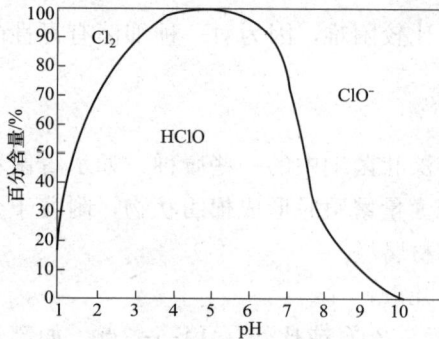

$$HClO + OH^- \longrightarrow H_2O + ClO^-$$

图 7-3 HClO 占游离氯百分率
与 pH 值的关系

图 7-3 所示为含氯水中各种氯化物间的平衡关系。由图可知，当 pH 值高时，ClO^- 增多，杀菌力就减小；当 pH 值低时，HClO 增多，杀菌力就增大。但 pH 值太低易引起设备系统的腐蚀，所以一般认为 pH 值为 6.5～7.0，以氯作为杀菌剂最合适。通常，电厂循环冷却水的 pH 值大都为 7.5～8.5，因此，杀菌效果较差。

氯是一种氧化剂，它会与 NH_3、H_2S 等杂质发生如下反应：

$$Cl_2 + NH_3 \longrightarrow NH_2Cl + H^+ + Cl^-$$

$$Cl_2 + H_2S \longrightarrow S + 2H^+ + 2Cl^-$$

此时，会降低氯的杀菌效率，反应产生 H^+ 而使冷却水的 pH 值降低，增强了对金属的腐蚀性。再者，某些氯化有机物有毒，公认为有致癌的危险性。

可用作氯化处理的药品有液态氯、漂白粉（CaClOCl）、次氯酸钠（NaClO）三种。因为漂白粉和次氯酸钠也含有次氯酸根，和氯加到水中一样，同样具有氧化性，能杀死微生物。氯化处理常用的药品是液态氯，因为液态氯比漂白粉价格便宜，加药设备也较简单。液态氯极易挥发成氯气，而氯气是有毒的，所以用液态氯时必须要有防止其逸入大气的安全措施。为此，在容量很小的电厂中可采用漂白粉；在大容量机组的电厂，有采用次氯酸钠做氯化处理的趋势。

（2）加药量。冷却水氯化处理时，药品应由凝汽器入口处的沟道中加至冷却水中，这样有利于杀死进入凝汽器冷却水中的和附着于凝汽器铜管上的微生物。此时，加入的氯，一部分消耗于氧化水中的有机物和某些无机物；另一部分消耗于氧化附着在凝汽器铜管内的有机物；余下的一部分在水中呈游离氯状态，称余氯。

经验证明，为了达到杀死微生物的目的，冷却水中余氯的含量一般为 0.2～0.5mg/L。

（3）氯化处理用设备。氯的工业用品是装在钢瓶中的液态氯。氯是有毒的，而且常温下是气体，所以在加药时应不让氯气漏到大气中。为此，加氯的设备应该保证严密。

常用的加氯设备是加氯机。加氯机种类很多，近年来多选用技术较先进的真空加氯机，其特点是采用全负压加氯系统，可避免氯气泄漏，提高了运行的安全性。为了安全，氯瓶和加氯机等加氯设备应设在通风良好的专用小屋里或放在露天处。

加漂白粉用的设备，由搅拌器、加药斗、浮球阀和加药箱等组成。

加次氯酸钠采用的设备是电解装置次氯酸钠发生器。电解装置的产物是次氯酸钠和氢气。电解液中的氢气通过减压离心分离后，向上高位处排入大气，不会产生危险。边制备次氯酸钠、边将其加入冷却水系统中。此电解工艺对人员和环境都不会造成任何不良影响。这种专门为大容量机组冷却水处理研制的电解制氯装置有能耗较低、设备紧凑、占地面积小、安装调试和维修都方便、可实现无人值班运行等优点。我国已有若干电厂投运了这种电解制氯冷却水处理设备。

2. 臭氧处理

臭氧（O_3）是氧（O_2）的同素异形体，它的化学性质很活泼，具有强烈的氧化性。它溶于水时可以杀死水中微生物，其杀菌能力比氯强，且速度快。用臭氧杀菌不会在水中遗留有害的物质，所以将臭氧作为饮用水的消毒剂或作为防止冷却水中有机物滋长的处理剂，都是较理想的。

因为臭氧的制造工艺目前尚不完善，所以它至今还没有被广泛地用作处理剂。常用的臭氧制取法是将空气通过进行着高压无声放电过程的电极间，空气中的氧就有一部分转变成O_3。这种制取法，不仅成品中含O_3的百分率低，而且O_3还要和空气中的氮发生反应，产生二氧化氮，反应如下：

$$3N_2 + 4O_3 \longrightarrow 6NO_2 \tag{7-6}$$

臭氧的制造工艺至今还在不断研究中，现介绍一种以液态氧作为原料的制取法：在一绝热容器的底部装液态氧，令液态氧挥发出的氧气通过放电部分，此时即形成臭氧和氧的混合物，然后它们一起排出。用这种方法可以制得含臭氧百分率较高的氧和臭氧混合物。因为臭氧不稳定，容易分解，故此混合物中臭氧的浓度以控制在14%为宜。

根据研究，当冷却水中的O_3达1mg/L时，经3~10min可制得无菌水。所以估计O_3用量在0.5~1.5mg/L的范围内已足够。臭氧引入水中的方法可采用喷射器或文氏管。

3. 二氧化氯处理

二氧化氯是一种黄绿色到橙色的气体，具有类似于氯的刺激性气味。二氧化氯无论是液体（沸点11℃）还是气体，二者都很不稳定，具有爆炸性，而且在强光下易氧化，极不利于运输与储存。所以必须在现场制备和使用。现场制备的方法：用亚氯酸钠溶液与强氯溶液混合产生；在小设备中也可以通过混合盐酸、次氯酸和亚氯酸钠来产生；选用电解装置二氧化氯发生器电解盐水或海水，在现场制备二氧化氯。随着此项技术的日趋完善，在电厂冷却水处理中将有良好的使用前景。

当用二氧化氯作冷却水的杀菌剂时，与用氯相比，有以下几个优点：

（1）在各种情况下，二氧化氯至少与氯同样有效，且当用作杀孢子和杀病毒的药剂时，它比氯更有效；

（2）由于二氧化氯的杀菌性质与水的pH值无关，因此在pH值较高的水中，它比氯有效得多；

（3）与氯不同，二氧化氯既不与氨反应，也不与大多数胺发生作用，即使在有氨的情况下，它仍能杀菌，这对某些工业冷却水处理是相当有利的。

由于二氧化氯的杀菌效果比氯好，用量少，防止粘垢的形成和提高换热设备传热性能的效果也好，因此它比用氯经济。

4. 季铵化合物处理

季铵化合物是一种非氧化性杀菌剂，主要有烷基三甲基氯化铵（ATM）、二甲基苄基烷基氯化铵（DBA）和二甲基苄基月桂基氯化铵（DBL）等。

季铵化合物通常在碱性 pH 范围内的杀菌效果较好。它的杀菌能力是由于阳离子与菌类细胞壁上的负电荷之间会形成静电键，这样会在细胞壁上产生压力，使细胞壁发生畸变，破坏了细胞壁的半渗透性，从而引起细胞死亡。

季铵化合物用作杀菌剂的缺点是投药量需要较大，冷却水的含盐量较高时或者有蛋白质和其他一些有机物时，其杀菌效果会降低。此外，季铵化合物具有表面活性，有引起泡沫的倾向，但通常没有害处。

5. 氯酚处理

氯酚也是一种非氧化性杀菌剂，应用在冷却水系统中的五氯酚钠 C_6Cl_5ONa 及三氯酚钠 $C_6H_2Cl_3ONa \cdot 1\frac{1}{2}H_2O$ 都是易溶的稳定化合物，与冷却水中大多数化学物质不起反应。三氯酚钠和五氯酚钠的混合使用，可起增效作用，比两者单独使用更有效。然而这类药剂对水生生物和哺乳动物有危害，且不易进行生物降解，易造成环境污染。

氯酚是通过吸附与渗透过微生物的细胞壁后，与细胞质形成胶质溶液，并使蛋白质沉淀出来，以杀死微生物的。

冷却水的杀菌问题是比较复杂的，因为生长在冷却水中的微生物种类很多，同一种药剂对不同微生物的杀菌效果可能不相同。再者，专用某种杀菌剂往往会使微生物渐渐产生抵抗力，不同杀菌剂的混合使用有时会产生增效作用，这些都会使杀菌效果不易预估。因此，如果要求获得杀菌效果好且经济的方法，只有通过实验和实际运行经验来确定。

第五节　水内冷发电机的水处理

目前水内冷发电机组在我国已普遍应用，发电机内冷水一般都采用除盐水或凝结水作为补充水。随着运行时间的增长，由紫铜制成的发电机线棒腐蚀日益增加，使内冷水含铜量上升。铜导线的腐蚀产物有可能污堵线棒，限制通水量，甚至造成局部堵死。为了保证水内冷发电机的安全经济运行，对发电机内冷水进行处理是完全必要的。

一、发电机内冷水系统

在发电机运行中，线圈和铁芯都会产生热量，为了防止发电机的温度过高，必须对发电机进行冷却。由于水的冷却能力比空气大 50 倍，一般大型发电机常常用水冷却方式。国产 200MW 发电机定子采用水冷却，转子和铁芯采用氢冷却，水内冷系统的循环回路如下：

$$水箱\rightarrow定子水泵\rightarrow过滤器\rightarrow水冷却器\rightarrow定子绕组\rightarrow水箱$$

为了维持水的电导率在规定范围内，有的机组还设有离子交换器。从冷却器出口主管路上引出一支管接到离子交换器入口，系统中的一部分水就可以进入离子交换器内进行离子交换处理，处理后回到水箱。离子交换器内装有已经再生完毕的强酸阳离子交换树脂和强碱阴离子交换树脂，其各种树脂按比例混合，再生方式根据需要通过小型试验确定。离子交换器投入前，必须将内部各种类型的树脂充分混合，成为一个小混床，当其出水水质的电导率大于 $1.5\mu S/cm$ 时，离子交换器停运，进行再生处理。

二、发电机内冷水水质

1. 发电机内冷水的水质

发电机内冷水的水质应符合如下技术要求：

（1）有足够的绝缘性能（即较低的电导率），以防止发电机线圈短路；

（2）对发电机空心铜导线和内冷水系统应无腐蚀性；

（3）不允许发电机内冷水中的杂质在空心导线内结垢，以免降低冷却效果，使发电机线圈超温，导致绝缘层老化。

2. 发电机内冷水的质量

发电机内冷水的质量标准见表 7-2。

表 7-2 发电机内冷水的质量标准

电导率/ （$\mu S/cm$，25℃）	铜/ （$\mu g/L$）	pH （25℃）	处理方式
≤5	≤200	>7.6	不添加缓蚀剂
≤5	≤40	>6.8	添加缓蚀剂

运行中对发电机内冷水监督以电导率为主，在现场一般都装设电导仪进行连续监督并装有报警装置。一旦发现电导率异常，要及时查明原因进行处理，如排污、换水等，防止造成发电机接地。

三、内冷水处理方法

根据有关统计，目前中小型火力发电厂内冷水含铜量普遍较高，说明发电机铜导线有不同程度的腐蚀，因此防止铜导线腐蚀、降低内冷水含铜量成为一个重要问题，必须加以解决。

1. 缓蚀剂法

所谓缓蚀剂法即向内冷水系统中加入一定量的铜缓蚀剂，常用 MBT（2—巯基苯并噻唑）和 BTA（苯并三氮唑）。MBT 作为铜和铜合金的腐蚀抑制剂能在很低的剂量下产生良好的防腐作用，其作用机理为 MBT 在水溶液中作为弱酸离解，离解的生成物与铜离子形成不溶解性盐类，并成为坚固的黏附性强的保护膜。

发电机内冷水在加入 MBT 前应进行彻底的清洗，使水质电导率小于 $1.5\mu S/cm$，根据冷却水系统水容积及 MBT 的浓度，控制指标一般为 $2\sim8mg/L$。配制 MBT 加入内冷水中，随着 MBT 处理时间的增长，铜表面保护膜逐渐形成和完善，MBT 的消耗速度会逐渐下降，内冷水即使含有微量 MBT，也可以达到防止铜腐蚀的目的。

BTA 的缓蚀机理：BTA 溶解于水后一部分离解产生氢离子，其水溶液的 pH 值为 $5.5\sim6.5$，并能与铜络合生成保护膜，其成分为 $Cu(C_6H_4N_3)$、$[Cu(C_6H_4N_3H)]^+$、$[Cu(C_6H_4N_3H)_2]^{2+}$。当有氨存在时，会破坏铜与 BTA 形成保护膜。在进行 BTA 处理前应将内冷水系统冲洗至电导率小于 $2.0\mu S/cm$，然后按 $3mg/L$ 的 BTA 加入内冷水箱中，循环 2h 后，可对 BTA 的含量进行测定。当 BTA 含量接近零，而发电机电导率在 $6\mu S/cm$ 以下时，可以补加 BTA。当发电机铜导线内部保护膜形成后，可将其剂量降至 $1\sim2mg/L$。

2. 提高发电机内冷水 pH 值

当以化学除盐水作为发电机内冷水时，由于除盐水 pH 值一般为 6～7，且未经除氧处理，因此发电机内冷水实质上为含氧微酸性水，对发电机的空心导线有一定的腐蚀作用，使内冷水含铜量逐渐增高。实践证明，当发电机内冷水 pH 值维持在 8.5 左右时，发电机铜导线会得到保护。提高 pH 值的最简单方法是进行氨处理，在现场可将发电机内冷水的补水改为含氨凝结水，即可得到良好效果。

3. 小混床处理

这种处理方法的原理是在内冷水系统上装上离子交换柱，当水中有影响电导率和可沉积的成分时，通过离子交换柱树脂的作用，可将杂质交换去除。目前，国产 300MW 及以上机组出厂前，制造厂就把这个系统组装配套，因此全部采用这种处理方式。这种处理方式的优点是水的电导率控制非常好，运行人员工作量少，但并不能控制其系统的腐蚀倾向。

4. 溢流抵消处理

这种处理方法一般与加药或小混床的处理方式结合采用，即机组不加任何处理，靠排换水，维持系统电导率和铜的浓度。

习　题

1. 名词解释

蒸发散热、接触散热、辐射散热、旁流过滤。

2. 试述火电厂冷却系统与其他工业相比有什么不同。

3. 简述开式循环冷却水系统的特点。

4. 请说明冷却水处理的目的以及水的冷却原理。

第八章 直流锅炉水处理

第一节 直流锅炉水汽系统概述

直流锅炉水汽系统的工作原理、结构和运行工况都与汽包锅炉有很大不同，因此它对水质有特殊要求。为了便于叙述本章的内容，先简略介绍直流锅炉的水汽系统工作原理。

一、工作原理

在直流锅炉中，水一次流过它的炉管后就完全变为蒸汽，没有循环流动的锅炉水。假如把直流锅炉的水汽系统展开，可把它们看成是许多根长长的、平行工作的管子，给水从管子的一端进去后，全部变成蒸汽由另一端出来，如图 8-1 所示。直流锅炉的水、汽系统可分作省煤器、水冷器、过热器等几个大部分。给水依靠给水泵产生的压力顺序流经这几个部分时，便逐渐地完成水的加热、蒸发和过热等阶段，最后全部变成过热蒸汽送出锅炉。

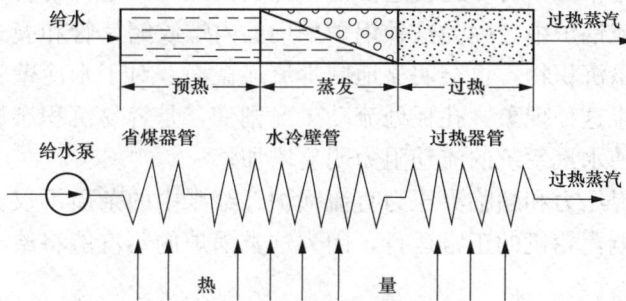

图 8-1 直流锅炉工作原理示意

图 8-2 所示为直流锅炉水汽系统示意。从图中可看出，直流锅炉没有汽包，这是它与汽包锅炉的基本差别。

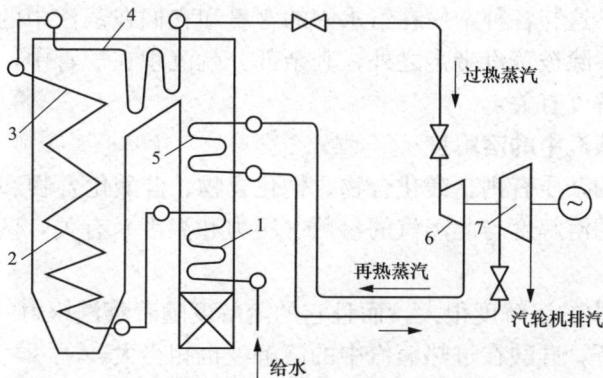

图 8-2 中间再热直流锅炉水汽系统示意

1—省煤器；2—水冷壁；3—辐射过热器；4—对流过热器；5—再热器；6—汽轮机高压汽缸；7—汽轮机低压汽缸

二、结构特点

我国的直流锅炉，按其水冷壁管的结构特点，可分为以下两种主要类型：

（1）水平围绕管圈型（拉姆辛型）。它的水冷壁管是由许多根平行并联的管子组成的，管圈自下往上盘绕。为了使管内流体的流动特性稳定和减少各管的热偏差，在所有管子的入口处装有节流孔板。

（2）一次或二次上升管屏型（常称"UP 锅炉"，即通用压力型锅炉）。它的水冷壁管由许多垂直上升管管屏组成，采用小管径膜式水冷壁结构。

三、水质的重要性

优良的给水水质，是直流锅炉安全运行的重要条件之一。直流锅炉对给水水质的要求要比汽包锅炉严格得多，这是因为它们的水汽系统的结构和工作原理不同。汽包锅炉可以进行锅炉水的磷酸盐处理以调整水质，可以进行锅炉排污以排去锅内的杂质，而直流锅炉没有汽包和循环着的锅炉水，因此不能进行这些处理。在直流锅炉中，随给水进入锅炉的各种杂质，或者被蒸汽带往汽轮机，或者沉积在锅炉炉管内。

杂质带往汽轮机的危害性前面已经讲过。杂质若沉积在直流锅炉的炉管内，其危害性也非常大。因为它除了会促进炉管的腐蚀以及严重时有引起超温爆管事故的危险外，有时还会引起直流锅炉水汽系统流动阻力的增加，不仅会增大给水泵的耗电量，而且当流动阻力增大的数值超过给水泵的富裕压头时，还会迫使锅炉降负荷运行。这种情况最容易发生在超临界压力和亚临界压力直流锅炉中。因为这种锅炉采用的内螺纹鳍片管和膜式水冷壁管的内径都很小，即使管内有少量沉积物，也会明显地减少流通截面。对于水冷壁管入口处装有节流孔板的锅炉，也容易发生这种现象。孔板处流动工况剧变，是容易沉积杂质的地方。若节流孔板处有沉积物，就会使水汽系统的流动阻力明显增加。

此外，对于亚临界压力和超临界压力直流锅炉，给水中的杂质不仅会危及锅炉的正常运行，而且特别容易影响汽轮机的正常运行，因为这类锅炉的蒸汽能将给水中的许多杂质带往汽轮机中。

第二节　直流锅炉对给水水质的要求

为了阐明直流锅炉对给水水质的要求，首先必须弄清给水带入的杂质在直流锅炉内沉积和被蒸汽带出的情况。这与各种杂质在给水中的含量和它们在蒸汽中的溶解度有关，因为随给水带入锅内的杂质，除被蒸汽带走之外，其余部分就沉积在炉管中，而被蒸汽带走的量主要与它在蒸汽中的溶解度有关。

一、杂质在过热蒸汽中的溶解度

由给水带入锅内的杂质有钙、镁化合物、钠化合物、硅酸化合物和金属腐蚀产物等。这些杂质在过热蒸汽中的溶解度与此蒸汽的参数（压力和温度）有关，蒸汽压力越高，它们在蒸汽中的溶解度越大。

SiO_2 在过热蒸汽中的溶解度很大，而且它的溶解度随着蒸汽压力的增高而增大，即使在不太高的压力和温度下，硅酸在过热蒸汽中的溶解度也相当大。

蒸汽中 $NaCl$ 的溶解度为几百毫克/千克，$CaCl_2$ 的溶解度为几十毫克/千克，Na_2SO_4 和 $Ca(OH)_2$ 的溶解度为百分之几毫克/千克，$CaSO_4$ 的溶解度为千分之几毫克/千克。所以在超临界压力蒸汽中，它们的溶解度可排成以下顺序：

$$NaCl > CaCl_2 > Na_2SO_4 > Ca(OH)_2 > CaSO_4$$

在高压和超高压蒸汽中，它们的溶解度顺序也是如此，不过这时的溶解度要比超临界压力蒸汽中的数值小得多。

二、杂质在直流锅炉内的沉积特性

直流锅炉的给水中各种杂质的沉积特性各不相同，有些容易发生沉积，有些则不易沉积，而易溶在蒸汽中被带走。

1. 钙、镁化合物

$CaSO_4$ 在蒸汽中的溶解度很小，对于压力小于 29.4MPa 的直流锅炉，给水带入直流锅炉内的 $CaSO_4$ 几乎全部沉积在炉管中。$CaCO_3$ 在高温蒸汽中分解，生成 $Ca(OH)_2$。$Ca(OH)_2$ 接着失水变成 CaO。$CaCl_2$ 在高温蒸汽中会水解，生成 $Ca(OH)_2$、CaO、$Ca(ClO)_2$、HCl。上述反应生成物中的 $Ca(OH)_2$ 和 CaO 在蒸汽中的溶解度很小，所以被蒸汽带走的量很小，大部分沉积在炉管中。由于钙化合物在锅内会发生上述许多物理和化学变化，所以锅内沉积物中钙化合物的组成与给水中的钙盐不同。

各种镁盐几乎完全沉积在锅内。沉积物的形式是 $Mg(OH)_2$ 和 $Mg(OH)_2 \cdot MgCO_3 \cdot 2H_2O$，这是镁盐在高温过热蒸汽中发生水解的结果。

2. 钠化合物

$NaCl$ 在蒸汽中的溶解度很大，因此它主要是被蒸汽溶解并带往汽轮机中，沉积在直流锅炉内的量很少。

Na_2SO_4 在蒸汽中溶解度很小，在临界压力和超临界压力下，Na_2SO_4 在蒸汽中的最小溶解度仅为 $20\mu g/kg$（汽温 450℃），所以即使在超临界压力锅炉中，当给水中 Na_2SO_4 的含量大于 $20\mu g/kg$ 时，硫酸钠也会沉积在锅内。在远低于临界压力的蒸汽参数下，能被蒸汽带走的 Na_2SO_4 极少，因为 Na_2SO_4 在蒸汽中的溶解度更小，所以给水中 Na_2SO_4 主要沉积在锅内。

至于 $NaOH$，虽然它在蒸汽中的溶解度较大，但是由于它能与壁管上的金属氧化物作用生成 Na_2FeO_2（亚铁酸钠），所以有可能部分沉积在直流锅炉中。

3. 硅酸化合物

水中硅酸化合物存在的形态是很复杂的，有溶解状态、胶体状态以及悬浮颗粒状态。而且随给水进入锅内的硅酸化合物，在高温高压下其形态还会发生变化。目前对于硅酸化合物在高温高压的水和蒸汽中的情况，研究得还不够，未能掌握它的各种变化规律。但知道水中的硅酸化合物在蒸汽中的溶解度很大，所以直流锅炉给水中所含有的硅酸化合物几乎能全部被蒸汽带到汽轮机中，它们通常是不在直流锅炉中沉积的。因此直流锅炉蒸汽中的含硅量直接取决于给水的含硅量。

4. 金属腐蚀产物

给水中的金属腐蚀产物主要是铁、铜的氧化物。铁的氧化物在过热蒸汽中的溶解度很小，见表 8-1。在亚临界压力和超临界压力下锅炉送出的过热蒸汽中，氧化铁的溶解度为 $10\sim15\mu g/kg$（其具体数值取决于蒸汽的压力和温度）。随着蒸汽压力的提高，铁的氧化物在蒸汽中的溶解度有所增加；蒸汽压力一定时，随着过热蒸汽温度的提高，铁的氧化物在蒸汽中的溶解度降低。因为能被过热蒸汽带走的铁的氧化物量很小，所以，当给水含铁量增高时，沉积在炉管中的铁量就增加。

表 8-1　　　　　　　　　　　　　铁的氧化物在过热蒸汽中的溶解度

铁在蒸汽中的溶解度/ (μg/kg)	蒸汽参数		铁在蒸汽中的溶解度/ (μg/kg)	蒸汽参数	
	p/MPa	t/℃		p/MPa	t/℃
13.8	23.52	580	9.5	0.20	120
10	12.74	565	6.8	0.044	80
8.5	8.82	535	5.5	0.025	70

在亚临界压力（16.66MPa）以下直流锅炉的蒸汽中，铜的氧化物的溶解度很小。所以对于亚临界压力和低于亚临界压力的直流锅炉，给水中铜的氧化物主要沉积在锅内，被蒸汽带到汽轮机的量是较少的。

对于超临界压力锅炉，因为铜的氧化物在蒸汽中的溶解度较大，所以这种锅炉给水中的铜化合物，主要是被蒸汽带到汽轮机的汽缸中，并在那里沉积。在某超临界压力汽轮机内，曾发现它的高压汽缸内各级沉积物的主要成分是氧化铜和氧化亚铜（在沉积物中平均含量为95%），此外，还含有磁性氧化铁（3%～8%）和硅酸（0.1%以下）；中压汽缸内各级的沉积物中也含有氧化铜（在沉积物中平均含量为5%～10%），这是因为进入汽轮机的蒸汽中溶解有铜的氧化物。当汽轮机内蒸汽参数下降时，即使其下降量不大，蒸汽溶铜能力也会大大降低，铜就开始从蒸汽中析出，因此铜主要沉积在汽轮机高压汽缸的各级中。

三、杂质在直流锅炉中的沉积部位

如上所述，随给水带入锅内的杂质可能沉积在直流锅炉炉管中的主要是给水中的钙盐、镁盐、硫酸钠等盐类物质以及金属腐蚀产物。这些杂质随给水带入直流锅炉后，由于水的不断蒸发，它们就不断地浓缩在尚未汽化的水中，当它们达到饱和浓度后，便开始呈固相析出在管壁上，所以它们主要沉积在残余湿分最后被蒸干和蒸汽微过热的这一段炉管内。中压直流锅炉中，沉积的部位是从蒸汽湿度小于20%的管段开始到蒸汽<30℃过热的管段为止；高压直流锅炉中，沉积的部位为蒸汽湿度小于30%起到蒸汽微过热为止，沉积物最多的是在蒸汽湿度小于5%的部位；在超高压力和亚临界压力直流锅炉中，从蒸汽湿度为50%～60%的区域开始就有沉积物析出，在残余湿分被蒸干和蒸汽微过热的这一段炉管内沉积物较多。

对于中间再热式直流锅炉，在再热器中可能会有铁的氧化物沉积。各种杂质在蒸汽中的溶解度大都是随温度升高而增大的，所以当蒸汽在再热器内升温时，它们一般不会沉积出来。但铁的氧化物在蒸汽中的溶解度是随着温度升高而降低的，这就是在再热器中只有铁的氧化物沉积的原因。铁的氧化物在再热器出口蒸汽中的溶解度显著低于进口蒸汽中。如果汽轮机高压汽缸排出的蒸汽中，铁的氧化物含量大于它在再热器中蒸汽的溶解度，那么蒸汽中铁的氧化物就会沉积在再热器中。蒸汽中铁的氧化物一般是沉积在再热器出口管段，这是因为这里的再热蒸汽温度最高，铁的氧化物在此再热蒸汽中的溶解度降至最低的缘故。除了再热蒸汽中铁的氧化物可能沉积在再热器中以外，再热器本身的腐蚀也会使再热器中沉积铁的氧化物。由于沉积铁的氧化物可能导致再热器管烧坏，因此对于中间再热式机组，应该考虑防止再热器中沉积铁的氧化物的问题。解决这一问题的根本途径，是降低锅炉给水的含铁量和防止锅炉本体与热力系统的腐蚀。

四、直流锅炉的给水水质标准

为了防止给水中杂质在直流锅炉内沉积和被蒸汽带往汽轮机中，影响锅炉、汽轮机的安全、经济运行，直流锅炉对给水水质有非常严格的要求，现将这些要求叙述如下。

1. 硬度

因为随给水带入的钙、镁盐类几乎完全沉积于直流锅炉的炉管中，所以给水的硬度应接近于零。

2. 含钠量

因为直流锅炉给水中的绝大部分钠盐能被蒸汽溶解带到汽轮机中，所以给水中的含钠量应由汽轮机进口蒸汽（即锅炉送出的蒸汽）中允许的含钠量来决定。现规定锅炉出口蒸汽压力为 $5.9\sim18.6MPa$ 时，蒸汽含钠应小于 $10\mu g/kg$，因此直流锅炉给水含钠量应不大于 $10\mu g/L$，争取小于 $5\mu g/L$。

3. 含硅量

直流锅炉给水中的硅酸化合物能全部被蒸汽溶解，带到汽轮机中，所以给水含硅量的允许值应由汽轮机进口蒸汽中所允许的含硅量来决定。根据运行经验，目前认为：当汽轮机进口蒸汽的含硅量（以 SiO_2 表示）小于 $20\mu g/kg$ 时，基本上可避免汽轮机中沉积二氧化硅。所以现规定，直流锅炉给水含硅量（以 SiO_2 表示）应不大于 $20\mu g/L$。

4. 含铁量

铁的氧化物在亚临界压力及超临界压力锅炉送出的过热蒸汽中的溶解度为 $10\sim15\mu g/kg$；在超高压力及超高压力以下参数锅炉送出的过热蒸汽中，它的溶解度更小。所以目前我国规定，对于 $5.9\sim18.6MPa$ 直流锅炉，其给水含铁量应不超过 $10\mu g/L$，以防止锅炉的水冷壁管内沉积铁的氧化物。为了防止铁的氧化物沉积在汽轮机和再热器中，直流锅炉给水含铁量应该更小，但目前的水处理技术还未能达到。

5. 含铜量

为了防止铜的氧化物沉积在炉管中，目前规定：对于亚临界压力及低于亚临界压力的直流锅炉，给水含铜量应不超过 $5\mu g/L$。

对于超临界压力直流锅炉的给水含铜量，有的规定小于 $2\sim3\mu g/L$，这主要是为了减少超临界压力蒸汽的带铜量，从而避免引起汽轮机内沉积铜。因为对于超临界压力机组，在水处理方面已采取了许多措施，热力系统的水、汽中其他杂质较少，而汽轮机内铜的沉积变成了比较突出的问题。为此，也有的在超临界压力机组的热力系统中不采用铜合金制造，各种加热器都采用钢管，并将给水 pH 值提高到 $9.3\sim9.5$。

对于运行直流锅炉的给水水质，除规定有上述标准外，为了防止热力系统的腐蚀，还应该对给水的含氧量、联氨过剩量、pH 值及给水总二氧化碳等项水质指标做出规定。

GB/T 12145—2016 规定了直流锅炉给水水质标准（见表 8-2）。DL/T 805.1—2011 规定了超临界压力直流锅炉给水联合水工况时的给水质量标准（见表 8-3）。

表 8-2　　　　　　　直流锅炉给水质量标准（GB/T 12145—2016）

参数	给水质量标准	
蒸发量/MPa	5.9～18.3	18.4～25
氢电导率/(μS/cm，25℃)	≤0.15（0.10）	≤0.15（0.10）
硬度/(μmol/L)	—	—
溶解氧/(μg/L)	≤7	≤7
铁/(μg/L)	≤10（5）	≤5（3）
铜/(μg/L)	≤3（2）	≤2（1）

续表

参数	给水质量标准	
钠/(μg/L)	≤5 (2)	≤3 (2)
含硅量 (SiO₂)/(μg/L)	≤15 (10)	≤10 (5)

注　表中括号内数字为期望值。

表 8-3　　超临界压力直流锅炉给水联合水工况时的给水质量标准 (DL/T 805.1—2011)

参数	单位	标准值	期望值
电导率/(μS/cm, 25℃)	μS/mg	<0.15	≤0.10
溶解氧	μg/L	30~300	—
铁	μg/L	<10	≤5
铜	μg/L	<5	≤3
钠	μg/L	<5	—
含硅量 (SiO₂)	μg/L	<10	—
pH 值	—	8~9	—

第三节　亚临界和超临界压力直流锅炉水处理的特点

一、直流锅炉对水质的要求

直流锅炉对水质要求有以下特点:

(1) 与汽包锅炉相比,对锅炉给水水质要求相对较高。

(2) 在产生蒸汽过程中不允许锅炉炉水浓缩。

(3) 必须配备凝结水精处理设备。

直流锅炉给水加氧处理汽水品质监测项目见表 8-4。

表 8-4　　　　　　　　　直流锅炉给水加氧处理汽水品质监测项目

取样点项目	pH 值 (25℃)	氢电导率/ (μS/cm, 25℃)	溶解氧	二氧化硅	铁	铜	钠
				/(μg/L)			
省煤器入口	C	C	C	gs	w	w	gs
主蒸汽	—	C	C	gs	w	w	gs
凝结水泵出口	—	C	gs	—	—	—	C
凝结水精处理出口	—	C	—	gs	gs	gs	C
补给水混床出水	—	C	—	gs	—	—	—
除氧器入口	—	—	C	—	—	—	—
高压加热器疏水	—	—	gs	—	gs	gs	—

注　1. C 为连续监测,w 为每周一次,gs 为根据实际需要定时取样检测。
　　2. 监测项目实验方法:pH 值的测定按 GB/T 6904.3、氨的测定按 GB/T 12146、纯水的电导率测定按 GB/T 12147、全硅的测定按 GB/T 12148、硅的测定按 GB/T 12150、钠的测定按 GB/T 12155、铜的测定按 GB/T 14418、铁的测定按 GB/T 14427、含氧量的测定用在线或便携式溶解氧表。

二、超临界、超超临界压力锅炉

在火电厂中,一般标准所涉及的锅炉的压力等级通常是按锅炉出口过热蒸汽的压力划分的,其划分标准以及对应的炉型、机组容量见表 8-5。

表 8-5　　　　　　　　　　　　　　锅炉压力等级的划分标准

锅炉压力等级	压力范围/MPa	锅炉类型	通常与机组配备的容量
低压	<2.45	汽包锅炉	不属于电力行业
中压	3.8~5.8	汽包锅炉	25MW 及以下
高压	5.9~12.6	汽包锅炉、少数直流锅炉	50~135MW
超高压	12.7~15.6	汽包锅炉、少数直流锅炉	200~250MW
亚临界压力	15.7~18.3	汽包锅炉、直流锅炉	300~660MW
超临界压力	22.1~30	直流锅炉	500MW 及以上
超超临界压力	24.2~31	直流锅炉	600MW 及以上

在水的临界参数 22.115MPa、374.15℃下，水的完全汽化会在一瞬间完成，即在饱和水与饱和蒸汽之间不再有汽、水共存的两相区。当机组参数高于临界参数时，通常称为超临界压力火电机组。蒸汽动力装置循环的理论分析表明，提高循环蒸汽做功的初始参数和降低循环蒸汽的最终参数均可以提高循环热效率。由于用于发电的蒸汽最终参数已经接近于理论值，因此，要提高机组的循环热效率，只有提高蒸汽做功的初始参数（压力、温度）。

目前，超临界压力火电机组实际应用的主蒸汽压力已经达到 31MPa，主蒸汽温度已经达到 610℃，容量等级在 300~1300MW。与同容量的亚临界压力火电机组的发电效率相比，在理论上采用超临界参数可以提高效率 2%~2.5%，采用超超临界参数可提高 4%~5%。目前，世界上先进的超临界压力火电机组的发电效率已经超过 50%。同时，先进的大容量超临界压力火电机组具有良好的运行灵活性和适应性，大大地降低了 CO_2、粉尘和有害气体（主要为 SO_x、NO_x）等污染物的排放，具有显著的环保、洁净的特点。实际的运行业绩表明，超临界压力火电机组的运行可靠性指标已经不低于亚临界压力火电机组。

另外，对于洁净煤发电技术，超临界参数发电技术还具有良好的技术继承性。正因为如此，超超临界参数发电技术的研究与开发越来越得到各国电力工业的重视，又进入新一轮发展时期。进一步发展的方向是，在保持机组的可利用率、可靠性、灵活性和延长机组的使用寿命等的同时，进一步提高蒸汽的参数，从而获得更高的效率和环保性能。

由上所述可知，超超临界参数工况下的汽水理化特性，决定了超超临界压力机组锅炉必须采用直流锅炉。由于直流炉汽水工况的特殊性，从凝结水到主蒸汽是一次完成的，中间无汽包等中间容器，无法通过锅炉排污去除杂质。无论杂质沉积于锅炉热负荷很高的超超临界压力机组锅炉的水冷壁管内，还是随蒸汽带入汽轮机沉积在超超临界压力汽轮机上，都将对机组的安全和经济运行带来很大的危害。

直流锅炉尤其是亚临界压力、超临界压力锅炉的给水水质必须非常优良。因此，水处理系统和设备选用不当或运行不正常、给水及其组成部分的水质被系统中金属腐蚀产物污染、凝汽器泄漏、机组启动时水质控制不当、机组停运时保护不当等，都会使给水水质不能满足直流锅炉的要求。

三、直流锅炉水处理

1. 补给水制备

一般对汽包炉来说，原水先经混凝-过滤，除去悬浮物及胶体杂质，包括胶体含硅化合物，然后进行除盐，去除水中硬度，降低含盐量。对压力为 15.7~18.3MPa 的汽包锅炉来说，二氧化硅应控制为不大于 $20\mu g/L$ 及电导率不大于 $0.2\mu S/L$。

　　直流锅炉对补给水水质的要求甚严，必须将原水中的悬浮态、胶态和离子态杂质几乎全部除去，才可以作为补给水。这要求至少采用两级除盐处理，以进一步降低补给水中的阴、阳离子，使其水中硬度约为 0，电导率力求降至更低一些水平。

　　为此，制备直流锅炉的补给水，应将原水经过"混凝-过滤-除盐"等步骤。无论采取什么水源作原水，作为水处理工艺第一步的"混凝-过滤"都是必不可少的，而且应尽可能采用能够较彻底地除掉水中悬浮态和胶态杂质的"混凝-过滤"。因为这种处理不仅可以保证除盐设备的运行正常，还可以除去在除盐设备中不易去除的胶态硅化合物，否则胶态硅化合物进入直流锅炉后，会全部转入到直流锅炉的蒸汽中，导致过热蒸汽含硅量不合格和汽轮机中沉积 SiO_2。对于除盐处理，至少应用两级化学除盐设备，且其第二级应为混合床除盐设备。现以某厂 1000t/h 的亚临界压力直流锅炉为例，其所用的补给水制备系统如下：

　　原水→加速澄清池→滤池→清水箱→阳离子交换器（逆流再生）→除碳器→阴离子交换器（逆流再生）→凝汽器→体外再生混合床交换器。

　　由此可知，直流锅炉水处理的特点之一为，设置完善的水处理设备，以制备水质非常优良的补给水。

　　2. 凝结水净化

　　对直流锅炉来说，不仅要加强给水监督问题，而且也要大大加强冷却水、凝结水的监督，故采用直流锅炉的电厂，应对电厂全面加强各种水的处理与检测监督，才能保证机组的安全经济运行。

　　对汽包锅炉来说，凝结水多采取凝结水混床净化处理。而对直流锅炉，一般要再设前置过滤器，然后再通过混床净化处理来提高凝结水质量，再经凝结水升压泵将其打入低压加热器，进入除氧器，其后的流程则与汽包炉给水处理相同。

　　直流锅炉给水的组成中绝大部分是汽轮机凝结水，所以使凝结水的水质优良，对保证给水水质是极为重要的。由于凝汽器渗漏（或泄漏）、管道和设备的腐蚀、进入凝汽器的疏水（如加热器疏水）带入腐蚀产物等原因，都会使凝结水被污染。所以对于直流锅炉，应对全部凝结水进行净化处理。关于凝结水净化的工艺和各种设备，已在前面做过介绍。现以某厂 1000t/h 亚临界压力直流锅炉为例，其所用的凝结水净化系统如下：

　　凝结水→凝结水泵→前置过滤器→体外再生混合床离子交换过滤器→凝结水升压泵→低压加热器→除氧器。

　　所以，设有汽轮机凝结水处理设备，也是直流锅炉水处理的一个主要特点。

　　3. 给水、凝结水的挥发性药品处理

　　给水、凝结水挥发性药品处理的目的主要是为了防止凝结水、给水系统的腐蚀和防止金属腐蚀产物污染给水。直流锅炉与汽包锅炉的给水处理方法基本相同，有两种处理方式：一种是加氨和联氨，称为还原性水规范处理（氨可加到凝结水除盐设备的出水管中，联氨加到除氧器的出口管中）；另一种是加氧和加氨，称为氧化性水规范处理。给水通常采用是加氨和联氨处理或者采用加氧及加氨处理，如采用加氨和联氨处理，则给水中含铁量难以降低，而直流炉给水中要比汽包炉给水中铁含量要低；另外，由于加氨，降低了凝结水处理混床阳树脂的出水量，从而缩短了凝结水除盐设备的运行周期，增加了运行费用。

　　当采用还原性水规范处理的方式时，对于亚临界压力及其以下压力的直流锅炉，由于热力系统中加热器的管材为铜合金，应将给水 pH 值维持在 8.8～9.3；对于超临界压力直流锅炉，由于热力系统中各种加热器的管材均采用钢管，应将给水的 pH 值维持在 9.3～9.5。直流锅炉采用还原性水化学工况，主要存在的缺点：①给水含铁量仍较高，锅内下辐射区局部产生的铁沉积物多；②缩短了凝结水除盐设备的运行周期，因为混合床中阳树脂的比例相当大，一部分交换容量被用于吸着氨，导致再生频率高、运行费用相应增加等。

从直流锅炉水处理的发展趋势看，采用氧化性规范处理是有前景的，故直流炉还是宜采用加氧处理，并且加氧处理现已开始用于汽包炉的给水处理。

四、水汽系统的清洗

为了保证直流锅炉运行时的安全和产生质量优良的蒸汽，除了应确保给水质量以外，还应做好停用时水汽系统的清洗工作和保护工作。

在水汽系统的清洗方面，直流锅炉与汽包锅炉相比有其相同之处：新锅炉启动前都应进行化学清洗；锅炉运行一段时间后，还要用化学清洗的方法除掉积累在锅内的各种沉积物。

1. 对于直流锅炉

（1）在直流锅炉系统的新机组启动前进行化学清洗时，应将给水、凝结水系统（常常称为炉前系统）都包括在化学清洗的范围内。

（2）直流锅炉每次启动时，应将炉前系统以及锅炉本体的水汽系统（从省煤器进口开始至低温对流过热器前这部分）用水进行清洗。

以上两项工作都是为了排除水汽系统中的杂质，以免它们影响启动后的水质、汽质及安全运行。

2. 对于汽包锅炉

汽包锅炉在启动过程中，可以用加强定期排污的办法，将随给水进入锅内的腐蚀产物、杂质以及锅内原有的一些杂质排除，所以不必进行炉前系统的化学清洗和锅炉启动时的水洗。

第四节　直流锅炉启动时的水洗

在机组停用期间，直流锅炉的水汽系统和炉前系统中总会产生一些腐蚀产物，此外，有时系统中还有其他杂质，如硅化合物等。若机组启动时不将这些杂质除掉，就会影响直流锅炉的给水水质，甚至因炉管内附着有这些杂质而影响锅炉的安全。所以直流锅炉每次启动时要用水冲洗锅炉的水汽系统和炉前系统，以除去这些杂质。直流锅炉启动时的清洗有冷态和热态两种方式，分别介绍如下。

一、冷态清洗

冷态清洗就是在锅炉点火前，用除盐水（或凝结水）冲洗包括高压加热器、低压加热器、除氧器、省煤器、水冷壁、炉顶过热器以及启动分离器等部件在内的水汽系统。

冷态清洗应分为两个阶段进行，首先清洗给水泵以前的低压系统，洗完后再清洗给水泵以后的高压系统。

1. 低压系统的清洗

冲洗低压系统时，应按下述循环回路进行（常称为小循环）：

凝汽器→凝结水泵→前置过滤器→混合床除盐装置→凝结水箱→凝结水升压泵→低压加热器→除氧→排地沟器→凝汽器。

清洗时，启动凝结水泵和凝结水升压泵，使水流在回路中循环流动，按前置过滤器入口的含铁量控制清洗过程。当前置过滤器入口水中含铁量大于 $1000\mu g/L$ 时，应将清洗水排入地沟；当含铁量小于 $1000\mu g/L$ 时，清洗水通过前置过滤器和混合床除盐装置，以除去水中杂质；当含铁量小于 $200\mu g/L$ 时，可结束低压系统的清洗，开始进行高压系统清洗。

2. 高压系统的清洗

冲洗高压系统时，应按下述循环回路（常称为大循环）进行：

凝汽器→凝结水泵→前置过滤器→混合床除盐装置→凝结水箱→凝结水升压泵→低压加热器→除氧器→给水泵→高压加热器→锅炉本体水汽系统→启动分离器→凝汽器→排地沟

清洗时启动给水泵、凝结水泵和凝结水升压泵，使水流在上述回路中循环流动，按启动分离器出口水中的含铁量控制清洗过程。当启动分离器出口水中的含铁量大于 $1000\mu g/L$ 时，将清洗水排入地沟；当含铁量小于 $1000\mu g/L$ 时，清洗水由启动分离器进入凝汽器，然后通过前置过滤器和混合床除盐装置，以除去清洗水中杂质；当含铁量小于 $100\mu g/L$ 时，清洗过程即可结束。

上述冷态清洗过程中，增加循环流动的水量可提高管道内水的流速，从而改善清洗效果。但是由于有部分清洗是需要排至地沟，所以采用大流速清洗时会增加排入地沟的水量，这样就需要补充大量的除盐水。因此，提高清洗流速要受除盐设备制水能力的限制。为了提高清洗效果，可以采用变流速冲洗的方式，即突然将流速由小变大，或者按"启动-停止-启动"的方式运行，这样由于加大了水流的冲刷作用，可以起到更好的冲洗效果。

为了保证直流锅炉点火时有良好的给水水质，冷态清洗是一项必不可少的工作。实践证明，冷态清洗结束时，清洗循环回路中的前置过滤器入口水含铁量不大于 $100\mu g/L$、含硅量不大于 $50\mu g/L$、含钠量不大于 $20\mu g/L$、电导率不大于 $5\mu S/cm$；前置过滤器出口水含铁量不大于 $50\mu g/L$；混合床出口水含硅量不大于 $20\mu g/L$、含钠量不大于 $10\mu g/L$、电导率不大于 $1.0\mu S/cm$。所以冷态清洗结束后，若水处理设备运行正常，省煤器前给水水质可以达到锅炉点火时水质指标：含铁量不大于 $50\mu g/L$、电导率不大于 $1.0\mu S/cm$、pH 值为 $8.8\sim9.3$、硬度接近于 0、含硅量为 $20\sim30\mu g/L$、含钠量为 $10\sim15\mu g/L$、联氨 $50\sim100\mu g/L$、溶解氧不大于 $20\mu g/L$。

冷态清洗结束后，锅炉就可开始点火。

二、热态清洗

锅炉点火以后，水在锅炉水汽系统内流动的过程中，因吸收了来自炉膛的热量而不断升温，随着启动过程的进行，水的温度和压力也逐渐提高，于是又会将残留在水汽系统内的杂质（主要是铁的腐蚀产物和硅化合物）冲洗出来，使水中杂质的含量增加。这些杂质会影响锅炉启动后的水汽质量，因此应该在锅炉启动过程中设法将它们排除掉。

在锅炉启动过程的前期阶段，水在水汽系统中流动的路线是与高压系统冷态清洗时的循环回路相同的，水从锅炉本体水汽系统流出时带出的杂质，在水通过前置过滤器和混合除盐装置时可以被除去。所以，在锅炉启动过程中，当水温（以锅炉本体水汽系统出口水温为准）升高到一定数值后，应暂时停止升温，并在一段时间维持锅内的水温，使水沿着高压系统冷态清洗时的循环回路流动。在这段时间内，锅炉本体水汽系统中的杂质可以被流动着的热水清洗出来，洗出来的杂质在水通过前置过滤器和混合床除盐装置时不断地被除掉。这样进行的清洗过程常称为热态清洗。

　　热态清洗时，水温较高，冲洗效果较好；但水温不应过高，通常锅炉本体水汽系统出口水温不应超过290℃。因为铁的氧化物在高温水中的溶解度很小，水温太高时，在热负荷较大的水冷壁管或者炉顶过热器、包覆管中，容易发生水中铁的氧化物重新沉积现象。所以，水温过高时，清洗效果反而不好，清洗结束后，炉管中仍然会有不少铁的氧化物。以1000t/h超临界压力燃油直流锅炉为例，当包覆管出口水温达到260℃时，将水温保持稳定，进行热态清洗，经过一段时间后，将水温升至290℃，再将水温保持稳定，继续进行热态清洗。热态清洗过程中，包覆管出口水的含铁量先是逐渐增加，当达到某个最大值后（其具体数值比冷态清洗时的大5～10倍，甚至更多），就逐渐减少。热态清洗洗至包覆管出口水含铁量小于100μg/L时为止。

　　热态清洗结束后，就可继续提高水温，并进行锅炉启动过程的其他步骤。

习　题

1. 简述直流锅炉水汽系统的工作特点。
2. 请说明在直流锅炉中水质的重要性以及杂质所带来的危害。
3. 对比分析直流锅炉与汽包锅炉水处理的异同点。

第九章 电厂空冷机组的水处理

第一节 空冷机组的特点

一、国内外空冷技术的发展

电厂直接空冷技术应用已有几十年的历史，1938年世界第一台直接空冷的2.3MW机组在德国普尔工业区自备电站投产，目前已运行的直接空冷机组超过800台，最大的直接空冷机组容量达665MW。据统计，世界各国已建成的100MW以上空冷机组空冷系统中，海勒式约占25%，表面式凝汽间接空冷系统约占32%，直接空冷系统约占43%，且直接空冷机组所占容量比例有上升趋势。美国Wyodak电站、伊朗Touss电站、南非Matimba电站等采用了直接空冷的机组，至今运行良好。尤其是Wyodak电站、Touss电站等其运行环境基本与我国北方地区接近，为寒冷季节的防冻问题积累了可供借鉴的经验。

我国对电站空冷技术的研究起步较晚，1966年在哈尔滨工业大学试验电站的50kW机组上首次进行了直接空冷试验。随着1987年、1988年在大同第二发电厂投产2台国产200MW空冷机组，在我国又首次引进了匈牙利海勒式间接空冷系统，之后又陆续在内蒙古丰镇电厂投产4台国产200MW海勒式间接空冷机组和在太原第二热电厂新建了2台200MW国产哈蒙式间接空冷机组。2003年底，大唐大同热电厂200MW机组的投运，首次在国内将直接空冷技术应用于火力发电。2005年国电电力大同发电有限责任公司2×600MW直接空冷机组的建成投产，标志着我国电厂空冷技术的发展进入了一个新的阶段。该项目选用哈尔滨汽轮机厂生产的单轴、四缸四排汽、亚临界压力、一次中间再热、直接空冷凝汽式汽轮机，配置了德国GEA公司生产的直接空冷系统。

二、空冷系统

在煤炭生产基地建造大型的火力发电站是当今社会发展洁净化能源的主要方向，但如何解决大型坑口电站所需的大量冷却水是电站建设最为关注的问题。因此发电厂空冷技术研究成为电站建设的热门课题。目前国际上用于发电厂的空冷系统有直接空冷系统、带表面式凝汽器的间接空冷系统（又称哈蒙式间接空冷系统）和带喷射式凝汽器的间接空冷系统（又称海勒式间接空冷系统）3种形式。

1. 直接空冷系统

直接空冷系统的流程如图9-1所示，汽轮机排汽通过大直径的排汽管道直接送入空冷平台上的空冷凝汽器内，空冷凝汽器下部的轴流风机使冷却空气由下而上流过空冷散热器外表面，使空气与汽轮机排汽进行热交换，将排汽冷凝成水，再由凝结水泵送回汽轮机回热系统。

2. 哈蒙式间接空冷系统

哈蒙式间接空冷系统由表面式凝汽器和空冷塔组成。其系统如图9-2所示，该系统类似于常规的湿冷系统，只是用空冷塔代替湿冷塔，散热器布置于自然通风冷却塔中，采用自然通风冷却的方式。散热器与凝汽器水侧形成密闭式循环冷却水系统。

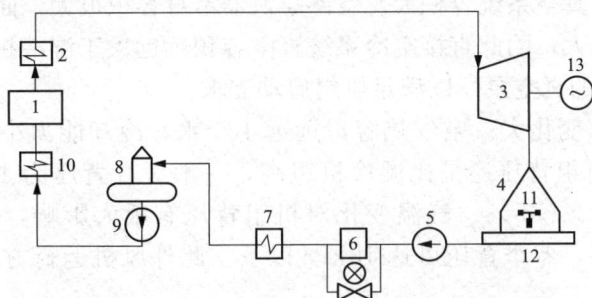

图 9-1 直接空冷系统流程示意

1—锅炉；2—过热器；3—汽轮机；4—空冷凝汽器；5—凝结水泵；6—凝结水精处理；
7—低压加热器；8—除氧器；9—给水泵；10—高压加热器；11—空冷风机；12—凝结水箱；13—发电机

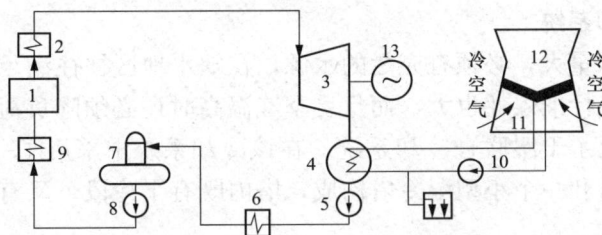

图 9-2 哈蒙式间接空冷机组汽水系统

1—锅炉；2—过热器；3—汽轮机；4—表面式凝汽器；5—凝结水泵；6—低压加热器；
7—除氧器；8—给水泵；9—高压加热器；10—循环水泵；11—散热器；12—空冷塔；13—发电机

3. 海勒式间接空冷系统

海勒式间接空冷系统由喷射式凝汽器和空冷塔组成。其系统如图 9-3 所示，散热器以缺口三角形立式布置于空冷塔底部外围，缺口处装有百叶窗，用来调节冷却风进风量。汽轮机排汽在喷射式凝汽器内与冷却水膜混合冷凝，冷凝后的少量水进入机组凝结水系统，大部分凝结水由循环泵送入空冷塔散热器，与空气进行对流换热冷却，冷却后的水再进入喷射式凝汽器，进行下一个循环。

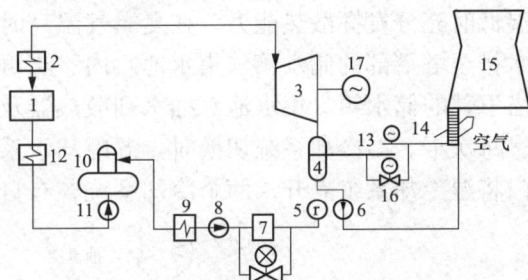

图 9-3 海勒式间接空冷机组汽水系统

1—锅炉；2—过热器；3—汽轮机；4—喷射式凝汽器；5—凝结水泵；6—循环水泵；7—凝结水精处理；8—凝结水升压泵；9—低压加热器；10—除氧器；11—给水泵；12—高压加热器；13—调压水轮机；14—散热器；15—空冷塔；16—旁路调压阀；17—发电机

三、直接空冷机组的特点

（1）用水量少。直接空冷系统没有中介冷却介质，直接用空气冷却汽轮机排汽，不消耗水，较湿式冷却系统节水约 70%，4×600MW 的直接空冷机组较湿冷机组每年少用水 2000 万 m^3。

（2）运行调节灵活，防冻性能好。空冷凝汽器分数十个冷却段，每段配一台变速轴流风机，可以根据机组负荷和汽温调整风机转速和启停风机。冬季汽温较低时，停止所有风机后，为防止结冻还可关闭配汽管上的防冻蝶阀退出部分冷却单元，增加其他单元热负荷。

（3）占地面积小。直接空冷系统没有庞大的晾水塔，且空冷凝汽器位于厂房外，紧靠厂房，利用了厂房与升压站间的空间，所以比一般间接空冷系统的晾水塔节约用地。

（4）排汽管道长、真空系统容积大。空冷凝汽器本身容积很大，而且位于主厂房外，再加上排汽管道长，直径大，因此直接空冷系统真空容积远远大于湿冷机组。大多数电厂为此设置有三台100%容量的真空泵，以满足机组启动需求。

（5）机组背压高、变化大。空气热容量远远小于水，冷却能力小，虽然空冷凝汽器有很大的换热面积，但机组背压还是比湿冷机组高，一般设计背压为15kPa/35kPa，因而供电煤耗比湿冷机组高3%～5%。气温变化对机组背压有很大影响，某电厂一台直接空冷机组夏季背压达50kPa，冬季背压可达10kPa以下。此外风机运行方式也直接影响机组背压的变化。

背压变化大就要求汽轮机低压缸能承受这样的变化，所以直接空冷机组的低压缸和低压叶片需重新设计，而高中压缸可与湿冷机组通用。低压转子轴承座采用落地轴承座，不再像湿冷机组那样布置于低压外缸上，以防机组背压变化引起转子中心线位置变化过大。

四、干湿联合冷却系统

湿冷却系统消耗水量大，必须有充足的水源，在缺水地区往往满足不了这种要求。干冷却系统初投资大，发电标准煤耗也大，而且夏季气温高时还必须降负荷运行。为此，在大发电厂或核电站中又发展了干湿联合冷却系统。在该冷却系统中采用了一个干湿联合冷却塔，塔体由一个大型干冷塔和一个小型湿冷塔构成，塔内既有干冷段，又有湿冷段，形成了一个干湿混合式的整体结构。

根据干湿联合冷却塔中干冷段与湿冷段是否分建又分为两种联合冷却系统。

（1）干湿分建式联合冷却系统。这种冷却系统由表面式凝汽器、干冷却塔、湿冷却塔及相应的流体输送部件和管道系统组成，如图9-4所示。干冷却塔一般常年运转，在冬季环境气温低时充分发挥散热能力。在夏季气温高时投入湿冷却塔系统，这时干冷却塔系统中的冷却水排至塔下部的储水箱（集水池）内。当再由湿冷却系统改换干冷却系统时，先用充水泵从塔下部的储水箱（集水池）抽水到散热器及管道系统中，待水充满后即可启动循环冷却水泵。每次干、湿冷却系统切换时，湿冷却水系统内的水与干冷却系统内的水并不混合，可用阀门将湿冷却系统隔开。两个冷却系统各有自己的储水箱（集水池）。

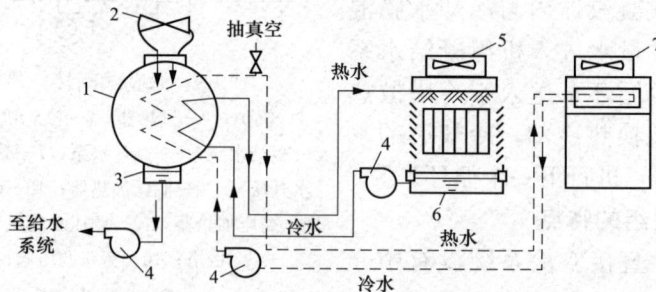

图9-4 干湿分建式联合冷却系统

1—表面式凝汽器；2—汽轮机；3—热水井；4—循环冷却水泵；5—湿冷却塔；6—集水池；7—干冷却塔

（2）干湿合建式联合冷却系统。这种联合冷却系统由喷射式凝汽器、合建式联合冷却塔、调压水轮机、水水换热器及相应的输送部件和管道系统组成，如图9-5所示。其中的联合冷却塔，是将干、湿冷却段合建在一个冷却塔内，塔内采用机械通风或自然通风。

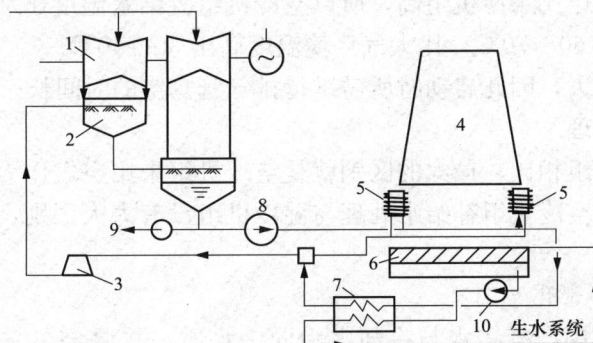

图 9-5　干湿合建式联合冷却系统

1—汽轮机低压缸；2—喷射式凝汽器；3—调压水轮机；4—合建式联合冷却塔；5—冷却塔干冷段；
6—冷却塔湿冷段；7—水水换热器；8—主循环水泵；9—去锅炉；10—小循环水泵

在这种冷却系统中，冷却塔中的干冷段仅带机组负荷的 75％，故基建投资费用仅比湿冷却系统高出 20％左右，既减少了排出的雾气团，又大大节约了冷却用水。在冬季环境气温低时，喷射式凝汽器只能接受来自联合冷却塔中干冷段的高纯度中性除盐冷却水，温度升高后由主循环水泵送回干冷段降温，再重新回到喷射式凝汽器。夏季环境气温高时，除干冷系统照常运转外，还将部分热的冷却水通过一个专门设置的表面式水水热交换器降温，然后两股冷却水混合，由调压水轮机送至喷射式凝汽器。在水水热交换器中，受热的工业水由小循环水泵送至湿冷段降温后循环利用。

为了避免在热交换时高纯度的中性除盐水受到工业冷却水的污染，中性除盐水的压力高于工业冷却水的压力。

在干湿冷却塔中，干冷段（或湿冷段）的散热量占总散热量的百分数可根据机组容量大小、水资源状况及环境气温条件等因素确定。

第二节　空冷机组的水处理

一、空冷系统的水工况特点

（1）含盐量低。直接空冷系统没有常规湿冷机组的凝汽器，汽轮机尾汽直接进入空冷散热器冷凝成水，属一次性表面换热，不存在凝汽器泄漏时冷却水污染凝结水的问题。在机组启动或事故时，因蒸汽质量不合格，可使凝结水含盐量升高，但其上升幅度远远达不到凝汽器泄漏时那样高。

（2）SiO_2 比例高。由于 SiO_2 在蒸汽水和混床出水中所占比例比天然水中大，且空冷系统没有冷却水泄漏或渗漏，所以其凝结水中 SiO_2 所占比例较高。

（3）水汽接触的换热表面积大，凝结水中 CO_2 含量较高，铁的腐蚀产物含量高。对于直接空冷机组，汽轮机做功后的蒸汽经大型管道及散热片被强制冷却为凝结水，凝汽器冷却表面积非常大，有更多的机会接触漏入的空气，造成水中 CO_2 含量较高。CO_2 渗入会使凝结水 pH 值降低而引起腐蚀。在水汽循环过程中，凝结水中的腐蚀产物多为铁的氧化物，运行中由于负荷变动，将会引起汽水管道中腐蚀产物脱落，增大金属氧化物的含量。

（4）凝结水温度高。由于空冷机组汽轮机工况受外界气象影响较大，汽轮机尾部参数变化也大，空冷机组的背压比水冷机组高，所以空冷机组凝结水温度比水冷机组要高，一般空冷机组凝结水温度可达 60～70℃，比大气环境温度高出 30～40℃。

（5）由于系统容积大，因此启动时所需维持排气管真空的时间长。

二、空冷机组水处理

空冷机组与湿冷机组相比，最大的区别就是空冷机组采用空气作为冷却介质而湿冷机组采用水作为冷却介质。空冷机组补给水处理与湿冷机组没有太大区别，本章仅对空冷机组凝结水处理进行讨论。

1. 海勒式间接空冷水化学工况

在海勒式空冷机组中，凝结水与冷却水为同一水质，并混合在一个密闭式系统循环利用，不存在凝结水被结垢盐类污染的问题，所以既不需要投加磷酸盐的炉水处理，也不需要加 NH_3 的给水处理。但散热器的材质为纯铝，一台 200MW 机组散热器大约需要 40000m² 的铝表面。铝又是一种两性金属，在酸性或碱性溶液中均易遭受腐蚀，只有在中性水溶液中腐蚀性最小，pH=7 时最为理想，这就要求冷却水必须采用中性水工况。但碳钢在中性水中腐蚀速度较高，为了防止钢铁腐蚀，要求中性水工况的水质纯度高，而且含有适量的氧化剂，以便在钢的金属表面形成稳定的保护膜。

中性水工况是凝结水-给水系统中的高纯水呈中性，pH 值为 6.7～7.5，电导率在 25℃时小于 0.3μS/cm，溶解氧控制在 50～500μg/L 的水工况。在实际运行中，给水的氢电导率为 0.2～0.3μS/cm，夏季高温时为 0.35μS/cm。给水不加氨和联氨，也不加氧，只靠空冷系统漏入的空气，并适当控制除氧器排气门的开度，以维持所需溶解氧量。在中性水工况中投加的氧化剂一般有两种，即过氧化氢和气态氧。投加过氧化氢是与铁离子生成过氧氢化铁络合离子 $Fe(O_2H)^{2+}$，然后 $Fe(O_2H)^{2+}$ 发生热分解，在钢铁表面生成保护膜。投加气态氧是水中氧与铁直接生成 Fe_3O_4 与 Fe_2O_3 的两层保护膜：

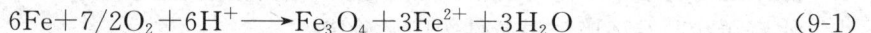

$$6Fe+7/2O_2+6H^+ \longrightarrow Fe_3O_4+3Fe^{2+}+3H_2O \tag{9-1}$$

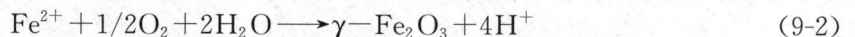

$$Fe^{2+}+1/2O_2+2H_2O \longrightarrow \gamma-Fe_2O_3+4H^+ \tag{9-2}$$

反应式（9-1）生成的 Fe_3O_4 晶体有缝隙，防腐效果差，而反应式（9-2）生成的 γ-Fe_2O_3 覆盖在 Fe_3O_4 上面，增加了致密性，对钢铁表面起很好的保护作用。

投加气态氧的方法是利用原来的加氨系统，直接投加到除氧器水箱的下水管道中。

国产 200MW 空冷机组采用的控制指标，水质得到明显改善。只要控制凝结水混床出水满足电导率小于 0.1μS/cm、全铁小于 20μg/L，给水可达到电导率不大于 0.1μS/cm、pH 值为 6.7～7.5 的高纯中性水要求；加氧运行后，混床运行周期从 30d 延长到 70d，出水电导率由 0.1μS/cm 提高到 0.2μS/cm；钢和铝的腐蚀速率加氧后为加氧前的 1/3；机组从启动到水质合格的时间，加氧前为 4d，加氧后为 24h。

另外，在空冷机组的锅炉水处理中，也不能使用挥发性的碱，只能用微量的氢氧化钠处理或采用低磷酸盐处理。

由于中性水工况要求给水 pH 值控制在 6.7～7.5，缓冲性很小，运行中难以实施，一旦有 CO_2 漏入就会使给水呈酸性，造成酸性腐蚀。因此有的国家在控制给水高纯度的基础上，除了投加适量的氧化剂外，还要投加适量的氨，使给水 pH 值（25℃）维持在 8.0～8.5（相当于氨含量 20～70μg/kg），含氧量为 150～300μg/kg，给水氢电导率 25℃时为 0.2μS/cm，这种水工况称为联合水处理工况（即 CWT 水工况）。

我国某发电厂中性水控制运行监督暂行指标见表 9-1。

表 9-1　　　　　　　　　　　某发电厂中性水控制运行监督暂行指标

项目	凝结水（凝升泵出口）	冷却水	给水	炉水
pH 值（25℃）	6.7～7.5	6.7～7.5	6.7～7.5	6.7～7.5
电导率/(μS/cm，25℃)	≤0.2	—	≤0.2	≤4
O₂ 含量/(μg/L)	100～200	100～200	30～50	—
全铁含量/(μg/L)	≤8	—	≤10	—
全铝含量/(μg/L)	≤8	≤10	≤10	—
全铜含量/(μg/L)	—	—	≤5	—
SiO₂ 含量/(μg/L)	≤15	—	≤20	≤500

2. 直接空冷水化学工况

由于直接空冷系统采用全铁系统，机组采用全钢系统，所以水化学工况可只考虑提高汽水系统的 pH 值，以防止碳钢的腐蚀。为此，它的凝结水处理方式有两种情况：一是采用粉末树脂过滤器时，对水的 pH 值和水温没有过高的要求，因为它是一次性应用，可采用加碱性药剂（氨和碱）的方法提高 pH 值；二是采用固定阳床、阴床时，可采用 H 型→铵型运行方式（即运行中氨化）来提高 pH 值。

由于空冷机组的背压比湿冷机组高，直接空冷机组凝结水温度比大气环境温度约高 36℃，因此凝结水水温比较高。故在选择精处理系统的设备时，不仅要考虑水工况，还须适应耐较高水温的要求。如果凝结水采用离子交换处理，所用树脂必须耐高温。强酸大孔型阳离子交换树脂的使用温度都在 100℃以上，可用于空冷机组；对于强碱 I 型大孔型阴离子交换树脂 OH 型的最高使用温度仅为 60℃，另外，高温凝结水还会导致阴树脂分解率提高，交换容量降低，影响凝结水的水质。因此，根据空冷机组凝结水温度高、铁和 CO₂ 含量高、含盐量低等特点，高温凝结水离子交换处理技术关键在于以下几点：

（1）严格选择耐高温且具有较高热稳定性的阴树脂，阳离子交换树脂选用耐高温、抗污染又易洗脱的强酸大孔型阳离子交换树脂，使用温度都在 100℃以上。

（2）减小运行中的阴树脂量。

（3）在保证出水水质和再生周期的前提条件下，减小树脂粒度、提高再生度，可以降低树脂的层高，减小运行中的阴树脂量。

（4）除铁过滤器可以选用管式过滤器或进口耐高温电磁过滤器。

系统中设有旁路，当温度超出设定值时，系统能自动切换到旁路系统。

三、空冷系统的化学监督

1. 基建调试阶段空冷系统冲洗的化学监督

鉴于空冷系统庞大和其本身的特点，在机组的调试过程中，专设空冷系统热态冲洗步骤。空冷系统热态冲洗时，将所有散热器管道分组。管组相互切换冲洗，且尽量保证通过散热器管道的蒸汽流量与正常运行时相同，以保证冲洗效果。对于冲洗合格的指标，外国专家提出的标准：悬浮物含量（质量浓度，下同）不大于 10mg/L，对铁含量没有要求。如果悬浮物含量不大于 10mg/L 时结束空冷系统冲洗，则其出水铁含量仍然远高于精处理入口水质要求的 1000μg/L 标准，这就造成机组后续进行整套启动时，空冷凝结水仍不能回收，只能冲洗排放。如强制回收，容易污染树脂且精处理来不及再生。针对工期紧的现状和空冷系统的冲洗方法，国内经验：在管组切换之前采样，平均每 2～4h 采样一次，冲洗后期采样需更加频繁；空冷塔冲洗出水合格标准为铁含量小于 $1000\mu g/L$，即精处理允许投入的最恶劣工况，这样空冷塔冲洗结束以后，凝结水可直接利用精处理进行回收。如机组运行顺利，仅需要 1 天左右的时间，即可达到铁含量小于 $1000\mu g/L$ 的标准。在锅炉、汽轮机运行工况允许、化学水质合格的条件下，可尽量提高锅炉温度和压力，以便机组提前进入洗硅工序，汽包压力大致维持在 10.0MPa 以上。空冷冲洗完毕后，机组真正的带负荷洗硅时间只需 2～3 天，相对于水冷机组而言，缩短了洗硅时间。

2. 凝结水系统溶氧

除盐水直接补至空冷系统的凝结水箱时，基建调试阶段补水频繁，因此导致凝结水溶氧超标。如按常规加药方法处理，容易造成凝结水系统和低压给水系统严重腐蚀。国外常规的补水做法：将机组补水管路接至空冷塔入口，且成雾状喷入。要解决直接空冷机组凝结水的溶氧问题难度比较大，还需结合国内外运行经验开展进一步研究。

3. 凝结水温度高造成阴床被迫停运

强碱Ⅰ型大孔型阴离子交换树脂 OH⁻型的最高使用温度仅为 60℃左右。在夏季或机组运行工况不稳定导致凝结水水温高于 60℃时，精处理阴床就得被迫停床，尤其是夏季，精处理阴床可能面临较长时间的停床。因机组为直接空冷，所以阴床的较长时间停运对系统 SiO_2 含量应无太大的影响，但可能使系统的 Cl^- 含量，尤其是炉水的 Cl^- 含量偏高，使炉水的 Cl^- 和 SiO_2 比例偏大。为了控制炉水 Cl^- 含量，就得被迫加大锅炉排污率，通过控制炉水 SiO_2 含量在低限，从而实现炉水 Cl^- 含量在安全范围之内，以降低锅炉发生介质浓缩腐蚀的潜在危险性。

4. 精处理出口铁含量偏高

基建调试期间，精处理出口的铁含量超标，可认为是空冷系统冲洗时蒸汽冲洗不彻底，空冷系统的铁被蒸汽陆续带出造成的。但机组投入正常运行较长时间后，出口铁含量大于正常控制指标（$8\mu g/L$），与空冷冲洗不彻底及系统腐蚀有关。人为缩短精处理阳床的运行周期，间断采取双倍再生的措施，一定程度上降低了精处理阳床出口的铁含量。在直接空冷机组的精处理阴、阳床之前加装除铁过滤器是有必要的。由于直接空冷凝结水温度高，在加装除铁过滤器时还需考虑设备和滤料的耐高温程度以及其对水质的再污染问题等。随着机组运行时间的增加，凝结水中的铁含量可能会进一步下降，但相对于水冷机组而言，直接空冷机组凝结水中的铁含量在一定时间内还是会偏高的。

5. 空冷机组凝结水中 CO_2、O_2 含量高

空冷机组凝结水中 CO_2、O_2 含量高可暂时通过加氨的方法解决，以控制凝结水系统的高 pH 值，减缓系统腐蚀速率。汽轮机专业检修查漏，以减少真空系统泄漏；当除氧器运行正常时，可考虑将机组的正常补水分流一部分至除氧头，这样可有效解决机组补水时凝结水系统溶氧量突增的问题。

湿冷机组在运行中必须补充大量的循环水，以补偿因蒸发和排污损耗的冷却水。一般 $2\times600MW$ 湿冷二次循环机组，循环水量约为 $1.34\times10^5 t/h$，蒸发损失约 1860t/h；而直接空冷机组汽轮机排汽冷却系统没有排污蒸发损失，理论上不存在水损耗。

由于空冷机组背压受环境气候影响，背压变化幅度大，发电煤耗较湿冷机组高 5%左右，

约 16g/kWh，但是直接空冷机组在设计寿命期的综合经济效益较湿冷机组高。因此虽然直接空冷机组设备的初始投资较高，但由于运行费用相对较低，随着运行年限的增加，空冷机组的综合经济效益反而会高于湿冷机组。空冷机组不仅节约大量的水资源，而且由于空冷机组无蒸发汽雾对环境的影响和循环水排污对环境的污染，因此该类机组有明显的社会效益和环境效益。

某些电厂直接空冷机组技术经济指标见表 9-2，目前已投产运行的电厂直接空冷的水化学工况见表 9-3。

表 9-2　　　　　　　　　　　　　某些电厂直接空冷机组技术经济指标

序号	电厂名称	机组容量/MW	风机总功率与机组测定功率之比/%	平均供电煤耗/[g/(kWh)]	发电装机取水量/[m³/(s·GW)]	空冷机组全厂热效率/%	年节水率/%	平均节水量/[万 t/(年·台)]
1	国华锦界电厂	600	1	332.6	0.146	40	80	501
2	国电大同电厂	600	1.232	343	0.161	39.63	75	786
3	内蒙古托克托电厂	600	0.84	352.6	0.18	37.8	69	749
4	鄂尔多斯电厂	600	0.73	306	0.128	40.9	84	372

表 9-3　　　　　　　　　　　　目前已投产运行的电厂直接空冷的水化学工况

部位	项目	单位	极限值	目标值
凝结水	硬度[①]	$\mu mol/L$	≈0	0
	溶解氧	$\mu g/L$	≤30	≤30
	氢电导率	$\mu S/cm$	≤0.3	≤0.3
	二氧化硅含量	$\mu g/L$	≤20	≤20
	铁含量	$\mu g/L$	≤30	≤20
	pH		9.3~9.6	9.5~9.6
粉末树脂过滤器出口[②]	硬度	$\mu mol/L$	0	0
	氢电导率	$\mu S/cm$	≤0.3	≤0.3
	二氧化硅含量	$\mu g/L$	≤20	≤20
	铁含量	$\mu g/L$	≤15	≤10
固定阳床＋阴床出口[③]	硬度	$\mu mol/L$	0	0
	氢电导率	$\mu S/cm$	≤0.2	≤0.15
	二氧化硅含量	$\mu g/L$	≤20	≤10
	铁含量	$\mu g/L$	≤10	≤5
省煤器入口	硬度	$\mu mol/L$	0	0
	pH		9.3~9.6	9.5~9.6
	直接电导率	$\mu S/cm$	6.0~11.0	8.5~11.0
	氢电导率	$\mu S/cm$	≤0.30	≤0.30
	铁含量	$\mu g/L$	≤20	≤15
锅炉水	pH[④]	—	9.0~9.7	9.4~9.6
	电导率	$\mu S/cm$	≤30	≤25
	磷酸根含量	mg/L	0.3~2	

续表

部位	项目	单位	极限值	目标值
过热蒸汽	氢电导率	$\mu S/cm$	$\leqslant 0.3$	$\leqslant 0.2$
	钠含量	$\mu g/kg$	$\leqslant 10$	$\leqslant 5$
	二氧化硅含量	$\mu g/kg$	$\leqslant 20$	$\leqslant 15$
	铁含量	$\mu g/kg$	$\leqslant 20$	$\leqslant 15$

① 在氢电导率达不到要求标准时应检测硬度，防止有生水进入系统；当氢电导率达到标准要求时可不检测该项指标。

② 和③两种情况选一种。

④ 当 pH 值达不到期望值，而磷酸盐含量已经达到上限时，可加入 NaOH，$Na_3PO_4 \cdot 12H_2O$ 与 NaOH 的质量比按 10:1～20:1 加入。

四、空冷机组的防腐处理

1. 停用保护

在海勒式空冷系统中，凝结水与冷却水为同一水质，汽水系统与庞大的空冷系统是连通的，系统中有大量的铜和铝金属表面，而且采用的是缓冲能力很小的中性高纯水加氧水工况，因此当机组负荷急剧变动或启动频繁时，最易遭受腐蚀。因为温度变化时，金属表面上氧化膜与金属基体本身的膨胀系数不同，会产生裂痕和脱落，从而导致水中含铁量和含铝量上升。这种空冷机组不宜作为调峰机组，停用时必须加强保护。

如果机组只停用几天，冷却系统仍维持循环，不排水、不停运，这样金属表面就不会与空气接触，冷却水的温度也不会明显降低，凝结水水质不会恶化。

如果机组停用时间较长，进行机组大修，可把该机组的冷却水系统通过联络管路系统与另一台正在运行机组的空冷系统相连。这样，既保护了停用机组的设备与管路系统，又提高了运行机组的冷却效率。或者投入凝结水泵和精处理设备，将处理后的水直接送到循环水泵入口，用小流量维持冷却水循环，这样既可随时将腐蚀产物去除，又可减少腐蚀速度。

如果遇到特殊情况，必须将冷却水排放时，可向系统充氮气或干空气进行保护。另外，在启动前充水时，可投加适量联氨。

采用钢管钢翅片散热器的空冷系统，停用时可用除盐水充满循环冷却水，并投加适量联氨和氨进行保护。当循环冷却水需要排空时，也可充氮或干空气进行保护。

2. 空冷系统的防腐处理

在海勒式空冷系统中，采用的是铝管铝翅片散热器，为了提高铝金属表面的耐蚀能力，匈牙利采用了一种称为 MBV 法的表面化学处理，处理后表面氧化膜的厚度可由 $0.01～0.04\mu m$（自然形成膜）提高到 $1.0～5.0\mu m$，既不影响传热效果，又提高了腐蚀性。MBV 法的机理认为，在 pH＝11～12 的碱性水溶液中，铝与铬酸钠反应，生成一层致密的氧化铝保护膜，反应式为

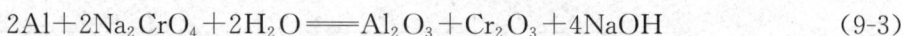

$$2Al + 2Na_2CrO_4 + 2H_2O \Longrightarrow Al_2O_3 + Cr_2O_3 + 4NaOH \tag{9-3}$$

这种化学处理工艺大体分为五步：

（1）除油污。利用商品名为 AInpon 的粉状药剂配制成 30～50g/L 的水溶液，在温度为 80～90℃情况下，将处理原件放入溶液中浸泡 5min 除油污，然后放入 20℃清洗水中清洗 2～3 次。

（2）表面化学处理。利用 50g/L Na_2CO_3（>98％）和 15g/L Na_2CrO_4（>98％）配置 MBV 水溶液，并放入元件处理池中，浸泡 30min，对铝表面进行化学处理，以形成 Al_2O_3 的保护膜。

（3）表面再处理。利用商品名 Hidrazin 的液体状药剂配成 200g/L 的水溶液，将表面化学处理并沥干的元件在 Hidrazin 水溶液中漂洗 5min（漂洗时要不断翻动元件）。

（4）冷水清洗。将上述处理过的原件吊入清水池中清洗 5min，清洗时要不断换水。

（5）蒸汽加热。将清洗后的元件放入带有盖子的池中进行蒸汽加热，蒸汽温度为 100℃，处理时间为 1.0h。最后吊置钢支撑架上冷却即可。

在海勒式空冷系统中还采用了大量碳素钢管道，必须对内表面进行钝化处理：

（1）表面清理。用喷沙法或高压喷水法除去管道内表面的涂层和铁锈，小管径管道可用压缩空气吹扫。

（2）初步钝化。将刚清理好的管子进行初步钝化，采用的药剂为磷酸水溶液。

（3）组装。将初步钝化后的管子进行焊接组装，并清理焊缝周围的焊渣与杂物。

（4）最终钝化。将焊接完的管道组件和焊缝进行最终钝化，钝化药剂采用磷酸锌，用刷子刷两层时用量为 $0.6kg/m^2$，用喷涂法喷两层时用量为 $2.5kg/m^2$。采用钢管钢翅片散热器的空冷系统，表面式凝汽器的换热面管材一般采用铬镍不锈钢或铜合金管等耐腐蚀性材质。散热器采用热镀锌表面处理时，要求锌层薄而且均匀、牢固，厚度保持在 $0.06\sim0.07mm$，既不影响传热，又能提高耐蚀性。

3. 直接空冷机组空冷凝汽器的清洗

空冷凝汽器（air cooled condenser，ACC）的清洗可分为 ACC 管束表面清洗和整个 ACC 系统内部清洗两个步骤进行，其中内部清洗中又分为冷态清洗、热态清洗两个阶段。直接空冷凝汽器的配汽管道及换热管束在安装之后投入运行之前会由于与空气接触而在内表面产生铁锈。此外现场安装工作将导致系统内残留焊渣和尘垢，如果空冷机组停机超过 3 个月，在空冷凝汽器内也会产生氧化皮，进而与空气中的水反应而生成锈垢，这些对系统正式运行都将带来不利影响，如滤网堵塞、精处理装置故障等。在安装和调试的最后阶段，必须对排汽管道、配汽管道、换热管束、凝结水收集管、凝结水箱进行清洗。

清洗工作一般分两阶段进行。第一个阶段即手工清洗阶段，由工人用金属丝刷手动清除排汽管道和配汽管道内壁的尘垢和氧化皮；在封闭凝结水收集管的端板之前，采用水流如消防水对其进行冲洗，但是必须注意的是不要使尘垢落入换热管束内，也不要让管道内部充满水，否则系统将无法承受其重量带来的负荷。可以看出，这个阶段的清洗工作不包括换热管束。第二个阶段是蒸汽清洗阶段，将蒸汽引入凝汽器对管道和换热管束进行热态清洗，将污垢（主要是氧化铁）从系统中清除。

一般要求在机组整套启动之前完成热清洗，或者根据现场的实际情况（工程进度要求、除盐水的储水量等）安排在机组带负荷试运行阶段，包括：排汽管道、蒸汽分配管、散热管束、管束下联箱、凝结水管道等。根据经验，每列凝汽器需要进行 $5\sim10$ 次间断性的冲洗，直到凝结水中的悬浮物含量小于 10mg/L，铁含量小于 $100\mu g/L$，方可符合机组精处理装置的要求。

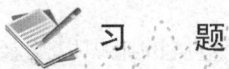

习　题

1. 简述直接空冷机组的特点。
2. 简述空冷系统的水工况特点。

第十章　热力设备和水汽系统的腐蚀与防护

第一节　金属腐蚀概述

一、金属腐蚀概论

1. 金属腐蚀的定义

广义的定义是由于材料与环境反应而引起材料的破坏或变质称为腐蚀。对于材料来说，腐蚀是指金属表面和周围介质发生化学或电化学作用，而遭到破坏的现象。

金属腐蚀一般是从外到里发展，外表变化通常表现为溃疡斑、小孔、表面有腐蚀产物或金属材料变薄等；内部变化主要是指金属的机械性能、组织结构发生变化，如金属变脆、强度降低、金属中某种元素的含量发生变化或金属组织结构发生变化。

2. 金属腐蚀的分类

按其腐蚀过程的机理不同，金属腐蚀可分为电化学腐蚀和化学腐蚀两大类。

（1）电化学腐蚀是指金属表面与介质发生至少一种电极反应的电化学作用而产生的破坏。在电化学腐蚀过程中有电流产生，金属在潮湿环境或者在水中，易发生这类腐蚀。

（2）化学腐蚀是指金属表面与介质间发生纯化学作用，即不包括电极反应的作用则产生的破坏。在化学腐蚀过程中没有电流产生，而是金属表面和其周围的介质直接进行化学反应，使金属遭到破坏。

金属腐蚀还可以按腐蚀形态划分为均匀腐蚀和局部腐蚀；按温度划分为高温腐蚀和低温腐蚀；按介质的种类划分为大气腐蚀、土壤腐蚀及海水腐蚀等。

二、影响电化学腐蚀的因素与预防

在锅炉给水系统发生的腐蚀都属于电化学腐蚀，在此重点介绍。

1. 电化学基本知识

（1）原电池与腐蚀电池。将锌与铜片浸入一电解质中，当达到平衡后，锌、铜和溶液界面都分别建立起双电层。但由于这两种金属转入溶液中的能力不一，在锌片上聚集的电子比铜片上多，所以当用导线将两者连接时，就会发现有电流通过。此时，锌片上的电子通过导线流向铜片，原有双电层的平衡被破坏了，锌片上的锌离子将继续转入溶液。这个过程一直进行到锌片全部溶解为止。这种由化学能转为电能的装置，称为原电池。它由正/负极、电子、溶液组成。

当某种金属和水溶液接触时，由于金属的组织以及金属表面相接触的介质不可能是完全均匀的，因此在金属的某两个部分会形成不同的电极电位，也会组成原电池。这种原电池是使金属发生电化学腐蚀的根源，称为腐蚀电池。如金属中夹带有杂质，金属的晶粒和晶界之间有能量的差别，金属加工时各部分的变形和内应力不同，金属所接触的溶液组成有差异以及金属表面有差别和光照不均匀等均会组成原电池。

在实际情况下，当金属遇到侵蚀性水溶液时，由于其化学的不均匀性，常常会在金属的若干部分形成许多肉眼观察不出来的小型腐蚀电池，这种小型电池称为微电池。金属遭到化学腐蚀，大都是由于这些电池作用的结果。

（2）原电池的电动势。电动势是原电池两极间的最大电位差。电动势是电池产生电流并使之流通的驱动力。

$$E = \Phi_{阳} + \Phi_{阴} = 氧化电位 + 还原电位 \tag{10-1}$$

（3）极化与去极化。原电池或腐蚀电池在开路状态下（即设有电流流通时），阴阳两极的电位差，称为该电池的电动势。在电路接通有电流通过时，腐蚀电池的电位差比原来的电动势有显著的降低。这时阴极电位变得更负，阳极电位变得更正；如两极的电位值互相接近，电位差也就降低了。这种电极电位的变化，称为极化。图 10-1 所示为电池闭合前与闭合后因电极极化而使电极电位改变的情况。

从图 10-1 可以看出，当电池接通后，阴极电位变低（阴极极化），阳极电位变高（阳极极化），阴极和阳极的电位差变小。去极化是指促使原电池或腐蚀电池极化作用减少或消除。极化作用可使金属的腐蚀过程变慢，有时竟可使腐蚀过程完全停止。去极化作用可使金属电池极化作用减少或消除，这时，腐蚀电池的电位差增大，因而可加速金属的腐蚀。

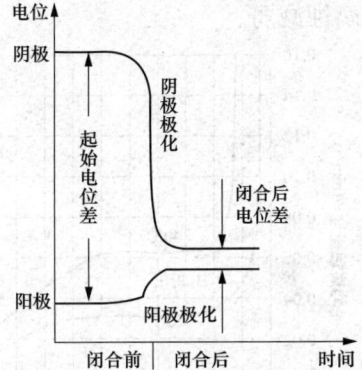

图 10-1　电极极化使电极电位改变的情况

通常，在腐蚀电池中阳极极化的程度不大，只有当阳极上因腐蚀产物的积累使金属表面状态发生了变化，产生了所谓钝态的情况下，才显示出显著的极化。而在阴极部分，假使受电子的物质不能迅速地扩散，或者阴极反应产物不能很快地排走，则由于金属传送电子的速度很快，由阳极传送过来的电子会堆积起来，就会产生严重的阴极极化。由于发生极化作用，腐蚀电流的强度降低，腐蚀的进程变缓慢。

所以，在发生电化学腐蚀的条件下，溶液中必定有易于接受电子的物质。它在阴极上接受电子，起消除阴极极化的作用，此种作用常称为去极化。起去极化作用的物质称为去极化剂，例如，当水溶液的 pH 值低时，水中 H^+ 浓度大，此时 H^+ 就是去极化剂，它的去极化作用反应如下：

$$2H^+ + 2e \longrightarrow 2H \longrightarrow H_2 \tag{10-2}$$

这种 H^+ 充当去极化剂发生的金属腐蚀过程，称为氢的去极化腐蚀。当水中有溶解氧（O_2）时，水中 O_2 可以成为去极化剂，氧的去极化作用反应如下：

$$O_2 + 2H_2O + 4e \longrightarrow 4OH^- \tag{10-3}$$

这种水中溶解氧（O_2）充当去极化剂，发生的金属腐蚀过程称为氧的去极化腐蚀。

（4）保护膜。保护膜是指那些具有抑制腐蚀作用的膜。通常此膜为腐蚀产物，它能将金属与周围介质隔离开来，使腐蚀速度降低，有时甚至可以保护金属不遭受进一步腐蚀。并不是所有的腐蚀产物膜都能起到保护作用，腐蚀产物必须具备下列性质才能起到保护作用：①致密的，即没有微孔，腐蚀介质不能透过；②能将整个金属表面全部完整地遮盖住；③不易从金属上脱落。

2. 影响电化学腐蚀的因素

影响电化学腐蚀的因素，主要包括金属本身的内在因素和周围介质的外在因素。内因主要表现为金属的种类、结构，金属中含有的杂质及存在其内部的应力，一旦设备制造好后，内因就确定了；外因主要表现在水中的溶解氧量、pH 值、温度、含盐量、水的流速和热负荷等，外因一般成为影响金属腐蚀的主要因素，在此重点讨论。

（1）溶解氧量。氧是一种去极化剂，会引起金属的腐蚀，在一般条件下，氧的浓度越大，金属的腐蚀越严重。但在某种特定条件下，金属受溶解氧腐蚀的结果在其表面产生保护膜，从而减缓腐蚀速度。此时，水中溶解氧的浓度越大，产生保护膜的可能性也就越大，会使腐蚀减弱。

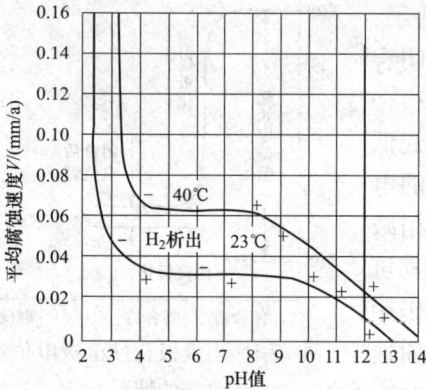

图 10-2　pH 值和平均腐蚀速度的关系

（2）pH 值。水的 pH 值对金属的腐蚀产生极大的影响。pH 值低就是水中 H^+ 离子浓度大，此时 H^+ 充当去极化剂，产生的腐蚀称为氢去极化腐蚀。当水中溶解氧引起金属腐蚀时，pH 值的改变对腐蚀产生的影响，可用试验所得到的结果来说明（见图 10-2）。

1）当 pH 值很低时，也就是在含有氧的酸性溶液中 pH 值越低，金属腐蚀速度越大。这是因为在低 pH 值时，铁的腐蚀主要是由于 H^+ 的去极化作用而引起的。

2）当 pH 值在中性点附近时，曲线呈水平直线状，即腐蚀速度受 pH 值的变化很小，这是因为此时主要发生的是氧的去极化腐蚀，水中溶解氧的扩散速度决定了金属腐蚀速度，而与 pH 值的关系不大。

3）当 pH 值较高时，即 pH 值大于 8 以后，随着 pH 值的增大，腐蚀速度降低，这是因为 OH^- 离子浓度增高时，在铁的表面形成保护膜。

（3）温度。一般情况下，在密闭系统中，温度越高，腐蚀速度越快。这是因为，温度升高时，各种物质在水中的扩散速度加快和电解质水溶液的电阻降低，这些都会加速腐蚀电池阴、阳两极的电极过程，使腐蚀速度加快。如果钢铁的腐蚀过程是在开口体系中发生，那么温度升高到一定值时，腐蚀速度会下降。这是因为温度升高会使气体在水中的溶解度降低。当温度到达水的沸点时，由于气体在水中的溶解度为零，就不再有溶解气体的腐蚀。因此，在这种系统中，温度开始上升时，腐蚀速度加快，当温度高于 70℃ 时，腐蚀速度急剧下降。

（4）水中盐类的含盐量成分。一般来说，水的含盐量越高，腐蚀速度越快。因为水的含盐量越高，水的电阻就越小，腐蚀电池的电流就越大。但当水中含有 CO_3^{2-} 和 PO_4^{3-} 时，就会在铁的阳极区生成难溶的碳酸铁和磷酸铁保护膜，从而降低铁的腐蚀速度。如果水中含有 Cl^- 时，由于 Cl^- 容易被金属表面所吸附，并置换氧化膜中的氧，形成可溶性氯化物，所以能破坏氧化物保护膜，加速金属的腐蚀过程。在一定的条件下，氯化镁能够在锅水中分解成与铁起作用的盐酸，此时形成的氯化亚铁再与氢氧化镁相互反应重新出现氯化镁。所以腐蚀不断进行。

（5）水的流速。一般来说，水流速度越大，水中各种物质扩散速度也越快，从而使腐蚀速度加快。在空气中氧进入水溶液而引起腐蚀的敞口式设备中，当水的流速达到一定数值时，多量的氧会使金属表面形成保护膜，腐蚀速度减慢；但当水的流速很大时，由于水流的机械冲刷作用，保护膜遭到破坏，腐蚀速度又会增高。

（6）热负荷。热负荷越高，保护膜越容易受到破坏，即加快了金属的腐蚀速度。其主要原因是在高热负荷下，保护膜容易被破坏，这一方面是由于热应力的影响，另一方面是由于金属表面上生成的蒸汽泡对膜的机械作用。此外，还发现随着热负荷的增高，铁的电极电位有降低的现象。

3. 防止电化学腐蚀的方法

金属的电化学腐蚀是由于金属和周围介质接触形成的腐蚀电池引起的。为了使金属不受腐蚀，主要办法是设法消除产生电池的各种因素。大体上，可从金属设备的材料选择、提高金属材料的耐蚀性、改善金属材料的表面状态和金属材料接触的周围介质的侵蚀性等方面着手。

（1）金属材料的合理选用。金属材料本身的耐蚀性，主要与金属的化学成分、金相组织、内部应力及表面状态有关，还与金属设备的合理设计与制造有关。从防止金属腐蚀的角度看，无疑应选用耐腐蚀性强的材料，还要考虑它的机械强度、加工特性和材料价格等方面的因素。

（2）水质调节。与金属相接触的介质，对金属材料腐蚀的影响，在某些情况下是可以改变的，也就是说，通过改变介质的某些特性，可以减缓或消除介质对金属的腐蚀作用。如在锅炉化学清洗时，在除垢用的酸液中加入少量的缓蚀剂等药品，就可以大大减少酸液对锅炉钢材的腐蚀。对于已经建成投入使用的锅炉设备及水汽系统等金属构件，设备和系统的金属材料已经确定了。因此主要是从水处理和水质调节的角度，来讨论如何减少或防止锅炉在热力系统中金属的腐蚀。

（3）形成表面保护膜。金属腐蚀产物有时覆在金属表面上，形成一层膜。这种膜对腐蚀过程的影响很大，因为它能把金属与周围介质隔离开来，使腐蚀速度降低，有时甚至可以保护金属不遭受进一步腐蚀。但是，并不是所有的腐蚀产物膜都可以起到良好的保护作用。通常，金属表面是否形成良好的保护膜，是影响锅炉材料在使用介质中耐蚀性的一个重要因素。

（4）特殊的保护方法。在一些特殊场合，可以采用特殊的保护方法。如电化学保护技术中的阴极保护方法，可用于防止或减缓凝汽器铜管的腐蚀。

（5）缓蚀剂。

1）缓蚀剂定义。缓蚀剂是一种以适当的浓度和形式存在于环境介质中的，可以防止或减缓腐蚀的化学物质或几种化学物质的混合物。缓蚀剂的加入应是少量的，它们在抑制腐蚀的过程中可以是化学计量的，但大多数情况下是对金属活性溶解过程的阻抑，因此是非化学计量的。水溶液中有些溶质在数量很大时也在结果上明显降低了金属的腐蚀速度，例如常温下硝酸水溶液浓度提高到 40%，硫酸水溶液浓度提高到 80%，碳钢的腐蚀速度明显下降，但一般不把硝酸和硫酸称为缓蚀剂。另外降低或消除水溶液中氧化剂的含量时，也能明显降低金属的腐蚀速度，习惯上也不把这类化学物质称为缓蚀剂。例如，水中投加亚硫酸钠和肼等物质以后，通过去除水中溶解氧来达到减缓金属的腐蚀速度，这些物质也不称为缓蚀剂。

2）缓蚀剂的分类。缓蚀剂的分类方法有很多，可从不同的角度对缓蚀剂分类。

① 根据化学成分分类，可分为无机缓蚀剂、有机缓蚀剂。无机缓蚀剂主要包括铬酸盐、亚硝酸盐、硅酸盐、钼酸盐、钨酸盐、聚磷酸盐、锌盐等；有机缓蚀剂主要包括磷酸（盐）、膦羧酸、巯基苯并噻唑、苯并三唑、磺化木质素等一些含氮氧化物的杂环化合物。

② 根据对化学腐蚀的控制部位分类，分为阳极型缓蚀剂、阴极型缓蚀剂和混合型缓蚀剂。阳极型缓蚀剂多为无机强氧化剂，如铬酸盐、钼酸盐、钨酸盐、钒酸盐、亚硝酸盐、硼酸盐等。硅酸盐也可归到此类，它也是通过抑制腐蚀反应的阳极过程来达到缓蚀的目的。阳极型缓蚀剂要求有较高的浓度，以使全部阳极都被钝化，一旦剂量不足，将在被钝化的部位造成点蚀。

抑制电化学阴极反应的化学药剂，称为阴极型缓蚀剂。锌的碳酸盐、磷酸盐和氢氧化物，钙的碳酸盐和磷酸盐为阴极型缓蚀剂。阴极型缓蚀剂依赖金属腐蚀电池的阴极反应的产物生成膜状物，阻止金属表面阴极电子与其他物质的结合。在实际应用中，由于钙离子、碳酸根离子和氢氧根离子在水中是天然存在的，因此只需向水中加入可溶性锌盐或可溶性磷酸盐。

某些含氮、含硫或羟基的、具有表面活性的有机缓蚀剂，也称混合型缓蚀剂。它们一般不直接参与金属腐蚀的阴阳极过程。其分子中有两种性质相反的极性基团，通过分子中极性基团的特性吸附，在清洁的金属表面形成单分子膜，它们既能在阳极成膜，也能在阴极成膜，形成金属与水相界面的阻隔层，或物质扩散和反应的势垒，从而起缓蚀作用。巯基苯并噻唑、苯并三唑、十六烷胺等属于此类缓蚀剂。

③ 根据生成保护膜的类型分类。除了中和性能的水处理剂，大部分水处理用的缓蚀剂的缓蚀机理是在与水接触的金属表面形成一层将金属和水隔离的金属保护膜，以达到缓蚀的目的。根据缓蚀剂形成的保护膜的类型，缓蚀剂可分为氧化膜型、沉积膜型和吸附膜型缓蚀剂。

氧化膜型缓蚀剂主要有铬酸盐、亚硝酸盐、钼酸盐、钨酸盐、钒酸盐、正磷酸盐和硼酸盐等。铬酸盐和亚硝酸盐都是强氧化剂，无须水中溶解氧的帮助就能与金属反应，在金属表面阳极区形成一层致密的氧化膜。其余的几种，或因本身氧化能力弱，或因本身并非氧化剂，都需要氧的帮助才能在金属表面形成氧化膜。由于这些氧化膜型缓蚀剂是通过阻抑腐蚀反应的阳极过程来达到缓蚀的，这些阳极缓蚀剂能在阳极与金属离子作用形成氧化物或氯氧化物。

常见的沉积膜型缓蚀剂主要有锌的碳酸盐、磷酸盐和氢氧化物，钙的碳酸盐和磷酸盐。由于它们是由锌、钙阳离子与碳酸根、磷酸根和氢氧根阴离子在水中与金属表面的阴极区反应而沉积成膜，所以又被称作阴极型缓蚀剂。阴极缓蚀剂能与水中有关离子反应，反应产物在阴极沉积成膜起保护膜的作用。锌盐与其他缓蚀剂复合使用可起增效作用。

吸附膜型缓蚀剂多为有机缓蚀剂，它们具有极性基团，可被金属的表面电荷吸附，在整个阳极和阴极区域形成一层单分子膜，从而阻止或减缓相应电化学的反应，如某些含氮、含硫或含羟基的、具有表面活性的有机化合物。

三、应力腐蚀

应力腐蚀是金属材料在应力和腐蚀介质共同作用下产生的腐蚀。从广义上说，应力腐蚀包括应力腐蚀破裂和腐蚀疲劳。这种危险的腐蚀形式常引起设备的突然断裂，爆炸，造成人身和财产的巨大损失。

锅炉等热力设备发生的主要应力腐蚀有应力腐蚀破裂、碱脆、氢脆和腐蚀疲劳。

1. 应力腐蚀破裂

金属材料的应力腐蚀破裂，是指金属在拉应力和特定的腐蚀介质共同作用下所产生的破裂。应力腐蚀破裂已成为电力、化工、石油、核能等工业部门设备的一种重要腐蚀形式。应力腐蚀破裂的特点：大部分表面实际上未遭破坏，只有一部分细裂纹穿透金属和合金内部。应力腐蚀破裂通常在设计应力范围之内发生，因此后果严重。

金属应力腐蚀破裂为脆性断裂。断口的宏观特征是：裂纹源及裂纹扩展区因介质的腐蚀作用而呈黑色或灰黑色，突然脆断区口常有放射花样或人字纹。断口的微观特征比较复杂，与合金成分、应力状态，金相结构和介质条件有关。破裂的形态有沿晶、穿晶和混合几种。

影响应力腐蚀破裂的主要因素包括：合金成分及有关的冶金因素、力学因素和环境因素。

合金成分如氮、磷、铋等会降低合金抗腐蚀破裂的能力；但硅、镍等加入合金后，可以提高其抗应力腐蚀破裂的能力。

在一般情况下，环境温度越高，合金越容易发生应力腐蚀破裂；环境因素直接影响合金腐蚀破裂的敏感性，应力腐蚀破裂发生在各种水溶液中，也发生在某些液态金属、熔盐、高温气体和非水有机溶液中；环境的 pH 值对应力腐蚀破裂有重要影响，酸性的溶液对低碳钢的变脆起加速作用。

2. 锅炉的碱脆

碱脆是指碳钢在 NaOH 水溶液中产生的应力腐蚀破裂，它是在浓碱和拉应力联合作用下产生的，碳钢受腐蚀产生裂纹，本身不变形，但发生脆性断裂。碳钢的这种应力腐蚀破裂碱脆，又称为苛性脆化。大多数蒸汽锅炉的水冷壁和联箱是用低碳钢制造的，锅炉运行时，如果在水冷壁和联箱的局部位置出现游离的浓碱，又受到拉应力的作用，就会产生碱脆。

(1) 锅炉碱脆产生的条件。锅水中含有游离的 NaOH，锅水产生局部浓缩，受拉应力的作用，上述三个条件缺一不可。

碳钢的含碳量对碱脆有重要影响。随含碳量的下降，碱脆敏感性下降。热处理可降低钢中的内应力，使钢具有合适的组织，降低钢对碱脆的敏感性。如在锅水加入 NaNO$_3$，可以抑制碱脆；加入铅的氧化物，能促进碱脆。

(2) 锅炉碱脆的预防。防止碱脆的方法就是消除腐蚀产生的条件。表现为两个方面：一是降低锅炉部件所受的拉应力，即从改变锅炉部件的连接方式、改善锅炉的结构和安装方法及保持锅炉良好的运行状况三个方面来实现；二是消除锅水的侵蚀性，即保持相对碱度小于 0.2。采用的措施是控制给水碱度或降低锅水 NaOH 含量。

3. 锅炉的氢脆

氢脆是氢扩散到金属内部合金属产生脆性断裂的现象。氢脆产生的裂纹，在断口上看往往是灰色的，基体上显出白色的亮区。氢脆裂纹很少分支，几乎是单方向的裂纹扩展。氢脆会使设备发生严重损坏，由于这种损坏往往没有先兆，不易引起人们警觉，一旦发生，常常引起灾难性事故。

氢脆不属于应力腐蚀破裂，其主要区别是应力腐蚀破裂是金属阳极产生的破裂，而氢脆是由于阴离子吸氢造成的脆性损坏。因而，可以用外加电流进行极化的方法来区别应力腐蚀破裂与氢脆。在应力的作用下，外加电流阳极极化能加速破裂的为应力腐蚀破裂，外加电流阴极极化能加速破裂的为氢脆。

(1) 氢脆产生的部位。锅炉腐蚀时，如果阴极过程为氢去极化，那就有氢脆的危险。如果锅炉运行时，凝结水导致锅水 pH 值下降，水冷壁管则可能产生氢脆，出现裂纹和脆性断裂，有的部位出现脱碳现象。锅炉进行酸洗时，在未清除的垢下，也有可能产生氢脆。

（2）氢脆的预防。防止氢脆产生的方法：改善水质，减少金属的腐蚀，使阴极产生的氢量下降；在金属材料中加入某些氢扩散率很低的合金元素减少氢脆的敏感性。

4. 锅炉的腐蚀疲劳

金属在腐蚀介质和交变力（方向变换的应力或周期应力）同时作用下产生的破坏称为腐蚀疲劳。没有腐蚀介质作用，单纯由于交变力作用使金属发生的破坏称为机械疲劳。

（1）腐蚀疲劳产生的部位一般为锅炉的集汽联箱，即联箱的排水孔处。其原因可能是：

1）管板连接不合理，为直角连接，使蒸汽中的冷凝水和热金属周期接触，产生交变应力；或安装不合理，使冷凝水集中于底部，不能排出，形成腐蚀疲劳。

2）锅炉启动频繁，启动或使用使锅水中含氧量较高，造成锅炉设备的点蚀，这些点蚀坑在交变应力的作用下就会变为疲劳源，产生腐蚀疲劳。

（2）防止腐蚀疲劳的方法：降低交变应力。如锅炉的启、停次数不要太频繁；锅炉的负荷不要波动太大；锅炉结构和安装要合理，避免产生交变应力；降低介质的腐蚀性，减少锅水和蒸汽中的 Cl^-、S^{2-} 等腐蚀成分的含量；做好停用锅炉的保护，避免金属表面产生点蚀。

第二节　给水系统金属的腐蚀与防护

一、给水系统金属的腐蚀

锅炉给水系统中流动着的水虽然较洁净，但其中往往含有氧和二氧化碳。这两种气体，常常是引起给水系统金属腐蚀的主要因素。

1. 溶解氧腐蚀

在给水系统中，最易发生的金属腐蚀是钢材受到水中溶解氧的腐蚀。

（1）原理。铁受水中溶解氧的腐蚀是一种电化学腐蚀，铁和氧形成两个电极，组成腐蚀电池。铁的电极电位总是比氧的电极电位低，所以在铁氧腐蚀电池中，铁是阳极，遭到腐蚀，氧为阴极，进行还原，在这里溶解氧起阴极去极化作用，是引起铁腐蚀的因素。这种腐蚀称为氧去极化腐蚀，或简称氧腐蚀。

（2）腐蚀特征。当钢铁受到水中溶解氧腐蚀时，常常在其表面形成许多小型鼓包，其直径自 1mm 至 20、30mm 不等，这种腐蚀特征称为溃疡腐蚀。鼓包表面的颜色由黄褐色到砖红色不等，次层是黑色粉末状物，这些都是腐蚀产物。将这些腐蚀产物清除后，便会出现腐蚀造成的陷坑。如果电厂中除氧工作进行得不完善，在给水管道和省煤器中常常能看到这种腐蚀。发生在给水管道中的鼓包颜色由黄褐到砖红都有，在省煤器中的鼓包颜色大都是砖红色的。

溃疡腐蚀点上各层腐蚀产物有不同的颜色，是因为它们是由不同的化合物所组成的。其表面层的黄褐色到砖红色产物是各种形态的氧化铁，次层的黑色粉末是 Fe_3O_4。有时，在腐蚀产物的最里层，紧靠金属表面处，还有一个黑色层，这是 FeO。

溃疡腐蚀点上的腐蚀产物都是会被磁铁所吸引的，这是由于许多腐蚀产物常常连在一起，而其中的 Fe_3O_4 和 $\gamma\text{-}Fe_2O_3$（氧化铁的一种结晶形态）能被磁铁所吸引的缘故。

（3）腐蚀部位。在给水系统中会发生氧腐蚀的部位，取决于水中溶解氧的含量和设备的运行条件。通常，最易发生氧腐蚀的部位为给水管道和省煤器。在各给水组成部分中，补给水的输送管道以及疏水的储存设备和输送管道都会发生严重的氧腐蚀，凝结水系统不易发生氧腐蚀。

2. 游离二氧化碳的腐蚀

(1) 原理。当水中有游离的 CO_2 存在时，水呈酸性，水中 H^+ 的量增多，就会产生氢去极化腐蚀。从腐蚀电池的观点来说，游离 CO_2 腐蚀就是水中含有酸性物质而引起的氢去极化腐蚀。

CO_2 溶于水虽然只显弱酸性，但它在很纯的水中还是会显著地降低水的 pH 值。例如当每升纯水中溶有 1mg CO_2 时，水的 pH 值便可由 7.0 降到 5.5 左右。弱酸的腐蚀性不能单凭 pH 值来衡量，因为弱酸只有一部分电离，所以随着腐蚀的进行，消耗掉的氢离子会被弱酸的继续电离所补充，因此 pH 值就会维持在一个较低的范围内，直至所有的弱酸电离完毕。

游离 CO_2 腐蚀受温度的影响较大。温度升高时，碳酸的电离度增大，会大大促进腐蚀。

(2) 腐蚀特征。钢材受游离 CO_2 腐蚀而产生的腐蚀产物都是易溶的，在金属表面不易形成保护膜，所以其腐蚀特征是金属均匀地变质。这种腐蚀虽然不一定会很快引起金属的严重损伤，但大量铁的腐蚀产物带入锅内，往往会引起锅内结垢和腐蚀等许多严重问题。

(3) 腐蚀部位。在热力系统中，最容易发生 CO_2 腐蚀的部位是凝结水系统，因为它处于除氧器前。因此凝结水是热力系统中游离 CO_2 含量较多的部位，而且它的水质较纯，只要含有少量 CO_2，就使其 pH 值显著降低。同理，在蒸发器的蒸馏水管道、疏水系统和热电厂的热网加热蒸汽的凝结水系统，也会发生游离 CO_2 腐蚀。

用蒸馏水、H^+-Na^+ 离子交换水，特别是用化学除盐水作为补给水时，由于水中残留碱度很小，所以只要在除氧器后的给水中残留有少量游离 CO_2，就会使给水的 pH 值低于 7，有的厂给水 pH 值甚至会达到 6 左右，因此在除氧器以后的设备中也会发生游离 CO_2 腐蚀。

3. 同时有溶解氧和游离二氧化碳的腐蚀

在给水系统的水流中，若同时含有 O_2 和 CO_2 时，则钢的腐蚀就更严重。这是因为 O_2 的电极电位高，易形成阴极，侵蚀性强；CO_2 使水呈微酸性，破坏保护膜。这种腐蚀特征往往是金属表面没有腐蚀产物，而是随着 O_2 含量的多少，呈或大或小的溃疡状态，且腐蚀速度很快。

在凝结水系统、疏水系统和热网水系统中，都可能发生 O_2 和 CO_2 同时存在的腐蚀。对于给水泵，因其是除氧器后的第一个设备，所以当除氧不彻底时，更容易发生这类腐蚀，因为在这里还具备有两个促进腐蚀的条件：温度高、轴轮的快速转动使保护膜不易形成。

在用除盐水作补给水时，由于给水的碱度低、缓冲性小，一旦有 O_2 和 CO_2 进入给水中，给水泵就会发生这种腐蚀。此时，在给水泵的叶轮和导轮上均会发生腐蚀，一般腐蚀是由泵的低级部分至高级部分逐渐增强的。

在凝汽器、射汽式抽气器的冷却和加热器等设备中所用的传热管件大都是黄铜管，故当水中含有游离 O_2 和 CO_2 时，还会引起铜管腐蚀。当温度高于 40～50℃时，水中如含有游离 CO_2 则可以在没有 O_2 的情况下，促使黄铜产生脱锌腐蚀，即黄铜中的锌组分发生溶解。当水中同时有游离 O_2 和 CO_2 时，铜本身也会遭到腐蚀。

低压加热器铜管的管壁，由于常常有游离的 O_2 和 CO_2，所以最易遭到腐蚀。这种情况下的腐蚀特征是管壁均匀变薄，并有密集的麻坑。这种腐蚀的部位往往集中在疏水水面以上、靠近水面、温度较低的进水端、设有抽气管的地方。因为在这些部位容易形成一层附壁水膜，此水膜的温度常低于饱和温度，成为过冷水膜，因此这层水膜中的 CO_2 量特别大，容易腐蚀管子。当加热器铜管管壁受到腐蚀时，疏水中 Cu 含量就会增加。疏水中 Cu 是疏水水滴在铜管管壁上腐蚀钢材后带下来的，并不是加热器下部积累的疏水腐蚀钢管造成的，因为钢管并未浸泡在下部的疏水中。

二、给水系统金属腐蚀的防止

为了防止给水系统金属的腐蚀，通常采用的方法是除掉给水中的溶解氧，并且提高给水的 pH 值。这种常用的给水处理方法，称为"给水碱性规范"。使用这种方法时，常在给水中加入联氨和氨（或胺）等化学药品，因为这些药品都有挥发性，所以这种给水处理方法又称为"挥发性处理"。此外，近年来，对于亚临界压力和超临界压力的机组，有的采用了新的给水处理技术，即所谓"给水氧-氨联合处理规范"。在我国，这种给水处理方法目前的运行经验不足，技术还不成熟，尚待继续试验与研究。

1. 给水热力除氧

给水除氧的方法，在高压以上的机组中，需同时采用热力除氧和化学除氧两种方法。热力法可将给水中绝大部分溶解氧除掉，化学方法可消除热力法难以完全除尽的残留溶解氧。热力除氧后，给水中溶解氧可降至 $7\mu g/L$ 以下，但若不采用化学除氧，那么给水系统中仍可能出现相当严重的氧腐蚀，因此这两种方法是互为补充的。在热力除氧过程中水需要加热，这在热力系统运行中是自然能达到的，而化学除氧则需在给水中另外投加还原剂类化学药品。某些参数较低（中压和低压）的锅炉，一般对于给水溶解氧含量的限制不如高压锅炉严格，所以有的中、低压锅炉，只进行热力除氧。

（1）热力除氧原理。从气体溶解定律（亨利定律）可知，任何气体在水中的溶解度与此气体在汽水界面上的分压力成正比。在敞口设备中将水温升高时，各种气体在此水中的溶解度将下降，这是因为随着温度的升高，汽水界面上的水蒸气分压力增大和其他气体的分压降低的缘故。当水温大于沸点时，它就不再具有溶解气体的能力，其他气体的分压都为零，各种气体均不能溶于水中。所以，水温升至沸点会促使水中原有的各种溶解气体都分离出来（此分离过程称为解吸），这就是热力除氧法所依据的原理。热力除氧法不仅能除去水中的溶解氧，而且可除去水中其他各种溶解气体（包括游离 CO_2）。

（2）热力除氧器。热力除氧器按照其进水方式的不同，可以分为混合式和过热式两类。在混合式除氧器内，需要除氧的水与加热用的蒸汽直接接触，使水加热到相当于除氧器压力下的沸点；过热式除氧器的运行方式，先将需要除氧的水在压力较高的表面式加热器中加热，直至其温度超过除氧器压力的沸点，然后将此热水引入除氧器内。这样，一部分水自行汽化，其余的水就处于沸腾温度下。

混合式热力除氧器按照其工作压力的不同，又可分为真空式、大气式和高压式三种。真空式除氧器是其压力在低于大气压下工作的；大气式热力除氧器是在稍高于大气压下工作的（一般在中参数电厂中，采用的工作压力约为 0.12MPa）；高压式热力除氧器是在压力较高的情况下工作的（高压和超高压电厂中常用的工作压力约为 0.59MPa，亚临界压力机组中除氧器最高工作压力为 0.78MPa）。

电厂中用得最广的为混合式除氧器。常有的这类除氧器按构造基本上可分为淋水盘式、喷雾填料式和喷雾淋水盘式等。我国中压电厂常用淋水盘式除氧器；高压和超高压机组主要采用喷雾填料式除氧器；现在亚临界压力机组多采用卧式喷雾淋水盘式除氧器。此外，还有些机组利用凝汽器的真空除氧。

1）淋水盘式除氧器。淋水盘式除氧器的主要构成部分为除氧头和储水箱，如图 10-3 所示为一种淋水盘式除氧器的构造示意。这种除氧器的除氧过程主要是在除氧头中进行的，凝结水、各种疏水和补给水分别由上部的管道 12、13、14 进入除氧头，层层下淋。加热蒸汽从除氧头下部引入，穿过淋水层向上流动。这样，当水和蒸汽接触时就发生了水的加热和除氧过程。从水中析出的氧和其他气体随着一些多余的蒸汽自上部排汽阀排走。经除氧的水流入下部储水箱中。

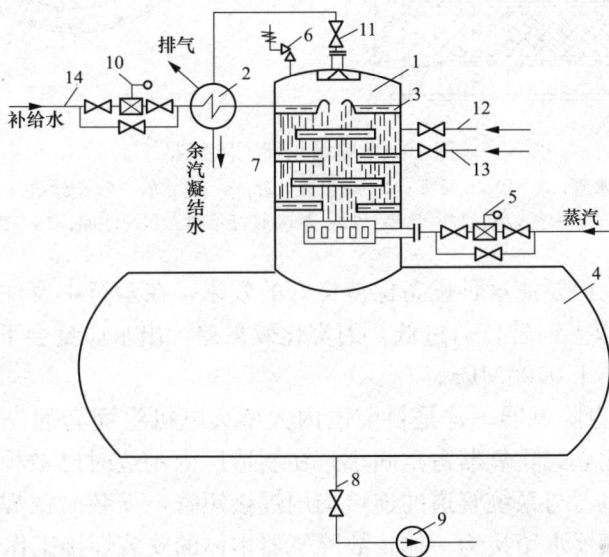

图 10-3　淋水盘式除氧器

1—除氧头；2—余汽冷却器；3—多孔盘；4—储水箱；5—蒸汽自动调节器；6—安全门；7—配水盘；8—降水管；
9—给水泵；10—水位自动调节器；11—排水阀；12—主凝结水管；13—高压加热器疏水管；14—补给水管

淋水盘式除氧器对于运行工况变化的适应性较差；同时，除氧器中汽和水进行传质传热的表面积小，因此除氧效果差。

2）喷雾填料式除氧器。喷雾填料式除氧器将水通过喷嘴喷成雾状，在喷嘴上面设有上进汽管，引入加热用蒸汽，通过蒸汽和水雾的混合，达到水的加热和初步除氧过程。经过初步除氧的水往下流动时和填料层相接触，使水在填料表面呈水膜状态，在填料层下面装有下进汽管，在这里又引入蒸汽。因而，当这部分蒸汽向上流动时，和填料层中水相遇便进行了再次除氧（如图 10-4 所示）。这种除氧器在某电厂中多年使用的经验证明：一台用作 220t/h 锅炉的补给水除氧设备，即使在进水中溶解氧几近饱和，在室温进水的条件下，仍能维持出水溶解氧经常小于 $7\mu g/L$。

喷雾填料式除氧器中所用的填料有 Ω 形、圆环形和蜂窝式等多种（应采用不会腐蚀而且不会污染水质的材料制成）。目前的经验是用 Ω 形不锈钢作填料的效果较好。

这种除氧器的优点：除氧效果好，能适应负荷和水温大幅度变动；结构简单，检修方便；和现有的其他热力除氧器相比，同样出力的设备，其体积较小；此外，由于这种除氧器中水和蒸汽的混合速度很快，所以不易产生水击现象。由于这些显著的优点，现在越来越多

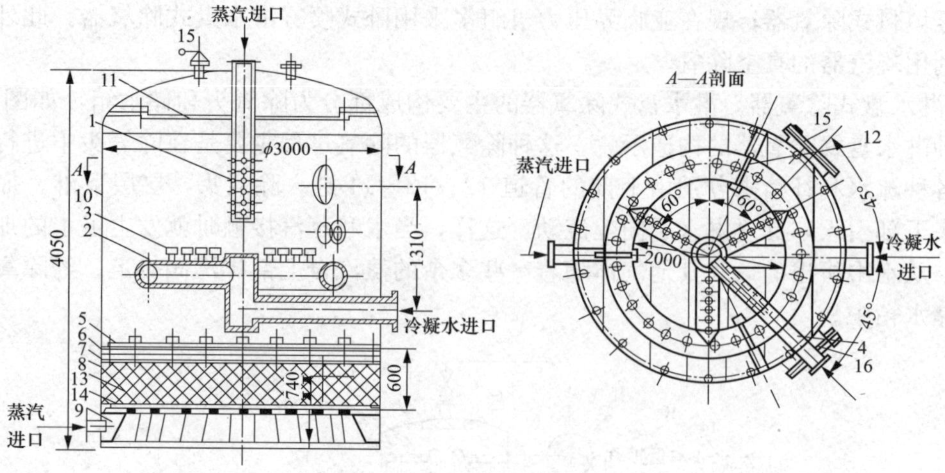

图 10-4 喷雾填料式除氧器

1—进水管；2—环形配水管；3—10t/h 喷嘴；4—疏水进水管；5—淋水管；6—支承管；7—滤板；8—支承卷；
9—进汽室；10—筒身；11—挡水板；12—吊攀；13—不锈钢 Ω 填料；14—滤网；15—弹簧安全门；16—大孔

地采用喷雾式除氧器。但要使这种设备保持良好的效果，在运行中要注意以下两点：负荷应维持在额定值的 50% 以上，若负荷过低，因雾化效果差，出水质量会下降；为了适应负荷的变动，工作汽压不宜小于 0.08MPa。

3）卧式喷雾淋水盘除氧器。这是目前国内大型火电机组配套的先进除氧器之一。它卧座在除氧器水箱上，比立式除氧器占空间小，在制造厂内制造时已被检验强度、焊接质量与密封性能等。卧式除氧器与系统管道的连接均用焊接短管，安装时仅焊接一根下水管和两根蒸汽联通管，就与除氧器水箱接为一体，故除氧器本体的安装焊接工作量较小。

卧式除氧器两端各有一个进汽管，过热蒸汽从进汽管入除氧器时，由布汽孔板把蒸汽沿除氧器的下部断面上均匀分布，使蒸汽均匀地从下向上进入深度除氧段，再流向喷雾除氧段空间。这样蒸汽向上流、水向下喷淋，便形成汽水逆向流动，以达到良好的除氧效果。卧式除氧器用出水管和汽连通管直接与除氧水箱连成一体。出水管把除过氧的水送进水箱，汽连通管的作用是平衡除氧器与水箱之间的工作压力。

4）凝汽器的真空除氧。凝汽器运行时，因为其中凝结水的温度通常处于相应于该凝汽器中压力的沸点，故水的除氧条件和热力除氧器的相似。由于凝汽器总是在真空条件下运行，所以它相当于真空除氧器。为了利用凝汽器的这种运行条件，使之起到良好的除氧作用，除了在运行方面要保证其中凝结水不要过冷外（过冷就是水温低于相应压力下的沸点），还要在凝汽器中添加水使水流分散成小股水流或小水滴的装置。为了利用凝汽器真空除氧的能力，还可以将补给水引至凝汽器中，使得它也在这里除氧。

2. 给水化学除氧

用来进行给水化学除氧的药品，必须具备迅速地和氧完全反应、反应产物和药品本身对锅炉的运行无害等条件。对于高压及更高参数的锅炉进行化学除氧所常用的药品为联氨。近年来，还有采用催化联氨和有机除氧剂的，对于中、低压锅炉也有采用亚硫酸钠的。

（1）联氨。

1）联氨的性质。联氨（N_2H_4）又叫肼，在常温时是一种无色液体；它遇水会结合成稳定的水合联氨（$N_2H_4 \cdot H_2O$）。联氨易挥发，在溶液中其浓度越大，挥发性越强。空气中有联氨会对呼吸系统及皮肤有侵害作用，故空气中联氨蒸汽量不能太大，最高不许超过 1mg/L。

高浓度的联氨溶液遇火容易爆炸，但当联氨溶液中 $N_2H_4 \cdot H_2O$ 的含量低至 40% 时，就不易燃烧，因此市售的联氨一般是含量为 40% 的水合联氨。当空气中联氨蒸汽的含量达到 4.7%（按体积计）时，遇火便会发生爆炸现象。

联氨是一种还原剂，特别是在碱性水溶液中，它是一种很强的还原剂，可将水中的溶解氧还原，反应式如下：

$$N_2H_4 + O_2 \longrightarrow N_2 + 2H_2O \tag{10-4}$$

反应产物 N_2 和 H_2O 对热力系统的运行没有任何害处，用联氨除去给水中的溶解氧就是利用它的这种性质。在高温（$t > 200℃$）水中，N_2H_4 可将 Fe_2O_3 还原成 Fe_3O_4 以至 Fe，N_2H_4 还能将 CuO 还原成 Cu_2O 或 Cu，联氨的这些性质可以用来防止锅内结铁垢和铜垢。

N_2H_4 的水溶液显弱碱性，N_2H_4 遇热会分解：

$$3N_2H_4 \rightleftharpoons N_2 + 4NH_3 \tag{10-5}$$

在没有催化剂的情况下，N_2H_4 的分解速度取决于温度。在 50℃ 以下时分解速度很小；当达 113.5℃ 时，分解速度每天为 0.01%～0.1%；在 250℃ 时，其分解速度高达每分钟 10%。

2) 联氨除氧的条件。联氨和水中溶解氧的反应速度受温度、pH 值和联氨过剩量的影响。为了使联氨和水中溶解氧的反应进行得迅速而且完全，应维持 150℃ 以上的温度，pH 值为 9～11 的碱性介质和适当的过剩量。高压及高压以上发电厂，从高压除氧器出来的给水，温度一般大于 150℃，给水 pH 值按规定要调节到 8.8～9.3，所以联氨处理所需的条件是可以得到满足的。

联氨的热分解速度，比起它同氧和铜、铁氧化物的反应速度通常要小得多。比如在 300℃ 和 pH 值约为 9 时，N_2H_4 完全分解需要 10min，而它和氧的反应在几秒钟内便可完成。所以，在温度超过 300℃ 的条件下，联氨才能发生迅速的分解。

3) 加药。通常使用的处理剂是 40% 的 $N_2H_4 \cdot H_2O$ 溶液。N_2H_4 的加药量通常按从省煤器入口所采用的给水水样中剩余的 N_2H_4 含量来控制。运行经验证明，当用联氨除氧时，给水中过剩 N_2H_4 含量可控制在 20～50μg/L。

联氨大都加在给水泵的低压侧，即除氧器出口管处，但是在生产返回水较多的热电厂中，由于给水中有机物的含量通常很高，而有机物会减缓联氨和氧的反应速度，所以将联氨加在除氧器的储水箱中是有利的。

（2）催化联氨。催化联氨又称为活性联氨，它是添加了催化剂的联氨（在美、英等国，它作为一种水处理药品出售）。因联氨中添加的催化剂品种不同，其商品名目也繁多，比如美国有一种商品名为 AMERZINE 的催化联氨，英国有一种名为 LEVOXIN 的催化联氨。催化联氨在国外应用得较为普遍。

催化联氨的除氧作用和抑制腐蚀等性能优于普通联氨，这主要是由于它含有催化剂，能大大提高联氨和氧反应的速度。尤其在水温较低时，催化联氨的除氧效能显著超过普通的联氨。催化联氨和溶解氧反应的速度比普通联氨要快得多。

催化联氨中所添加的催化剂大都是有机化合物，虽然具体组成不祥，但不外是以下几类有机物：醌的化合物、芳胺和醌化物的混合物、1-苯基-3-吡唑烷酮（1-Phenyl-3-Pyraazoli-done），P-氨基苯酚（P-aminophenol）等。这类有机催化剂和联氨的质量比并不很严格，但因为是催化剂，它们在水合联氨中的添加量都是极其微小的。

早期研究就已发现，铜、锰、铁等金属的某些化合物可以大大加快联氨和氧反应的速度。但是给水中若含有这些金属化合物，就会加剧锅炉的结垢和腐蚀，因此不能使用这些化合物作催化剂。

（3）有机除氧剂。为寻求性能更优、更安全的化学除氧剂，国内外已开发研究出一些药剂，主要有碳酰肼、肟类化合物异抗坏血酸、羟胺类化合物等。下面做简单介绍。

1）碳酰肼。碳酰肼是联氨和二氧化碳的衍生物，在水中碳酰肼同氧的反应类似于联氨同氧的反应，只是碳酰肼的反应分两步进行。但是碳酰肼与氧的反应速度比联氨快，对氧的平均去除率优于联氨。

在水中与氧反应剩余的碳酰肼，在热力系统中分解后，会使系统中增加每升几微克的二氧化碳。假若与中和胺合用，则可抵消这个影响。

2）肟类除氧剂。目前已用作化学除氧剂的有甲基乙基酮肟、丙酮肟、乙醛肟等。肟类化合物不仅是很好的除氧剂，而且是金属钝化剂。肟类化合物的挥发性较好，其分配系数比联氨大，当蒸汽冷凝时，肟类药剂会溶于凝结水中。发生热分解时，如同联氨一样，也会产生氨。

3）羟胺类化合物。在这类化合物中试用作除氧剂的有二乙基羟胺，这是一种强还原剂。它同氧的反应速度比联氨更快，但其热分解速度比联氨慢。国外的应用研究中，还有将它与中和胺复配使用的。

（4）亚硫酸钠。亚硫酸钠（Na_2SO_3）是白色或无色结晶，易溶于水。它也是一种还原剂，能和水中溶解氧作用，生成硫酸钠。因此会增加水中含盐量。亚硫酸钠处理法只能在中、低压锅炉应用，对高压锅炉则不能应用。因为亚硫酸钠在锅内高温条件下会发生分解，产生有害的气体。

3. 给水 pH 值的调节

为了防止给水对金属的侵蚀性，除了消除其含氧量外，还必须调节水的 pH 值。因为随着水的 pH 值增大，钢铁的腐蚀明显减少。但是热力系统中的低压加热器及其疏水冷却器、凝汽器都使用了铜合金材料，因此还必须考虑水的 pH 值对水中铜的腐蚀影响。水的 pH 值在 9 以上时，铜的腐蚀随 pH 值增大而明显增大。从铁、铜等不同材质金属的防腐效果全面考虑，目前对热力系统水质调节处理时，一般把给水的 pH 值调节在 8.8～9.3 的范围内。调节给水 pH 值的方法是在给水中加氨或胺。

（1）给水氨处理。为了提高给水的 pH 值，最实用的是往给水中加氨水（常称为加氨处理），因为氨有不会受热分解和易挥发的性能。

1）原理。给水 pH 值过低的原因是它含有游离 CO_2，因此加氨水就相当于用氨水的碱性来中和碳酸的酸性。碳酸是二元酸，它和氨水的中和反应有以下两步：

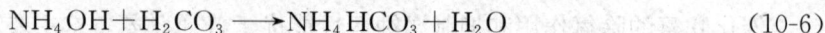

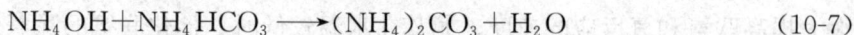

$$NH_4OH + H_2CO_3 \longrightarrow NH_4HCO_3 + H_2O \tag{10-6}$$

$$NH_4OH + NH_4HCO_3 \longrightarrow (NH_4)_2CO_3 + H_2O \tag{10-7}$$

计算表明，若加入的氨量恰好将 H_2CO_3 中和至 NH_4HCO_3，则水的 pH 值约为 7.9；若中和至 $(NH_4)_2CO_3$，则水的 pH 值为 9.2。通常，加氨的目的是将水的 pH 值调节在 8.5 以上，所以需加的氨量应多于完成第一步中和反应所需的量。

NH_3 是一种挥发性物质，这一点和 CO_2 相似。当给水进行氨处理时，NH_3 进入锅炉后会随蒸汽挥发出来，通过汽轮机后，随排汽进入凝汽器。在凝汽器中一部分 NH_3 被抽气器抽走，余下的转入凝结水中，随后当凝结水进入除氧器后又会除掉一部分 NH_3，余下的 NH_3 仍然在给水中。

因此不能用氨处理作为解决给水因为含游离 CO_2 而 pH 值过低问题的唯一措施，而应该首先尽可能地降低给水中碳酸化合物的含量，以此为前提，进行加氨处理，以提高给水的 pH 值，这样氨处理才会有良好的效果。

2）加药。氨处理可以使用的药品有液氨或氢氧化铵（氨的水溶液）。通常把 NH_3（氨水或液氨）加在补给水、给水或凝结水中，也可以将 NH_3 直接加在汽包或蒸发器中。因为加药部位水的 pH 值要高些，所以如为了提高补给水的 pH 值，可将 NH_3 加在补给水中；如给水的 pH 值较低，可将 NH_3 和 N_2H_4 一起加在除氧器出口的给水中。加氨量以使给水 pH 值调节到 $8.8 \sim 9.3$ 为宜，实际所需的加药量，要通过运行调整决定。

（2）给水胺处理。氨处理若控制不当，热力系统中的黄铜就可以被腐蚀，为此，还可用往水中加胺类化合物的办法来提高水的 pH 值。胺是氨的有机衍生物。用于给水处理的胺，可因其用途不同分为中和胺和膜胺两类。

1）中和胺。这类胺用来中和给水中的酸性物质，它应具有碱性、挥发性以及不会和 Cu^{2+}、Zn^{2+} 形成络离子的性能。对氧氮己烷和环己胺为两种用于处理给水的中和胺。这两种胺溶于水后显碱性，可和 H_2CO_3 发生反应。

这两种胺都具有碱性和挥发性，能分布于热力系统各种水汽中，从而提高水的 pH 值。它们不和 Cu^{2+}、Zn^{2+} 形成络离子，所以对黄铜材料没有腐蚀性。

用中和胺调节水质的缺点是：药品价格贵，水质调节的费用高。此外，对于高参数机组，还应考虑到温度超过 510℃ 的条件下，中和胺在蒸汽中可能发生分解的问题。

2）膜胺。用作膜胺的是一类大分子量的烷胺，它是具有 $10 \sim 18$ 个或更多碳原子的长链有机化合物，分子式为 $C_nH_{2n+1} \cdot NH_2$。膜胺主要用于凝结水系统设备的防腐，其中十八烷胺（$C_{18}H_{37} \cdot NH_2$）、十六烷胺（$C_{16}H_{33} \cdot NH_2$）和癸胺（$C_{10}H_{21} \cdot NH_2$）用得较多。

膜胺防止金属腐蚀的原理在于它能够吸附在金属表面上形成保护膜。由于这层保护膜的屏障作用，水和金属表面被完全隔离，因而防止了水中 O_2 和 CO_2 对金属的腐蚀。膜胺所形成的保护膜很薄，实质上只有单分子层厚，而且在用膜胺进行连续处理的条件下它也不会增厚。这层薄膜比较耐久，即使在停止加药的情况下，短时间内也不会很快脱落。由于膜胺具有上述性能，所以给水水汽系统中有大量的 O_2 和 CO_2 时，它仍有良好的防腐效果。此外，膜胺还有较强的渗透性，它能透过金属表面上的铁锈等沉积物而在此表面上形成保护膜，所以膜胺可以用在已经发生腐蚀的水汽系统中，以防止金属继续被腐蚀。

膜胺的投加量与水汽系统中 CO_2 的含量无关，只要加入量足以使金属表面生成完整的膜就可以。例如有一种商品名为 Permacol 的十八烷胺的投加量为 $15 \sim 30mg/L$ 时，就能在金属表面形成良好的保护膜。

商品出售的十八烷胺，通常是乳状的稀溶液。使用时，一般是用小型药泵打入中、低压蒸汽中。十八烷胺不能直接加入锅内，因为膜胺在高温条件下可能发生分解。

4. 给水氧化性水化学工况

前面所叙述的为防止金属腐蚀所进行的给水除氧和加氧（或胺）的水质调节处理，也称为给水还原性水化学工况。这种给水水质调节处理的方法虽然应用很广泛，但是对于超临界压力机组和亚临界压力直流锅炉机组，该方法的防腐效果并不能完全保证机组的长期安全、经济运行。下面简单介绍一下给水氧化性水化学工况。

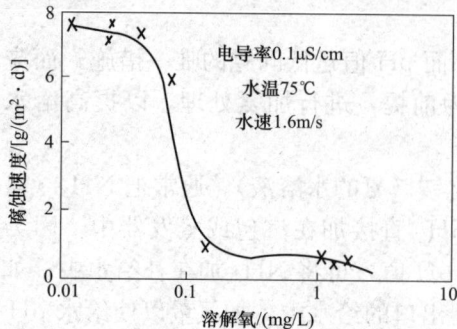

图 10-5　在电导率很小的中性水
中氧浓度对钢腐蚀速度的影响

（1）原理。在通常的条件下，水中的氧是一种对钢铁有腐蚀性的物质。但是研究证明，当水中电解质浓度非常小，以至水的电导率低于 $0.15\mu S/cm$ 时，水中溶解氧就不再对钢铁具有腐蚀性，相反，溶解氧能促使钢表面形成保护膜，从而抑制腐蚀。图 10-5 所示为由动态试验所测得的数据绘成的曲线。由此曲线可以看出，在水的电导率为 $0.1\mu S/cm$ 的条件下，水中溶解氧浓度越大，钢材的腐蚀速度越小。当水中溶解氧高达 $0.1mg/L$ 时，由于保护膜的形成，钢材的腐蚀速度就迅速下降。

氧化性水工况的给水处理方法，并不是着眼于消除水中溶解氧与使水呈强碱性，而是在水质极纯且呈中性或弱碱性的条件下，向水中加入适量的气态氧（O_2）或过氧化氢（H_2O_2），从而使钢铁表面生成保护膜，以防止给水系统的腐蚀。

研究证明，对于氧化性水化学工况，加入的氧化剂不同，在钢铁表面形成保护膜的机理也不同。若加入水中的是气态氧（O_2），氧便与钢铁直接作用而在钢表面生成氧化膜；若加入水中的是过氧化氢（H_2O_2），则水中首先生成过氧氢根和铁（Ⅲ）离子 $Fe(O_2H)^{2+}$，接着此络离子热分解，并在钢铁表面生成氧化膜。

（2）水质控制要求。实行氧化性水化学工况有两种不同的水质控制规范，各有其一定的适用范围。

1）给水中性水规范。在实行给水中性水规范时，对给水水质有严格的要求，列述于下：

① 电导率。给水电导率应很低（$<0.15\mu S/cm$）。如水质不纯，会破坏保护膜，例如当水中 Cl^- 含量超过 $10\mu g/L$ 时，碳钢表面就不能形成保护膜。

② pH 值。为保证水质呈中性，其 pH 值（25℃）应控制在 7.0～7.5。

③ 溶解氧。为了保证在钢铁表面生成保护膜，水中溶解氧的含量应控制在 $50\sim250\mu g/L$。

研究表明，给水中性水规范适用于高压加热器和低压加热器管子都有用钢材制作的机组。在苏联进行的试验研究已证明，对于低压加热器应用普通黄铜管 ЈI-68（相当于我国 H-68 黄铜管）的机组，不宜采用中性水规范，因为试验表明，在这种水规范下，普通黄铜管会遭到腐蚀，致使给水含铜量增加。

2）给水加氧加氨的联合水规范。这是"氧-氨联合处理"的给水水质调节法，也称加氧加氨的给水水质调节法。它是在纯度很高的水中既加氨又加氧。加氨提高水的 pH 值，增加水的缓冲性。但加氨量控制很严，只把水质调节到微碱性，避免在凝汽器空冷区等处由于氨的富集而导致铜管氨蚀。加氧使金属表面能生成氧化物保护膜，因而可抑制腐蚀。

加氧加氨的给水水质调节法，对水质纯度等方面的要求极严格，它要求进入锅炉省煤器前的给水水质达到下列标准：①水的电导率（25℃）应低于 $0.10\mu S/cm$；②水的 pH 值（25℃）应为 8.0～8.5；③水中含氧量（O_2）应控制在 $100\sim200\mu g/L$。

给水联合水规范适用于低压加热器管子用铜材制作、高压加热器用钢材制作的机组。在运行实践中，若发现某些阀门钨铬钴合金部件有腐蚀/磨蚀问题时，应通过改变材质予以解决。

（3）加药方式。实施给水氧化性水化学工况时，不再进行给水除氧，可以保留原有的除氧器，将它作为混合式加热器使用，应关闭排气门，停止其除氧功能。

加氧所用的药品有 H_2O_2 和气态 O_2，以焊接用氧（氧气瓶或管道）为多。加氧点可选择在凝结水除盐装置后的凝结水母管上或者在给水泵入口处，以选后者更易控制。也有两处都加药的。氨溶液可加至低压加热器前的主凝结水中，也可加至补给水中。

在给水加氧法中，给水水质检测应采用适应这种超纯水水质要求的在线仪表。

（4）氧化性水化学工况的优越性。给水加氧处理有以下几方面的效果：

1）锅炉和高压加热器的腐蚀和结垢速率降低，延长了锅炉化学清洗的时间间隔。

2）减少了锅炉压力损失。因给水中夹带的腐蚀产物易沉积在锅炉水冷壁管热负荷高的地方和节流孔板处，且垢层表面粗糙不平，使水流阻力损失增加，对直流锅炉的安全经济运行有较大的影响。实行给水加氧处理后，这种情况有明显改善。

3）延长了凝结水除盐设备的运行周期，减少了再生次数。这样，不仅节省了再生剂的年耗量，而且减少了再生液的年排放量，相应地废液处理的工作量和耗费也可减少。

第三节　汽水系统金属的腐蚀与防护

锅炉运行时，锅内水汽的温度和压力比较高或很高，炉管管壁温度很高，设备的各部分的应力很大，而且由于给水中杂质在锅炉内发生浓缩和析出，在锅内常集积有沉淀物，这些因素都会促使腐蚀，并使腐蚀问题复杂化。因此，虽然进入锅炉的水都是经过除氧的，锅炉水的 pH 值也常常比较高，但仍然会发生腐蚀。

如果锅炉水汽系统发生了较严重的腐蚀，那么由于锅内高温高压的作用，就容易导致爆管事故。防止锅炉水汽系统的腐蚀是一个很重要的问题，下面按水汽系统中可能发生的腐蚀类型，分述于下。

一、氧腐蚀

在正常运行情况下，不会有大气侵入锅内，而且给水中带有微量的氧，也往往在省煤器中就消耗完了，所以锅内不会发生氧腐蚀。

但是如除氧器运行不正常，有可能使给水中的溶解氧带入锅炉内。当给水中的含氧量不太大时，腐蚀首先发生在省煤器的进口端，随着其含氧量的增大，腐蚀可能延伸到省煤器的中部和尾部，直至锅炉的下降管也能遭到腐蚀。在锅炉的上升管（沸腾管）内，通常不会发生氧腐蚀，因为在这里，氧集中在气泡中，不易到达金属表面。

锅炉在基建和停用期间，如没有采用适当的保护措施，大气就会侵入锅内。由于大气中含有氧和湿分，锅炉会发生氧腐蚀。在基建期间发生的氧腐蚀，其腐蚀的产物虽然在启动时的酸洗过程中可以清除，但腐蚀造成的陷坑，在以后的运行中仍会成为腐蚀电池的阳极，继续发生腐蚀；如腐蚀产物过多，酸洗的负担就较重，也不易洗净，因此在基建期间应有防腐措施。

与运行中发生的氧腐蚀常常局限于某些部位不同，锅炉停用时发生的氧腐蚀，常常在整个水汽系统中都有，特别容易发生在积水放不掉的部分。

二、沉积物下腐蚀

1. 腐蚀类型

当锅内金属表面附着有水垢或水渣时，在其下面会发生严重的腐蚀，称为沉积物下腐蚀，这是目前高压锅炉内常见的一种腐蚀。

在一般的运行条件下，由于锅炉水的 pH 值常保持在 $9\sim11$，锅炉金属表面的保护膜是稳定的，所以不会发生腐蚀。但当锅内的金属表面上有沉积物时，这里的情况就发生了变化：首先，由于沉积物的传热性很差，沉积物下金属管壁的温度升高，渗透到沉积物下面的锅炉水会发生急剧浓缩。浓缩的炉水由于沉积物的阻碍，不易和处于炉管中部的炉水混匀，其结果是沉积物下锅炉水中各种杂质的浓度变得很高。在锅炉水高度浓缩的条件下，其水质会与浓缩前完全不同，沉积物的浓溶液会具有很强的侵蚀性，使锅炉金属遭到腐蚀。

所以沉积物下腐蚀可分为以下两种情况：

(1) 酸性腐蚀。如图 10-6(a) 所示，设炉管的向火侧已沉积了一层沉积物，而且在锅炉水中有 $MgCl_2$ 和 $CaCl_2$ 类物质，因而在沉积物下积累起很多的 H^+。这样，在沉积物下会发生酸性水对金属的腐蚀。

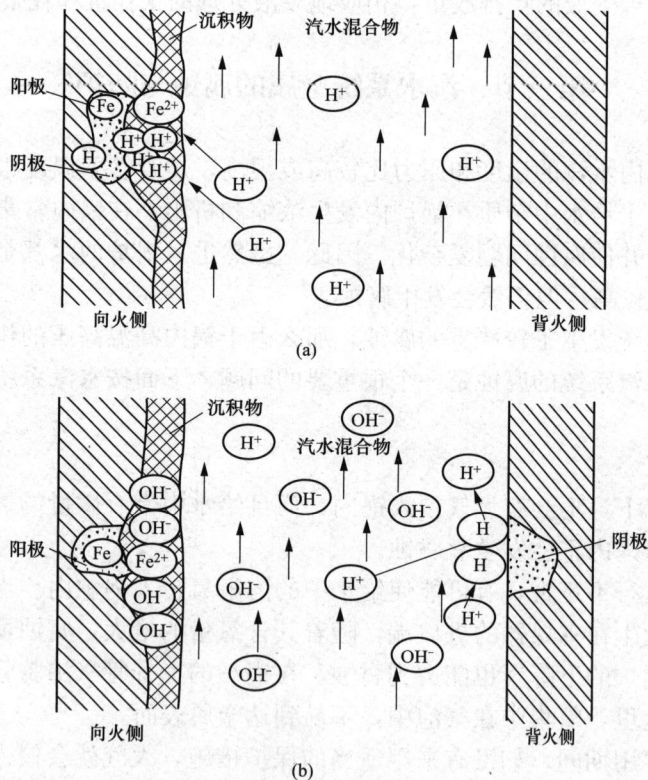

图 10-6　酸性和碱性腐蚀示意
(a) 酸性腐蚀；(b) 碱性腐蚀

由于反应发生在沉积物之下，生成的 H_2 受到沉积物的阻碍。这些氢有一部分可能扩散到金属内部，和碳钢中的碳化铁（渗碳体）发生反应因而造成碳钢脱碳，金相组织受到破坏；并且反应产物 CH_4 会在金属内部产生压力，使金属组织中逐渐形成裂纹。发生这种腐蚀时，腐蚀部位的金相组织发生了变化，有明显的脱碳现象，生成细小的裂纹，使金属变脆。严重时，管壁并未变薄就会爆管。这种腐蚀是由于腐蚀反应中产生的氢渗入到金属内部引起的，因此又称为氢脆。

（2）碱性腐蚀。如果锅炉水中有游离 NaOH，那么在沉积物下会因炉水浓缩而形成很高浓度的 OH^-，发生碱性腐蚀。此时处于沉积物外部的炉水（即水汽混合物）和沉积物下的相比，前者的 OH^- 浓度小，H^+ 的浓度大，因此，阴极反应不是发生在沉积物下面，而是发生在没有沉积物的背火的侧管壁上，如图 10-6（b）所示。这时生成的 H_2 没有任何东西阻拦，可以很快地进入水汽混合物中，从而被带走。所以不会发生钢的脱碳现象，只是在沉积物下形成一个个腐蚀坑，这就是碱性腐蚀。腐蚀特征是腐蚀坑凹凸不平，坑上覆盖有腐蚀产物，坑下金属的金相组织和机械性能都没有变化，金属仍保留它的延性，所以称为延性腐蚀。当腐蚀坑达到一定的深度以后，管壁变薄，这时便会因过热而鼓包或爆管。

2. 防止措施

要防止沉积物下腐蚀，除主要从防止炉管上形成沉积物着手外，还应消除锅炉水的侵蚀性。一般措施如下：

（1）新装的锅炉投入运行前，应进行化学清洗；锅炉运行后要定期清洗，以除去沉积在金属管壁上的腐蚀产物。

（2）提高给水水质，防止因给水系统腐蚀而使给水的铜铁含量增大。

（3）尽量防止凝汽器泄漏。

（4）调节锅炉水水质，消除或减少锅炉水中的侵蚀性杂质，例如实行锅炉水的协调 pH-磷酸盐处理，消除锅炉水中的游离 NaOH。

（5）做好锅炉的停用保护工作，防止停用腐蚀，以免炉管金属表面上附着腐蚀产物。还可避免停用腐蚀产物增加运行时炉水的含铁量。

三、水蒸气腐蚀

当过热蒸汽温度高达 450℃ 时（此时，过热蒸汽管管壁温度约 500℃），就要和碳钢发生反应；在 450~570℃ 时，它们的反应产物为 Fe_3O_4；当温度达 570℃ 以上时，反应产物为 Fe_2O_3，这两种反应是化学反应，所引起的腐蚀都属于化学腐蚀。当产生这种腐蚀时，管壁均匀地变薄，腐蚀产物常常呈粉末状或鳞片状，多半是 Fe_3O_4。在锅炉内，发生汽水腐蚀的部位，一般在以下两处：

（1）汽水停滞部分。当锅炉内有水平或倾斜度较小的管段，以致水循环不畅，运行中发生汽塞或汽水分层处的地方，可能因蒸汽严重过热而产生汽水腐蚀。

（2）蒸汽过热器中。锅炉过热蒸汽的温度一般在 450~570℃。在正常情况下，如运行良好，在过热器的管壁上会形成一层黑色的 Fe_3O_4 保护膜，从而防止了腐蚀。如果在运行中过热器的热负荷和温度波动很大，使保护膜遭到破坏，那么过热器管壁就会遭受严重的汽水腐蚀。

防止腐蚀的方法是，消除锅炉中倾斜度较小的管段，以保证正常的汽水循环；对于过热器，如温度过高，应采用特种钢材制成。这是因为超高压和亚临界压力锅炉的过热蒸汽温度已达 550℃ 及以上，不论是在机械性能方面（高温下发生蠕变）或耐蚀性能方面，普通的碳钢都不能承受，必须用其他材料，如耐热的奥氏体不锈钢。

四、应力腐蚀

当金属除了受某些侵蚀性介质的作用外，同时还受机械应力的作用时，会发生裂纹损坏，这是一种特殊的腐蚀现象，称为应力腐蚀。

锅炉金属的应力腐蚀的介绍见本章第一节。

第四节 凝汽器铜管冷却水侧的腐蚀与防护

在凝汽器中用作传热的管件，由铜合金材料（黄铜或白铜）制成的称为凝汽器铜管。凝汽器铜管冷却水侧的腐蚀和给水系统或锅炉中钢材的腐蚀有很大不同，这不仅是由于铜和钢的化学性能不一样，而且还因为和它们接触的水质和水温也有很大的差别。在给水系统中和锅炉中流动着的都是经过净化处理的水，而冷却水一般都不进行净化处理，故其含盐量高，杂质多，而且饱含着溶解氧。在水温方面，凝汽器进口冷却水是常温，出口水温度大都在40℃左右，比其他热力设备中的水温低。

凝汽器铜管的腐蚀有其特点，因为冷却水的流量很大，因此，它的防护不能采用净化的方法。可采用的办法为选择合适的管材，或在冷却水中投加某些药品进行铜管表面的造膜，或在水中投加能使水质稳定的药剂等。

凝汽器铜管的管壁通常为1mm左右，当它遇到局部腐蚀时，容易发生管壁穿孔，这样，冷却水就会大量漏到凝结水中，从而使给水水质恶化。凝汽器中铜管的数量很多，如果全都发生腐蚀穿孔，就会造成严重事故。

一、腐蚀形式

凝汽器铜管在冷却水中的腐蚀有均匀腐蚀与局部腐蚀两类。发生均匀腐蚀时，黄铜常常以极缓慢的速度溶解，此时其使用年限常常仍然可达10年（对于海水）或20年（对于淡水），所以其危害性不算十分严重。局部腐蚀是较危险的，铜管的腐蚀泄漏往往起源于此。

铜管的腐蚀过程与铜管表面保护膜的性能关系很大。当新铜管初投入运行的一段时期内（约自1个星期至1个月左右），其表面便因腐蚀而生成一层薄膜，这层薄膜如果和铜管表面黏附很牢，且质地致密，那么就是良好的保护膜，它可以使铜管表面和水隔离，抑制腐蚀；否则，铜管有可能迅速遭到腐蚀。

由于各种冷却水的水质不同，所以铜管在运行中能否形成良好的保护膜很难预测。一般，在含盐量小的水中，铜管表面有可能生成一层致密 $Cu(OH)_2$ 的保护膜；在含盐量大的水中，腐蚀产物主要为绿色碱式铜盐 $CuCl_2 \cdot 3Cu(OH)_2$、$CuCO_3 \cdot 2Cu(OH)_2$，保护性能较差。所以新铜管投入运行时，应力求采用较清洁的冷却水。如果铜管的表面在运行初期已形成一层良好的保护膜，以后就不再会进行均匀腐蚀；对于局部腐蚀，也只有在此膜发生破裂的情况下才发生。下面介绍各种局部腐蚀。

1. 脱锌腐蚀

黄铜是铜锌合金。黄铜中的锌被单独溶解的现象，称为脱锌。对于脱锌腐蚀的机理，目前有两种说法，一种认为脱锌腐蚀是铜锌合金中的锌被选择性地溶解下来（由于锌比铜活泼）；另一种认为，腐蚀开始时是铜和锌一起溶解下来，然后水中的铜离子与黄铜中的锌发生置换反应，而铜被重新镀上去，所以脱落下来的仅为锌。

脱锌腐蚀属于电化学腐蚀，腐蚀产物都是白色的，有时被铁化合物污染而呈棕黄色，覆盖在腐蚀点上。其腐蚀征状是：上面一层是棕黄色的腐蚀产物，下面是因脱锌而形成的海绵状紫铜，再下面是未受腐蚀的黄铜基体。

脱锌腐蚀有两种类型：一种是层状脱锌，另一种是栓状脱锌，分别如图 10-7(a)、（b）所示。一般来说，在海水中容易产生层状脱锌，在淡水中容易产生栓状脱锌。

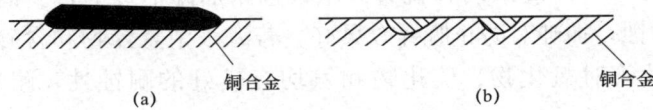

图 10-7　黄铜的脱锌腐蚀
（a）层状脱锌；（b）栓状脱锌

含锌 15％以上的铜管容易发生脱锌，锌的含量越高，脱锌的倾向越大。黄铜中有铁和锰时，会加速脱锌过程；有砷、锑和磷时，会抑制脱锌过程。水的 pH 值对黄铜脱锌腐蚀有影响，在 pH＝7 左右的水中，黄铜中锌的腐蚀速度比黄铜大得多，脱锌将是明显的。促使脱锌的因素还有：冷却水的流速慢、管壁温度高和管内表面有疏松的附着物等。

2. 冲击腐蚀

当凝汽器铜管受到含有气泡水流的剧烈冲击时，会因铜管表面的保护膜局部遭到破坏，使这些部位产生腐蚀。这种腐蚀呈溃蚀状，常常是一个个马蹄状的腐蚀坑，称为冲击腐蚀。冲击腐蚀形成的腐蚀坑具有方向性，其陷坑对着水流冲击的方向。这种腐蚀容易发生在凝汽器的冷却水入口端，在这里由于水的涡流效应，会发生气泡的冲击作用。

如果水中带有固体颗粒（如砂粒），它们能和气泡一样起到冲击作用而破坏保护膜，造成冲击腐蚀。冲击腐蚀并不单纯是机械冲刷作用，而是机械冲刷和电化学作用共同造成的。

3. 沉积腐蚀

有些冷却水常被泥沙、贝壳、水生物等所污染。这些固体物质沉积在铜管内壁上后，起着屏蔽作用，阻碍氧到达下面的金属表面。这样，缺氧的沉积物下的金属部位成为阳极区，便引起沉积物下面金属的腐蚀。这种腐蚀常发生在水流缓慢的部分，因为这里容易沉积外力物质。

4. 应力腐蚀

铜管在应力作用下的腐蚀破裂，有下列两种情况：

（1）在交变应力作用下。比如，凝汽器铜管发生振动，使管内水剧烈摇动，压力的变化使管上的保护膜受到冲击而破坏，因而发生孔蚀，最后管子破裂，这称为腐蚀疲劳。此种腐蚀的特征为裂缝是穿过晶粒的。腐蚀疲劳最易发生在铜管的中部，因为在这里振动最厉害。

（2）在拉伸应力的作用下。如有拉伸应力的作用，再加上水质有侵蚀性，时间一久便因腐蚀发生裂缝。在这种情况下，裂缝主要是沿晶粒边界发生的。实践证明，在应力存在的情况下，水中含有 O_2、NH_3、H_2S 等物质，是造成腐蚀裂缝的重要因素。

5. 热点腐蚀

若在凝汽器的某个部位温度很高，如达到冷却水的沸点，则在此局部地区会引起铜管的严重腐蚀，这种腐蚀称为热点腐蚀。热点腐蚀是一种脱锌型的腐蚀，腐蚀点发生在晶粒和晶粒之间，管壁上的腐蚀点或腐蚀孔一般用肉眼就能看到。热点腐蚀在一般的凝汽器中不容易发生，但是在有高温部分的特种凝汽器和加热器的进汽部位可能发生。

锡黄铜比铝黄铜容易发生热点腐蚀，30％镍铜比 10％镍铜容易发生热点腐蚀。

二、铜管材料的选择

为了防止凝汽器铜管腐蚀，选用耐蚀性强的材料制造凝汽器管是很重要的一个方面。

（1）水的含盐量＞2000mg/L 时，视为海水，选用加砷铝黄铜管。铝黄铜耐腐蚀的能力很强，但不耐脱锌腐蚀，加砷对防止脱锌效果好。若海水中悬浮物和含砂量较高，可选用白铜管 B30 或钛管。钛管对氯化物、硫化物和氨均有较好的耐蚀性，耐冲击腐蚀的性能也较强。

（2）水的含盐量＜2000mg/L 时，视为淡水。这时，可分为：含盐量＜400mg/L 的江河水，当管内流速＜2m/s 时，可选用加砷黄铜管；含盐量＞400mg/L 的江河水，当管内流速＜2m/s 时，可选用加砷锡黄铜管，加锡的作用是防止铜管脱锌。

三、腐蚀的防止

影响凝汽器铜管腐蚀的因素很多，所以其防止措施是多方面的，列述于下。

1. 改进运行工况

（1）调整水质。冷却水中的贝类、石子、木片及海藻等进入凝汽器的铜管后，会堵塞在管内，引起沉积腐蚀。防止的方法是加装滤网和进行氯处理等，消除这些污物。

水中含砂子太多是造成冲击腐蚀的原因之一。一般认为，当水中砂的年平均含量小于 50mg/L 时，不会引起冲击腐蚀；如太高，则应设法消除。

水的 pH 值对铜管腐蚀有较大的影响，但多少最合适，尚无定论。有的资料上认为 pH 值一般在 8～9 较好，而另一些则认为大于 8.0 就有危险。总之，pH 值过大是不好的，此时，腐蚀趋向于局部脱锌。所以在进行冷却水处理时，应注意其 pH 值的调节。

（2）保持适当的水流速度。铜管中水流速度不宜过大和过小。过大易造成冲击腐蚀；过小会使杂物沉积，并促使脱锌腐蚀。黄铜管、加砷黄铜管发生冲击腐蚀的临界流速分别为≤3m/s、4.5m/s。

（3）防振。在设计凝汽器时要设法防止管子的剧烈振动，以免引起腐蚀疲劳。对于已制成的凝汽器，为防止铜管的振动，可采取在管束之间嵌塞竹片或木板条等措施。

（4）消除应力。铜管在制造时常存有残余应力，应进行退火处理消除。

2. 冷却水的缓蚀处理

用来抑制腐蚀过程的药剂称为缓蚀剂，利用缓蚀剂进行腐蚀处理称为缓蚀处理。可作为冷却水缓蚀剂的药剂有很多种，它们可按其在腐蚀电池中作用部位的不同而分成阳极型、阴极型和阴阳极型三类。

缓蚀剂之所以能起缓蚀作用，是因为它们能覆盖在这些电极上，形成保护膜，从而抑制了金属腐蚀的过程。缓蚀剂又可因其成膜原理的不同而分成三种：在阳极形成一层具有钝化作用的金属氧化物，称为氧化膜型，如铬酸盐；缓蚀剂与水中某些离子互相结合，在金属表面形成一层难溶的沉积物，称为沉积型，如聚磷酸盐、锌盐；还有一种称吸附型，它吸附在金属的表面，如 2-巯基苯并噻唑（MBT）。

此外还有硫酸亚铁造膜法。此法为将硫酸亚铁水溶液通过凝汽器铜管，使铜管内壁生成一层含有铁化合物的保护膜，从而防止冷却水对铜管的腐蚀。

常用的造膜条件如下：

(1) $FeSO_4$ 浓度：含 $FeSO_4 \cdot 7H_2O$ 250~500mg/L 或 Fe^{2+} 50~100mg/L；

(2) 溶液 pH 值：5~6.5（用 Na_3PO_4 或 Na_2CO_3 来调整）；

(3) 溶液温度：室温或 30~40℃；

(4) 溶液循环流速：0.1~0.3m/s；

(5) 循环时间：96h 左右。

当冷却水中含有硫化氢或其他还原型物质，且污染很严重时，此法没有效果。

3. 阴极保护

由电化学腐蚀原理可知，在腐蚀电池中受到腐蚀的是阳极，阴极不会腐蚀。阴极保护就是利用这个原理，将被保护的设备做成一个电池中的阴极，这样，该设备就会受到保护。

但凝汽器铜管很长，很难将这样长的管段都做成阴极，所以阴极保护法实际所能做到的，常常只是保护凝汽器两端的水室、管板和管段。

阴极保护法有以下两种：

(1) 牺牲阳极法。此法为在凝汽器水室内安装一块电位低于被保护体的金属，例如锌板、锌合金或纯铁。这样，此金属本身成为阳极，被保护的水室、管板和管段变成阴极。因此受蚀的是此阳极，故称为牺牲阳极法。

(2) 外部电源法。此法为在凝汽器的水室内装入一个外加电源，将水室体作为另一电极，外接直流电源。外加的电极接正极，水室接负极，则水室便变成电解槽的阴极，受到保护。外部电源法的阳极材料，一般采用磁性氧化铁或铅合金。

4. 加装套管

为了防止在凝汽器的冷却水入口端发生冲击腐蚀，可在这部分的铜管上加装一段套管，把铜管表面覆盖起来。套管必须紧贴管壁，否则发生振动，反而引起腐蚀。这种套管可用塑料制成，如聚氯乙烯。

5. 胶球清洗

胶球的清洗是一种独特的清洗方法。在运行中使特制的胶球通过凝汽器铜管，进行自动冲刷。用这种方法，稍有附着物就被胶球冲刷掉，是防止凝汽器铜管产生附着物的措施。

胶球通常用橡胶制成，具有多孔、能压缩等特性。球在充分吸水后的密度应和水的密度相同。球的直径应比铜管内径大 1mm。当它的直径比铜管内径小 1mm 时，便不能使用，应更换。每台凝汽器所需的胶球量约为一个流程的铜管数的 10%~15%。每根管子在每次清洗中平均通过 3~5 个球。

胶球性软，可以压缩，在水流带动下会通过铜管。胶球和铜管管壁发生摩擦，能将管壁上的附着物擦去。因胶球有多孔性，所以从胶球后方来的水流会通过其孔隙把擦下的污物冲走。

胶球自动清洗装置系统如图 10-8 所示。在这里，有专设的水泵使水形成一个单独的循环回路，胶球被这一股水流带动，通过凝汽器和回收网等做循环运动。胶球清洗系统使冷却系统增加的水流阻力为 6~8kPa。一般为每星期洗一次，清洗次数不宜过多，因为清洗过度有可能破坏铜管表面的保护膜，引起铜管腐蚀。

6. 化学清洗

为了去除凝汽器铜管内结有的碳酸盐垢类，用化学药剂进行清洗要比机械清洗方便。一般清洗所用的药品为酸，就是利用酸和碳酸钙的反应使垢转变成易溶的钙盐，随着冲洗液排走。

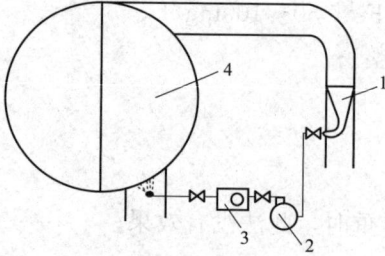

图 10-8　胶球清洗装置系统
1—胶球回收网；2—水泵；
3—加球室；4—凝汽器

通常可采用的酸有盐酸、醋酸和磷酸。盐酸的除垢效果好、作用快、价格便宜，一般情况均能采用。盐酸对铜管的腐蚀速度比其他酸大，但可用加缓蚀剂的方法，使其腐蚀速度减小。醋酸的酸性弱、作用慢，故酸洗操作应在加热至 $40\sim60℃$ 的情况下进行，但醋酸对铜管的腐蚀速度比盐酸慢。磷酸的效果与醋酸的相似。酸洗所需的时间一般为 $1\sim2h$。各种清洗方法均难免对铜管有腐蚀作用，因此，目前有采用压力水冲洗的方法。一些电厂或购置冲洗水泵，或委托专业冲洗队伍进行压力水冲洗以代替酸洗。

第五节　锅炉停用的腐蚀与防护

一、停用锅炉保护的必要性

锅炉等热力设备停运期间，如果不采取有效的保护措施，水汽侧的金属表面会发生强烈腐蚀，这种腐蚀称为停用腐蚀，其本质属于氧腐蚀。

停用腐蚀是金属损坏的最主要形式之一，在很多情况下，停用时锅炉遭受的腐蚀强度大大超过工作时的腐蚀。特别是热网锅炉在夏季有很长的停炉时间，空气中的氧及水蒸气凝结产生的水膜使锅炉极易产生停用腐蚀。

停用腐蚀的主要原因是水汽系统内部有氧气及金属表面潮湿，在表面形成水膜。水中或金属表面水膜中盐分浓度增加，则腐蚀速度增加。特别是氯化物和硫酸盐含量使腐蚀速度上升很明显。当金属表面有沉积物或水渣时，金属表面易结露或残留水分，保持潮湿，同时又妨碍氧扩散进去，所以沉积物或水渣下面的金属电位较负，成为阳极；而沉积物或水渣周围，氧容易扩散到金属表面，电位较正，成为阴极。由于这种氧浓度差异的原电池存在，使腐蚀速度增加。

停用腐蚀表现为全面锈蚀，腐蚀产物以高价氧化铁为主。腐蚀严重时，也常出现皿状腐蚀和孔蚀，但其腐蚀产物仍以高价铁为主。

停用时氧腐蚀的主要形态是点蚀。停用时氧浓度比运行时大，腐蚀面积广。停用时温度低，所以形成的腐蚀产物表层常显黄褐色，其附着力低、疏松、易被水带走。而运行炉，由于水温度较高，管壁腐蚀产物比较坚硬。

停用腐蚀的危害主要表现在以下两个方面：

（1）在短期内停用设备即遭到大面积腐蚀，甚至腐蚀穿孔；

（2）加剧锅炉运行时的腐蚀。停用腐蚀的腐蚀产物在锅炉启动时进入锅炉，促使锅炉锅水浓缩，腐蚀速度增加，以及造成炉管内摩擦阻力增大，水质恶化等。

二、停用锅炉的保护方法分类及选择原则

按照保护方法或措施的作用原理，停用保护方法可分为三类：

（1）阻止空气进入锅炉水汽系统内部，其实质是减少金属腐蚀剂氧的浓度。

（2）降低锅炉水汽系统内部的温度，其实质是防止金属表面凝结水膜，形成电化学腐蚀电池。

（3）使用缓蚀剂，减缓金属表面的腐蚀。

在选择停用保护方法时，主要根据以下原则。

1. 锅炉参数与类型

首先要考虑锅炉的类别。对水质要求比较高的锅炉，只能采用挥发性药品保护，如联胺和氨或充氮保护。其次是考虑锅炉参数，通常对水汽系统结构复杂的锅炉，停用放水后，有些部位不易放干，所以不宜采用干燥剂法。

2. 停用时间的长短

停用时间不同，所选用的方法也不同。对热用状态的锅炉，必须考虑能随时投入运行，因此所采用的方法不能排掉锅水，也不能改变锅水成分，所以一般采用保持蒸汽压力方法。对于短期停用机组，要求短期保护以后能投入运行，锅炉一般采用湿式保护。

3. 选用保护方法时，要考虑现场条件

现场条件包括设计条件、给水的水质、环境温度和药品来源等。如采用湿式保护的各种方法时，在寒冷地区均需考虑药液的防冻。

在选择停用保护方法时，必须充分考虑锅炉的特点，才能选择出合适的药品或恰当的保护方法。也只有充分考虑到需要保护的时间长短后，才能选择出既有满意的防锈蚀效果又方便锅炉启停的保护方法。

三、锅炉停用的保护方法

锅炉停用保护的方法一般有干式保护法（包括热炉放水余热烘干法、负压余热烘干法、邻炉热风烘干法、干燥剂去湿法、充氮法、气相缓蚀剂法等）、湿式保护法（包括蒸汽压力法、给水压力法、氨水法、氨-联胺法等）、联合保护法（包括充氮或充蒸气的湿式保护法），以及目前最先进的 TH901 半干缓蚀保护法。

1. 热炉放水余热烘干法

热炉放水是指锅炉停运后，压力降到 0.5～0.8MPa 时，迅速放尽锅内存水。利用炉膛余热烘干受热面。若炉膛温度降到 105℃时，锅内空气湿度仍高于 70%，则锅炉点火继续烘干。此法适用于临时检修或小修锅炉时，停用期限一周以内的保护。

2. 负压余热烘干法

锅炉停运后，压力降到 0.5～0.8MPa 时，迅速放尽锅内存水，然后立即抽真空，加速锅内空气排出湿气的过程，并提高烘干效果。应用此法保护适用于锅炉大、小修时，停用期限可长至 3 个月。

3. 邻炉热风烘干法

热炉放水后，将正在运行的邻炉热风引入炉膛，继续烘干水汽系统内表面，直到锅内空气温度低于 70%。此法适用于锅炉冷态备用，大、小修期间，停用一个月以内的保护。

4. 干燥剂去湿法

应用吸湿能力强的干燥剂，使锅内金属表面保持干燥。应用时，先将热炉放水、烘干，除去水垢和水渣，放入干燥剂（如无水氯化钙、生石灰、硅胶等）。此法常用于中小型锅炉。

5. 充氮法

当锅炉压力降到 0.3～0.5MPa 时，接好充氮管，待压力降到 0.05MPa 时，充入氮气并保持压力在 0.03MPa 以上。氮本身无腐蚀性，它的作用是阻止空气漏入锅内。此法适用于长期冷态备用锅炉的保护，停用期限可达 3 个月以上。

6. 气相缓蚀剂法

锅炉烘干，锅内空气湿度小于 90% 时，向锅内充入汽化了的气相缓蚀剂。充至排气口 pH＞10，停止充气，封闭锅炉。此法适用于冷态备用锅炉。一般适用于中长期停用保护。实际经验证明，有的锅炉用此法保护可达一年以上不锈蚀。

7. 蒸汽压力法

有时锅炉因临时小故障或外部电负荷需求情况而处于热态备用状态，或锅炉处于停用状态，需采取保护措施，并且锅炉必须准备随时再投入运行，所以锅炉不能放水，也不能改变锅水成分。在这种情况下，可采用蒸汽压力法。方法为：锅炉停运后，用间歇点火方法，保持蒸汽压力大于 0.5MPa，一般使蒸汽压力达 1.0MPa，以防止外部空气漏入。此法适用于一周以内的短期停用保护，耗费较大。

8. 给水压力法

锅炉停运后，用除氧合格的给水充满锅内，并保护给水压力 0.5～1.0MPa 及溢流量，以防空气漏入，此法适用于停用期一周以内的短期停用锅炉的保护。保护期间定期检查锅内水压力和水中溶解氧的含量，如压力不合格或溶解氧大于 $7\mu g/L$，应立即采取补救措施。

9. 氨水法

锅炉停运后，放尽锅内存水，用氨液做防锈蚀介质充满锅炉，防止空气进入。使用的氨浓度为 500～700mg/L。氨液呈碱性，加入氨，使水碱化到一定程度，有利于钢铁表面形成保护膜，可减轻腐蚀。因为浓度较大的氨液对铜合金部件有腐蚀，因此，使用此法保护前应隔离接触的铜合金部件。解除设备停用保护、准备再启动锅炉，在点火前应加强锅炉本体到过热器的反冲洗，点火后，必须待蒸汽中氨含量小于 2mg/kg 时方可送汽，此法适用于停用期为一个月以内的锅炉。

10. 氨-联胺法

锅炉停运后，把锅内存水放尽，充入加入联胺并用氨调节 pH 值的给水。保持水中联胺过剩量 200mg/L 以上，水的 pH 值为 10～10.5。此法保护锅炉，其停用期限可达 3 个月以上，适用于长期停用、冷态备用或封存的锅炉保护。当然也适用于 3 个月以内的停用保护。在保护期，应定期检查联胺浓度与 pH 值。

应用氨-联胺法保护的锅炉再启动时，应先将联胺-氨液排放干净，并彻底冲洗。锅炉点火后，应先向空排气，起码至蒸汽中氨储量小于 2mg/kg 时方可送汽，以免氨浓度过大而腐蚀铜管。对排放的联胺-氨保护液，要进行处理后才可排入河道，以防污染。

由于用联胺-氨溶剂保护时，温度为常温，所以联胺的主要作用不是直接与氧反应而除去氧，而是起阳极缓蚀剂或牺牲阳极的作用，因而联胺的用量必须足够。

11. 联合保护法

这应该是一种最主要的保护形式。因单靠一种保护方法很难卓有成效地防止锅炉的停用腐蚀。联合保护法中最常用的是充氮或充蒸汽的湿式保护法。其方法：在锅炉停运后，先完成锅内换水，充入氮气，并加了联胺与氨，使联胺量达 200mg/L 以上，水的 pH 值达 10 以上，氮压保持 0.03MPa 以上。若保护期长，则联胺量还需增加。很显然，这种保护法虽然较复杂，但比其他各种单一的保护方法效果更好。

12. TH901 半干缓蚀保护法

TH901 半干缓蚀保护法是国内外最先进、最有效的方法，它代表了停用锅炉腐蚀保护的一种新概念，解决了锅炉行业一个长期没有彻底解决的难题，它明显地优于传统的"干法"和"湿法"保护。它主要用于停用锅炉和其他停用待用黑色金属容器的防腐领域。

TH901 保护剂渗透力极强，缓蚀半径大，采用极易挥发药剂组成，同时还配有吸湿剂，药剂作用成分在金属表面形成保护膜，与腐蚀介质隔离以达到保护金属、防止腐蚀的作用，无须除氧、干燥步骤；不仅保护处于气相中的金属，而且保护处于液相中的金属；同时对无垢及垢下金属均有保护作用，缓蚀效率达 99% 以上；一次加药无须监测与补药，保护期限达 2 年以上；加药全过程只需几十分钟，由于单位体积用量小，因此总体成本较低，只有干法保护的 1/5，湿法保护的 1/7。

第六节　汽轮机的腐蚀与防护

采用化学除盐水作为锅炉的补给水对减轻热力设备的结构和腐蚀危害程度起了很大的作用。但因为水、汽品质变得很纯，因此它们对酸碱的缓冲性减弱了。在这种情况下，如向水汽系统中加入或漏入其他物质，就会使汽水品质发生明显的变动。并且当用氨来调节锅炉炉水的 pH 值时，水中某些酸性物质的阴离子的蒸汽携带量也会大大增加。这样，如果漏入锅炉水中的杂质在锅炉中产生了酸性物质，且被蒸汽带入汽轮机，则有可能使汽轮机遭受酸性腐蚀。

1. 汽轮机的酸性腐蚀部位

汽轮机的酸性腐蚀主要发生在低压缸的入口分流装置、隔板、隔板套、叶轮以及排汽室缸壁等静止部件的某些部位。受腐蚀部件的表面保护膜均匀或局部破坏，金属晶粒裸露完整，表面呈现银灰色，类似钢铁受酸浸洗后的表面状态。隔板导叶根部常形成腐蚀凹坑，严重时，坑深达几毫米，以致影响叶片与隔板的结合，危及汽轮机的安全运行。所有存在酸性腐蚀的制件，其材质均为铸铁、铸钢或普通碳钢，而在这些部位的合金钢制件则都不产生酸性腐蚀。

2. 汽轮机的酸性腐蚀原因

引起汽轮机酸性腐蚀的主要原因是蒸汽初凝水的 pH 值过低以及溶解氧含量过高。酸性物质阴离子起了腐蚀的作用。采用化学除盐水作为补给水的火力发电厂在正常运行条件下，蒸汽中无机酸阴离子的含量比较低，并且与钠离子含量有适当的比例，这样的蒸汽不会引起汽轮机的酸性腐蚀。但是一旦除盐设备运行中出现水品质不良，泄漏了较大量的氯离子、有机物，以及时有离子交换树脂漏出进入锅炉，就会大大增加蒸汽阴离子的含量，使水汽中钠离子与酸性阴离子含量的比例失调。再者，由于氨的分配系数值大的影响，造成蒸汽初凝水的 pH 值下降、酸性增加，导致对汽轮机低压段碳钢等材料的腐蚀。若有空气漏入汽轮机，则更加剧了腐蚀。

3. 汽轮机酸性腐蚀的防护措施

汽轮机酸性腐蚀的防护措施一般包括合理地改进补给水处理系统，提高除盐设备的运行水平，提供合理的补给水。实践证明，应严格保证补给的除盐水的电导率小于 $0.2\mu S/cm$ (25℃)。只要做到这一点，就不会发生明显的汽轮机酸性腐蚀问题。

此外，应防止生水中的有机物和离子交换树脂漏入热力系统水汽中，以免它们在锅炉内高温高压条件下分解，影响汽水中的离子间的平衡，形成有利于腐蚀的环境；同时还应提高汽轮机设备的严密性，防止空气漏入汽轮机。

　　在热力设备的水汽系统中加入分配系数较小的挥发性碱性剂也是防止汽轮机酸性腐蚀的一种措施。

　　经等离子喷镀处理的隔板金属表面是可以耐酸性腐蚀的，但目前此方法的价格贵而且工艺过程复杂，对大的铸钢部件进行喷镀，工艺上尚有困难。也可用电涂镀方法在汽轮机酸性腐蚀部位材料表面覆上一层耐蚀金属镀层，此法也已在试验中。这种处理方法相对等离子喷镀成本较低，施工操作简单易行，但大部分为手工操作，劳动强度较大。此外，它对涂镀耐蚀金属层前原材料表面的预处理要求严格，否则影响涂镀层的性能。同时，对像叶根部位的表面处理及涂镀施工较困难，尚须改进。

第七节　锅炉烟气侧的腐蚀与防护

　　锅炉烟气侧腐蚀包括高温氧化、熔盐腐蚀和露点腐蚀。由于高温氧化和熔盐腐蚀是在高温下进行的，因此统称为高温腐蚀；露点腐蚀是在低温下进行的，所以又称为低温腐蚀。由于烟气的高温氧化作用会在钢铁表面形成一层保护性氧化膜，使钢的氧化速度受到一定限制，不会引起管壁的严重破坏；而熔盐腐蚀和露点腐蚀则不同，它们破坏了保护膜，所引起的腐蚀比较严重，见拓展阅读。

习　　题

　　1. 名词解释

　　电化学腐蚀、化学腐蚀、极化现象、去极化现象、应力腐蚀、溶解氧腐蚀、脱锌腐蚀、冲击腐蚀、应力腐蚀、热点腐蚀。

　　2. 简述给水系统溶解氧腐蚀的原理、特征。请说明热力系统运行正常时，溶解氧腐蚀发生的部位。

　　3. 说明热力设备水、汽系统常见的腐蚀形式、特点及预防。

　　4. 简述游离 CO_2 腐蚀的原理、特征及腐蚀部位。

　　5. 给水进行 N_2H_4 处理的原理和目的是什么？

参 考 文 献

[1] 宋业林. 锅炉与水处理实用手册. 北京：中国石化出版社，2001.

[2] 李培元，周柏青. 火力发电厂水处理及水质控制. 北京：中国电力出版社，2012.

[3] 樊泉桂，阎维平，闫顺林，等. 锅炉原理. 2版. 北京：中国电力出版社，2014.

[4] 安树林. 膜科学技术实用教程. 北京：化学工业出版社，2005.

[5] 冯逸仙，杨世纯. 反渗透水处理工程. 北京：中国电力出版社，2000.

[6] 张金松，刘丽君，等. 饮用水深度处理技术. 北京：中国建筑工业出版社，2017.

[7] 周桂萍，范志斌. 电厂燃料. 北京：中国电力出版社，2017.

[8] 周柏青，陈志和. 热力发电厂水处理（上、下册）. 4版. 北京：中国电力出版社，2014.

[9] 赵钦新，惠世恩. 燃油燃气锅炉. 西安：西安交通大学出版社，2000.

[10] 陈志和. 电厂化学设备与系统. 北京：中国电力出版社，2006.

[11] 广东电网公司电力科学研究院. 电厂化学. 北京：中国电力出版社，2011.

[12] 高秀山，张渡，等. 火电厂循环冷却水处理. 北京：中国电力出版社，2001.

[13] 朱志平，周永言，孔胜杰. 超临界火力发电厂化学技术. 北京：中国电力出版社，2012.

[14] 张兆杰，桑清莲，王建华，等. 锅炉水处理技术. 郑州：黄河水利出版社，2003.

[15] 关丽，辽宁省电力行业协会组编. 电厂化学分册. 北京：中国电力出版社，2005.

[16] 曹长武，宋丽莎，罗竹杰. 火力发电厂化学监督技术. 北京：中国电力出版社，2005.

[17] 霍东. 基于反渗透装置在电厂水处理中的应用分析. 化工管理，2013，5：67-68.

[18] 张立珠，赵雷. 水处理剂. 北京：化学工业出版社，2012.

[19] 王淑勤，赵毅. 电厂化学技术. 北京：中国电力出版社，2007.

[20] 李本高，王建军，傅晓萍. 工业水处理技术. 北京：中国石化出版社，2016.

[21] 吴春华. 电厂化学分册. 北京：中国电力出版社，2013.

[22] 宋洪军. 浅析电厂化学水处理技术发展与应用. 黑龙江科学，2014，5（2）：259.

[23] 杨传林. 电厂化学水处理技术的应用研究. 中小企业管理与科技，2016，(20)：171-172.

[24] 朱小强. 膜分离技术在水处理中应用研究进展. 污染防治技术，2014，05：42-44＋56.

[25] 巴福光. 全膜法水处理技术在火力发电厂中的应用. 科技与企业，2014，23：183.

[26] 刘玉新. 电厂化学水处理技术发展和应用控析. 河南科技，2014，23：36-37.

[27] 陈晨. 全膜法水处理技术在电厂中的应用. 企业技术开发，2014，36：60-61.

[28] 刘延超，李洪滨. 浅析电厂化学水处理技术发展与应用. 科技创新与应用，2016 (36)：151-151.

[29] 李忠秀. 提高澄清池出水水质的方法. 华电技术，2010，32（1）：10-11＋63.

[30] 黄成群，洪锦从，杨宝红，等. 电厂水处理设备及运行. 北京：中国电力出版社，2016.

[31] 王富群，张祥德，许世朋. 机械加速澄清池的调试研究. 城市建设理论研究，2016 (26)：84-86.

[32] 石瑾，孔令勇，王鲲命，等. 高密度澄清池的基本原理及其在净水厂中的应用. 净水技术，2007，26 (6)：58-61.